1回で受かる！

1級電気気

工事施工

管理技術検定

合格テキスト

本書の使い方

本書は、豊富な図版を駆使して、1級電気工事施工管理技術検定試験で頻出する内容を、わかりやすくまとめています。付属の赤シートを利用すれば、キーワードの確認ができ、穴埋め問題としても活用できますので、効率的な学習が進められます。

◆一次・二次
過去に第一次検定または第二次検定で出題された項目です。

◆重要度
赤い電球の数で、重要度が一目でわかります。

◆ Point !
試験に頻出する項目が押さえられます。

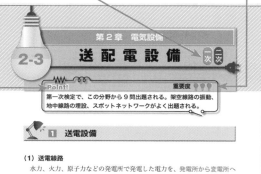

第2章 電気設備

2-3 送 配 電 設 備 一次 二次

Point!
第一次検定で、この分野から9問出題される。架空線路の振動、地中線路の埋設、スポットネットワークがよく出題される。

重要度 💡💡💡

1 送電設備

(1) 送電線路
水力、火力、原子力などの発電所で発電した電力を、発電所から変電所へ送る電線路、または変電所相互間の電線路を**送電線路**という。

送電線路

発電所 ➡ 送電線路 ➡ 変電所 ➡ 需要家

(2) 送電方式
送電線路の電気方式は、主に交流送電であるが、直流送電も特徴を活かして、特殊な用途に用いられている。
①交流送電
送電線路のほとんどは　　　　　　　である。交流方式は変圧器により効率よく変圧することができる。変圧器により昇圧することで、大電力を長距離、効率よく送電することが可能である。

123

◆図版
豊富な図版で、本文の内容が理解しやすくなります。

◆赤シート
付属の赤シートを利用すれば、穴埋め問題としても活用できます。

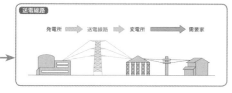

※本書は原則として 2023 年 11 月時点の情報に基づいて編集しています。

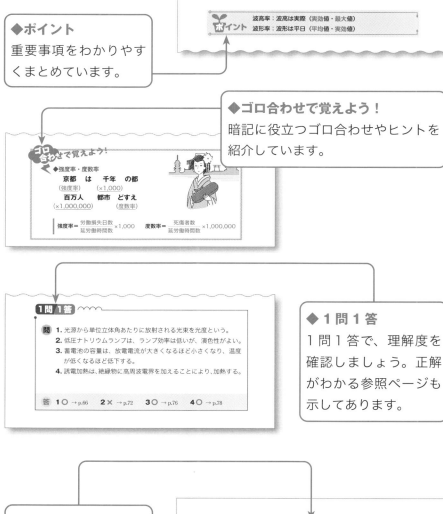

◆ポイント
重要事項をわかりやすくまとめています。

ポイント
波高率：波高は実際（実効値・最大値）
波形率：波形は平日（平均値・実効値）

◆ゴロ合わせで覚えよう！
暗記に役立つゴロ合わせやヒントを紹介しています。

ゴロ合わせで覚えよう！

◆強度率・度数率
京都　は　千年　の都
（強度率）　　（×1,000）
百万人　都市　どすえ
（×1,000,000）　　（度数率）

強度率＝ 労働損失日数／延労働時間数 ×1,000　　度数率＝ 死傷者数／延労働時間数 ×1,000,000

1問1答

問　1. 光源から単位立体角あたりに放射される光束を光度という。
2. 低圧ナトリウムランプは、ランプ効率は低いが、演色性がよい。
3. 蓄電池の容量は、放電電流が大きくなるほど小さくなり、温度が低くなるほど低下する。
4. 誘電加熱は、絶縁物に高周波電界を加えることにより、加熱する。

答　1○ →p.66　　2✕ →p.72　　3○ →p.76　　4○ →p.78

◆1問1答
1問1答で、理解度を確認しましょう。正解がわかる参照ページも示してあります。

◆本試験で確認！
本試験で実際に出題された問題で、重要事項が理解できているか、確認しましょう。

◆本試験で確認！

サイリスタ励磁方式は、同期発電機においてスリップリングが不要な励磁方式である。

ブラシレス励磁方式は、同期発電機においてスリップリングが不要な励磁方式である。

3

CONTENTS

1級電気工事施工管理技術検定 試験ガイダンス

試験に関する情報は変わることがありますので、受検する場合は試験
実施団体の発表する最新情報を、必ず事前にご自身でご確認ください。

　電気工事施工管理技士は、電気工事において、特定建設業の営業所の専
任技術者（または監理技術者）となり得る国家資格です。また、この国家
資格を有する方は、一般建設業の営業所の専任技術者（または主任技術者）
となり得ます。

　電気工事施工管理技術検定は、電気工事の実施に当たり、その施工計画
及び施工図の作成並びに当該工事の工程管理、品質管理、安全管理等の施
工の管理を適確に行うために必要な技術を対象に行われます。

試験のおおまかな流れ

受検（第一次検定・第二次検定）申込

受検票送付

第一次検定受検

合格発表

1級技士補

受検（第二次検定）手数料払込

受検票送付

第二次検定受検

合格発表

1級技士

申込方法

「第一次検定のみ」「第一次・第二次検定」「第二次検定のみ」の３つの区分があります。技術士合格者で条件を満たしている場合、第二次検定から受検できます。

区分	書面申込	Web 申込
新規受検申込者	○	×
再受検申込者	○	○

受検資格

詳細は必ず最新の「受検の手引」で確認してください。

（1）第一次検定：19 歳以上（当該年度末時点）の方が受検可能。

（2）第二次検定：第一次検定合格後に①〜③のいずれかに該当する方、または、④の方が受検可能。⑤は令和 5 年度までの受検資格で、令和 10 年度までは受検可能。

①実務経験 5 年以上

②特定実務経験（※ 1）1 年以上を含む実務経験 3 年以上

※ 1　請負金額 4,500 万円（建築一式工事は 7,000 万円）以上の建設工事で、監理技術者・主任技術者の指導の下、または自ら監理技術者・主任技術者として行った経験（詳細は「受検の手引」参照）。

③監理技術者補佐としての実務経験 1 年以上

④技術士法による技術士の第二次試験のうちで技術部門を電気電子部門、建設部門または総合技術監理部門（選択科目が電気電子部門または建設部門）に合格した者で、なおかつ 1 級電気工事施工管理技術検定第一次検定の受検資格を有する者

⑤次ページの表は改正前（令和 5 年度）の受検資格で、区分イ〜ホのいずれかに該当

[注 1] 実務経験年数は、第一次検定前日までで計算（詳細は「受検の手引」参照）。

[注 2] 実務経験年数には、「指導監督的実務経験」を 1 年以上含むことが必要。

区分	学歴または資格		実務経験年数	
			指定学科	指定学科以外
イ	大学・専門学校の「高度専門士」		卒業後３年以上	卒業後４年６か月以上
	短期大学・５年制高等専門学校・専門学校の「専門士」		卒業後５年以上	卒業後７年６か月以上
	高等学校・中等教育学校（中高一貫校）・専門学校の「専門課程」		卒業後10年以上 ※2,※3	卒業後11年６か月以上 ※3
	その他（学歴問わず）		15年以上 ※3	
ロ	電気事業法による第一種、第二種または第三種電気主任技術者免状の交付を受けた者		６年以上 （交付後ではなく通算の実務経験年数）	
ハ	電気工事士法による第一種電気工事士免状の交付を受けた者		実務経験年数を問わず	
ニ	２級電気工事施工管理技術検定合格者		合格後５年以上 ※2,※3	
	２級電気工事施工管理技術検定合格後５年未満で右の学歴の者	短期大学・５年制高等専門学校・専門学校の「専門士」	（イの区分で見ること）	卒業後９年以上 ※3
		高等学校・中等教育学校（中高一貫校）・専門学校の「専門課程」	卒業後９年以上 ※3	卒業後10年６か月以上 ※3
		その他（学歴問わず）	14年以上 ※3	
ホ	【第一次検定のみ受検可能】 ２級電気工事施工管理技術検定合格者		実務経験年数を問わず	

※2 主任技術者の要件を満たした後、専任の監理技術者等の配置が必要な工事に配置され、監理技術者の指導を受けた２年以上の実務経験を有する方は、表中※2がついている実務経験年数に限り２年短縮が可能（詳細は「受検の手引」参照）。

※3 指導監督的実務経験として「専任の主任技術者」を１年以上経験した方は、表中※3がついている実務経験年数に限り２年短縮が可能（詳細は「受検の手引」参照）。

※「受検の手引」・願書の入手方法については、試験実施団体である一般財団法人建設業振興基金のホームページで確認してください。

◆一般財団法人 建設業振興基金◆

https://www.fcip-shiken.jp

TEL：03-5473-1581

e-mail：d-info@kensetsu-kikin.or.jp

1級電気工事
施工管理技術検定
合格テキスト

電 気 工 学

電 気 理 論 一次二次

Point!　重要度 💡💡💡

コンデンサの計算、各種効果、電磁力学、交流回路計算、電気計測、自動制御がよく出題されるので、おさえておこう。

1 物理量・物理現象

(1) 電気量・電流

電荷の持つ電気の量を電気量といい、単位は**クーロン** [C] で表す。電流は、単位時間あたりに流れる電気量で、単位は**アンペア** [A] で表す。すなわち、1 秒間に 1C の電気量が流れるときの電流は **1A** である。

(2) オームの法則

オームの法則とは、「**電気回路を流れる電流 I [A] の大きさは、導体に加えた電圧 V [V] に比例し、導体の抵抗 R [Ω] に反比例する。**」という法則であり、次式で表される。

$$I = \frac{V}{R} \,[\text{A}]$$

オームの法則は次式に変形して表すこともできる。

$$V = IR \,[\text{V}]、\quad R = \frac{V}{I} \,[\Omega]$$

(3) 電気抵抗

導体の電気抵抗は、断面積に反比例し、長さに比例する。

次ページの図のような断面積 S [m²]、長さ l [m]、抵抗率 ρ [Ω・m] の導体の抵抗 R [Ω] は、次のとおりである。

$$R = \rho \times \frac{l}{S} \,[\Omega]$$

ρ は**抵抗率**といい、断面積 $1m^2$、長さ $1m$ の導体の**抵抗値** $[\Omega]$ である。また、抵抗率の逆数を**導電率**といい、

$$\sigma = \frac{1}{\rho} \quad \text{で表される。}$$

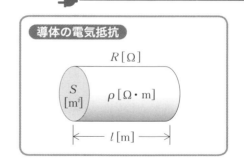

導体の電気抵抗

$R[\Omega]$

$S[m^2]$　$\rho[\Omega \cdot m]$

$l[m]$

(4) 電力

単位時間あたりに電流がする仕事を**電力**といい、単位は**ワット** $[W]$ で表す。すなわち、1 秒間に $1J$ の仕事をするときの電力は **$1W$** である。

また、電気回路において、$V[V]$ の電圧を加えて $I[A]$ の電流が流れたときの電力 $P[W]$ は次式で表される。

$$P = VI \, [W]$$

オームの法則を代入すると電力は次式で表される。

$$P = VI = I^2 R = \frac{V^2}{R} \, [W]$$

(5) 電力量

電力によりなされた電気的な仕事を**電力量**といい、単位は**ジュール** $[J]$ で表され、$1W$ の電力で 1 秒間になされた電力量が **$1J$** である。

電力 $P[W]$ の t 秒間の電力量 $W[J]$ は次式で表される。

$$W = Pt = VIt \, [J]$$

なお、電力量は**キロワット時** $[kW \cdot h]$ で表されることが多い。

(6) ジュールの法則

抵抗 $R[\Omega]$ の抵抗に $I[A]$ の電流を t 秒間流したとき、**抵抗で消費される電力量** $W[J]$ は、次式で表される。

$$W = Pt = RI^2 t \, [J]$$

抵抗で消費される電気エネルギーは、すべて**熱エネルギー**に変換される。これを**ジュールの法則**という。

前ページの式より、抵抗で消費される電力量は、電流の **2乗に比例**する。

（7）効率

　機器やシステムに供給された入力エネルギーに対する、有効に使用された出力エネルギーの比を効率という。また、入力と出力の差を損失という。したがって、効率は、入力・出力・損失を用いて、次式で表される。

$$\text{効率}=\frac{\text{出力}}{\text{入力}}\times 100[\%]=\frac{\text{入力}-\text{損失}}{\text{入力}}\times 100[\%]=\frac{\text{出力}}{\text{出力}+\text{損失}}\times 100[\%]$$

（8）効果

①ゼーベック効果

　2種類の金属線で1つの閉回路を作り、接続部を異なる温度に保持して**温度差**を与えると、回路内に**起電力**が生じて電流が流れる。この現象をゼーベック効果という。

　ゼーベック効果により発生した起電力を熱起電力、流れる電流を熱電流といい、2種の組み合わせた導体を熱電対という。

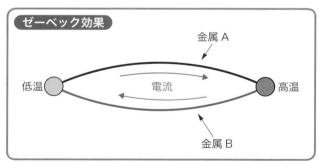

②ペルチェ効果

　2種類の金属による導体を組み合わせた閉回路に電流を流すと、接続点に熱の**発生**あるいは**吸収**が生じる。この現象をペルチェ効果という。

③トムソン効果

　同一の金属の閉回路上の温度差がある2点間に電流を流すと、**温度差と電流の積に比例**した熱の**発生**または**吸収**が生じる。この現象をトムソン効果という。

④ホール効果

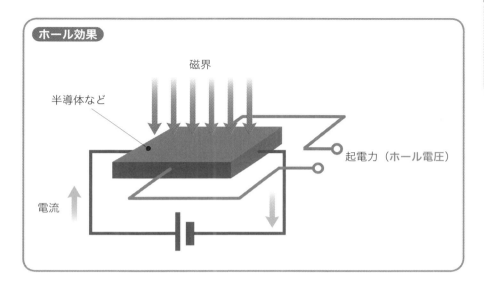

ホール効果

磁界

半導体など

起電力（ホール電圧）

電流

電流が流れている半導体などに対し、電流に対して垂直方向に**磁界**を与えると、電流と磁界の双方に**直交する方向**に起電力が発生する。この現象を**ホール効果**といい、**ホール効果**によって発生した起電力による電圧を**ホール電圧**という。**ホール電圧**は、磁束密度にほぼ比例する。

⑤ピンチ効果

導電性液体に電流が流れると**導体断面に磁界**が生じ、**磁界と電流の間**に、電流を中心に引き寄せようとする**収縮力**が働く。この現象を**ピンチ効果**という。

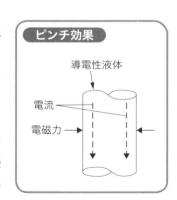

ピンチ効果

導電性液体

電流

電磁力

⑥表皮効果

導体に交流電流が流れる場合、導体中心部の電流ほど磁束鎖交数が大きいため、**レンツの法則**（p.18 参照）による逆起電力が大きく、導体の中心部の電流密度は小さくなる。これにより、交流電流は、**導体の表皮（周辺部）に集中して流れる**。この現象を電流の表皮効果という。

表皮効果の性質は次ページのとおりである。

①導体の**断面積が**大きいほど大きくなる。

②電流の**周波数が**高いほど大きくなる。

③導体の**導電率が**大きいほど大きくなる。

④導体が**強磁性体**で、導体内の**磁束が**多くなるほど大きくなる。

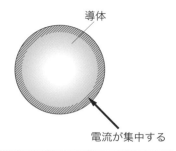

導体

電流が集中する

 2 **電磁気**

（1）右ねじの法則

　図のように、導体に電流が流れると、導体の周囲に同心円状の磁界が発生する。電流の方向と磁界の方向の関係は、**右ねじの進む方向**と**右ねじの回転方向の関係**と同様である。この関係を**右ねじの法則**という。

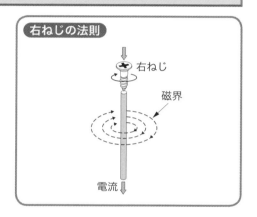

右ねじの法則

右ねじ

磁界

電流

（2）直線電流による磁界

　図のように、$I\,[\mathrm{A}]$ の電流が流れる直線状の導体から $r\,[\mathrm{m}]$ 離れた点Pにおける**磁界の強さ** $H\,[\mathrm{A/m}]$ は次式のとおりである。

$$H = \frac{I}{2\pi r}\,[\mathrm{A/m}]$$

　$I\,[\mathrm{A}]$ の電流が流れる直線状の導線が N 本の場合は、次式のとおりである。

$$H = \frac{NI}{2\pi r}\,[\mathrm{A/m}]$$

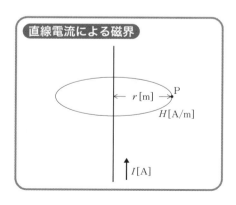

直線電流による磁界

$r\,[\mathrm{m}]$　P

$H\,[\mathrm{A/m}]$

$I\,[\mathrm{A}]$

（3）平行導体に働く力

次の図に示すように、r[m] の間隔で2つの**平行導体**があり、導体 A に電流 I_1[A]、導体 B に I_2[A] が同方向に流れるとき、2つの平行導体の単位長さ当たりに働く力 f[N/m] は、次式で表される。

$$f = \frac{\mu_0 I_1 I_2}{2\pi r} = \frac{2I_1 I_2}{r} \times 10^{-7}[\text{N/m}]$$

μ_0：真空の透磁率　[H/m]

2本の導体に同一方向に電流が流れている場合は、互いに**吸引力**が生じ、**反対方向**に流れている場合は、互いに**反発力**が生じる。力の大きさは I_1、I_2 の積に比例し、導体間の距離に反比例する。

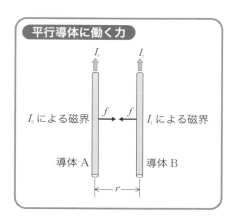

（4）電気力線

静電力が及ぶ空間である**電界**の様子を視覚的に捉えるために仮想した線を、**電気力線**という。電気力線の性質は次のとおりである。

①電気力線は、**等電位面と直交**する。

②電気力線は、**正電荷**から始まり**負電荷**に終わる。

③電気力線の**密度**は、その点の電界の大きさを表す。

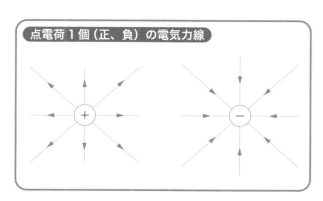

④電気力線の**接線方向**は、電界の向きに一致する。

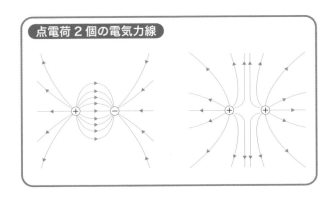

点電荷 2 個の電気力線

(5) ヒステリシスループ

　磁化されていない鉄に**磁化力 H[A/m]** を徐々に増加していくと、**磁束密度 B[T]** は、図の点線の $B-H$ 曲線に従って 0 点から増え、飽和して a 点に達する。この状態から磁化力 H を減らしていくと、B は前と同じ値とならず、a→b のように変化する。鉄には過去の**磁化の履歴を残留**する性質があるためである。

　これは、磁化力 H をゼロにしても、鉄中の磁束密度 B はゼロにならず磁気が残ることを表している。この残留した磁気を残留磁気という。

　次に磁化力 H を逆方向へ増やしていくと、磁束密度 B は b→c→d のように変化し、飽和して d 点に達する。

　このように ＋H_m から －H_m までの範囲において、磁化力 H と磁束密度 B の描く線は、1 つの**閉曲線**となる。この曲線をヒステリシスループまたはヒステリシス曲線という。

　図中の磁化力 H をゼロにしても残る磁束密度 B に相当する b、e を残留磁気、残留磁気がゼロになる磁化力に相当する f、c を保磁力という。

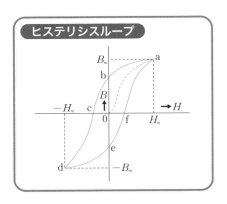

ヒステリシスループ

(6) フレミングの左手の法則

　磁界中の導体に電流を流すと、導体に**電磁力**が働く。**電流**と**磁界**と**電磁力**の方向は、図のように左手の中指が電流、人差し指が磁界、親指が電磁力の

方向になる。この関係をフレミングの左手の法則という。

　フレミングの左手の法則は電動機の原理を表す。力強い親指が力の方向と覚えるとよい。

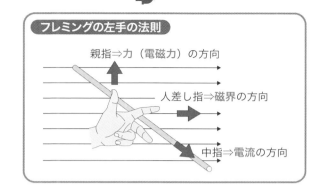

フレミングの左手の法則

親指⇒力（電磁力）の方向

人差し指⇒磁界の方向

中指⇒電流の方向

（7）フレミングの右手の法則

　磁界中の導体を動かすと、導体に**起電力**が生じる。**起電力**と**磁界**と**導体の運動**の方向は、図のように右手の中指が起電力、人差し指が磁界、親指が運動の方向になる。この関係を**フレミングの右手の法則**という。**フレミングの右手の法則**は発電機の原理を表す。

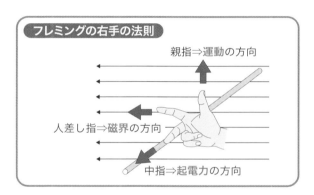

フレミングの右手の法則

親指⇒運動の方向

人差し指⇒磁界の方向

中指⇒起電力の方向

（8）電磁力の大きさ

　図のように、磁束密度 B [T] の**平等磁界**中に、磁界に対して θ [rad] の角度傾いた長さ L [m] の**直線導体**に、I [A] の**電流**を流したとき、導体に生ずる**電磁力の大きさ** F [N] は次式のとおりである。

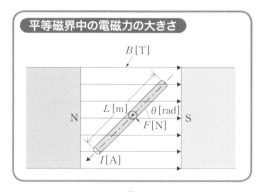

平等磁界中の電磁力の大きさ

B [T]

N

L [m] θ [rad]

F [N]

S

I [A]

$$F = BIL \sin\theta \text{ [N]}$$　FBI が LOVE とサインした！

　式中の $L\sin\theta$ [m] は、導体の長さの磁界に対する**垂直成分**である。

（9）ファラデーの電磁誘導の法則

　コイルに磁石を近づけたり離したりして、**コイルと交わる磁束を時間的に変化**させると、コイルに**起電力**が生じる。この現象を電磁誘導という。電磁誘導により発生する起電力を誘導起電力、流れる電流を誘導電流という。

　電磁誘導によってコイルに生じる起電力の大きさは、**コイルと交わる磁束の時間的変化の割合とコイルの巻数**に比例する。この関係をファラデーの電磁誘導の法則といい、誘導起電力 e [V] の大きさは、次式のとおりである。誘導起電力の式のマイナスの符号は、後述する**レンツの法則**を示している。

$$e = -N\frac{\Delta\phi}{\Delta t}\ [\mathrm{V}]$$

　　N：コイルの巻数
　　$\Delta\phi$：磁束の変化 [Wb]
　　Δt：時間 [s]

　変圧器は**コイルの巻数が起電力に比例するファラデーの電磁誘導の法則**を利用して電圧を変成している。

（10）レンツの法則

　電磁誘導によって生じる**起電力の向き**は、磁束の変化を妨げる方向に発生する。この現象をレンツの法則という。

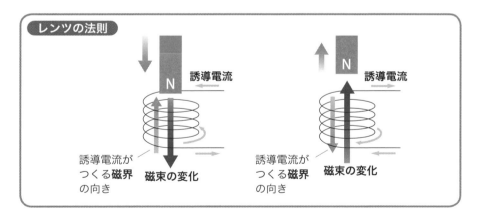

レンツの法則

誘導電流

誘導電流がつくる磁界の向き　磁束の変化

誘導電流

誘導電流がつくる磁界の向き　磁束の変化

（11）うず電流

　次ページの図のように、金属板などの導体中を磁束が貫いている場合、その磁束が矢印の方向に増加して変化すると、**レンツの法則**により、その変化

を妨げる方向に起電力を生じ、磁
束の周囲にうず状の電流が流れ
る。この電流をうず電流(渦電流)
という。導体にうず電流 I[A] が
流れると導体の抵抗 R[Ω] との
間に、I^2R[W] の**ジュール熱**が発
生し、**損失**となる。この損失を
うず電流損という。

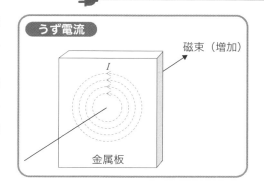

を妨げる方向に起電力を生じ、磁

（図のラベル）
うず電流
磁束（増加）
I
金属板

(12) 自己インダクタンス

　次の図において、巻数 N のコイルに流れる電流 I[A] が Δt 秒の間に
ΔI[A] だけ変化し、コイルを貫く磁束 ϕ[Wb] が $\Delta\phi$[Wb] だけ変化した
ときの**誘導起電力**を e[V] とすると、**電流の変化** ΔI[A] と**自己誘導起電力**
e[V] の関係は、比例定数 L を用いて、次式のとおりとなる。

$$e = -N\frac{\Delta\phi}{\Delta t} = -L\frac{\Delta I}{\Delta t}\ [\text{V}]$$

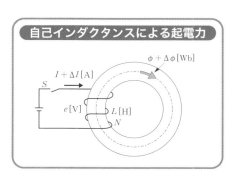

自己インダクタンスによる起電力

$\phi + \Delta\phi$[Wb]

$I + \Delta I$[A]

S

e[V]　L[H]

N

　この比例定数 L を**自己インダク**
タンスといい、単位は**ヘンリー** [H]
で表す。1 H とは、1 秒間に 1 A の
電流が変化したとき、1 V の誘導起
電力を生じさせる**自己インダクタ**
ンスである。

　また、前式より**自己インダクタンス**は、次式のとおりとなる。

$$L = \frac{N\phi}{I}\ [\text{H}]$$

　すなわち、自己インダクタンスは、1 A あたりのコイルの**磁束鎖交数** $N\phi$
[Wb] で表される。

　また、**コイルの巻数を** N、**鉄心の透磁率を** μ [H/m]、**磁路の断面積を**
S [m²]、**磁路の長さを** l [m] とすると、**自己インダクタンス** L [H] は次式で
表される。

$$L = \frac{\mu S N^2}{l} \ [\text{H}]$$

透磁率とは、磁束の通しやすさを示し、単位は [H/m] で表す。

(13) 相互インダクタンス

　図のように、同一の環状鉄心に 2 つのコイル A（巻数 N_1）、B（巻数 N_2）、があるとする。コイル A の電流 I_1 [A] を変化させると、コイル A に**電磁誘導による起電力** e_1 [V] が発生する。また、コイル B を貫く**磁束も変化**するため、コイル B にも**起電力** e_2 [V] が発生する。この現象を相互誘導という。

　コイル B の誘導起電力 e_2 [V] は、コイル A に流れる電流 I_1 が Δt 秒間に ΔI_1 [A] だけ変化し、コイル A 及び B を貫く磁束 ϕ_1[Wb] が $\Delta \phi_1$[Wb] だけ変化したとき、次式で表される。

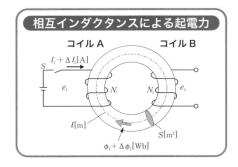

相互インダクタンスによる起電力

$$e_2 = - N_2 \frac{\Delta \phi_1}{\Delta t} \ [\text{V}]$$

　鉄心の透磁率が一定なら**磁束は電流に比例する**から、電流の変化 ΔI [A] と誘導起電力 e_2 [V] との関係は、比例定数 M を用いて表すと、次式のとおりである。

$$e_2 = - N_2 \frac{\Delta \phi_1}{\Delta t} = - M \frac{\Delta I_1}{\Delta t} \ [\text{V}]$$

比例定数 M を**相互インダクタンス**という。

また、**相互インダクタンス**は、上式から次式のとおりとなる。

$$M = \frac{N_2 \phi_1}{I_1} \ [\text{H}]$$

また、**鉄心の透磁率**を μ[H/m]、**磁路の断面積**を S [m²]、**磁路の長さ**を l [m] とすると、**相互インダクタンス** M[H] は次式で表される。

$$M = \frac{\mu S N_1 N_2}{l} \ [\text{H}]$$

3 直流回路

（1）合成抵抗
①抵抗の直列接続

図のような**抵抗** r_1、r_2、r_3 [Ω]を**直列接続**した回路に**電圧** V [V] を加えたとき、r_1、r_2、r_3 の端子間の電圧をそれぞれ v_1、v_2、v_3 [V] とすると、次の関係が成り立つ。

$$v_1 : v_2 : v_3 = r_1 : r_2 : r_3$$

すなわち、**直列接続した各抵抗の端子間の電圧**は、**各抵抗に比例**する。

また、各抵抗を直列接続した**合成抵抗**を R [Ω]とすると、次の関係が成り立つ。

$$R = r_1 + r_2 + r_3 \, [Ω]$$

すなわち、**直列接続の合成抵抗**は、各抵抗の和となる。

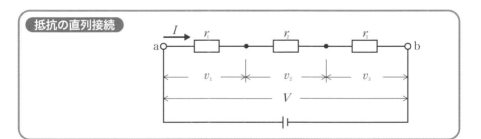

抵抗の直列接続

②抵抗の並列接続

図のような**抵抗** r_1、r_2、r_3 [Ω]を**並列接続**した回路に**電圧** V [V] を加えたとき、r_1、r_2、r_3 に流れる電流をそれぞれ I_1、I_2、I_3 [A]とすると、次の関係が成り立つ。

$$I_1 : I_2 : I_3 = \frac{1}{r_1} : \frac{1}{r_2} : \frac{1}{r_3}$$

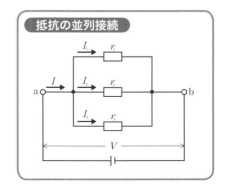

抵抗の並列接続

すなわち、**並列接続した各抵抗に流れる電流**は、**各抵抗に反比例**する。

また、各抵抗を並列接続した**合成抵抗**を R とすると、次の関係が成り立つ。

$$\frac{1}{R} = \frac{1}{r_1} + \frac{1}{r_2} + \frac{1}{r_3}\,[\Omega]$$

すなわち、**並列接続の合成抵抗の逆数**は、**各抵抗の逆数の和**となる。

抵抗は電流の**流れにくさ**を表し、抵抗の逆数は電流の**流れやすさ**を示す。**直列接続**の場合は、流れにくさの合成は**流れにくさの和**となり、**並列接続**の場合は、流れやすさの合成は**流れやすさの和**となる。

(2) 合成静電容量

①コンデンサの直列接続

図のような**静電容量** C_1、C_2、C_3[F] のコンデンサを**直列接続**した回路に**電圧** V[V] を加えたとき、各コンデンサに**正負の電荷**が誘導され、端子 ab 間に Q[C] の電荷が蓄えられる。**合成静電容量** C[F] とすると、各コンデンサの静電容量と次の関係が成り立つ。

$$\frac{1}{C} = \frac{1}{C_1} + \frac{1}{C_2} + \frac{1}{C_3}\,[F]$$

すなわち、**直列接続の合成静電容量の逆数**は、**各コンデンサの静電容量の逆数の和**となる。

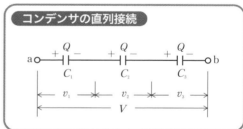

コンデンサの直列接続

②コンデンサの並列接続

図のような**静電容量** C_1, C_2, C_3[F] のコンデンサを**並列接続**した回路に**電圧** V[V] を加えたとき、各コンデンサに電荷が蓄えられる。**合成静電容量** C[F] とすると、各コンデンサの静電容量と次の関係が成り立つ。

$$C = C_1 + C_2 + C_3\,[F]$$

すなわち、**並列接続の合成静電容量**は、**各コンデンサの静電容量の和**となる。

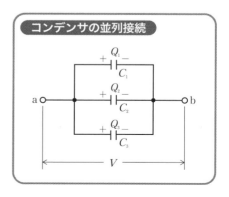

コンデンサの並列接続

③平行平板コンデンサの静電容量

図のような平行平板コンデンサの**静電容量** C [F] は次式で求められる。

$$C = \frac{\varepsilon S}{d} \, [\text{F}]$$

S：コンデンサの極板の面積 [m²]
d：極板間の距離（誘電体の厚さ）[m]
ε：誘電率 [F/m]

すなわち、**平行平板コンデンサの静電容量**は、誘電率と極板の面積の積に比例し、極板間の距離に反比例する。誘電率とは**電荷の蓄えやすさ**を示し、単位は [F/m] で表す。

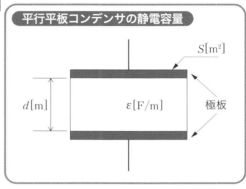

平行平板コンデンサの静電容量

$S[\text{m}^2]$

$d[\text{m}]$　　$\varepsilon[\text{F/m}]$　　極板

(3) 電磁エネルギーと静電エネルギー

①コイルに蓄えられる電磁エネルギー

自己インダクタンス L [H] のコイルに**電流** I [A] を流したとき、コイルに蓄えられる**電磁エネルギー** W_{L} [J] は次式で表される。

$$W_{\text{L}} = \frac{1}{2} L I^2 \, [\text{J}]$$　　恋は半分、得る愛情

②コンデンサに蓄えられる静電エネルギー

静電容量 C [F] のコンデンサに**電圧** V [V] を加えたとき、コンデンサに蓄えられる**静電エネルギー** W_{C} [J] は次式で表される。

$$W_{\text{C}} = \frac{1}{2} C V^2 \, [\text{J}]$$　　昆布半分、渋い煮汁

(4) キルヒホッフの法則

①キルヒホッフの第 1 法則（電流の法則）

次ページの図のように、接続点 P に流入する電流が I_1、I_3 [A]、流出する電流が I_2、I_4 [A] のとき、P 点において次式が成り立つ。

$$I_1 + I_3 = I_2 + I_4 \, [\text{A}]$$

すなわち、回路網の任意接続点において、**流入する電流の総和と流出する電流の総和は等しくなる**。この関係を**キルヒホッフの第1法則**という。

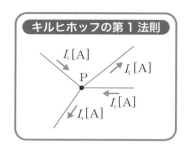

②**キルヒホッフの第2法則（電圧の法則）**

図のような閉回路において、閉回路中の**電圧降下**（抵抗と電流の積）と**起電力**の間には次式が成り立つ。

$$R_1 I_1 + R_2 I_2 + (-R_3 I_3) = E_1 + (-E_3)\,[\mathrm{V}]$$

すなわち、回路網の任意の閉回路において、**電圧降下の総和と起電力の総和は等しくなる**。この関係を**キルヒホッフの第2法則**という。

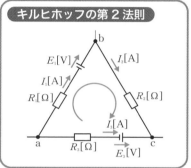

 4 交流回路

（1）正弦波交流

交流とは、周期的に向き、大きさが変化する流れをいい、**正弦波交流**とは、周期的な変化が図のように**正弦的曲線**を描く交流をいう。

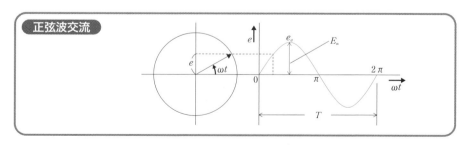

1周期に要する時間を**周期**、1秒間当たりの周期の回数を**周波数**という。周期を $T\,[\mathrm{s}]$、周波数を $f\,[\mathrm{Hz}]$ とすると、周期と周波数の関係は次式のとおりである。

$$f = \frac{1}{T} \ [\text{Hz}]$$

すなわち、**周波数は周期の逆数**である。

（2）瞬時値、最大値、平均値、実効値

正弦波交流の大きさは、次の値で表す。

①瞬時値

交流の電圧・電流は時間とともに変化し、各時刻の値を瞬時値という。交流の**瞬時値**は時間の関数となり、前図の**正弦波交流**の電圧の瞬時値は次式で表される。

$$e = E_m \sin \omega t \ [\text{V}]$$

②最大値

交流の正または負の最大値で、**電圧**の最大値を $E_m \ [\text{V}]$、**電流**の最大値を $I_m \ [\text{A}]$ で表す。

③平均値

交流波形の**正の半周期の瞬時値の平均**を平均値といい、**正弦波交流**の電圧の平均値 $E_a[\text{V}]$、電流の平均値 $I_a[\text{A}]$ は、それぞれ最大値を用いて次式で表される。

$$E_a = \frac{2}{\pi} E_m \ [\text{V}]、\ I_a = \frac{2}{\pi} I_m \ [\text{A}]$$

④実効値

交流波形の各瞬時値の**二乗の和の平均値の平方根**を実効値といい、正弦波交流の**電圧**の実効値 $E[\text{V}]$、**電流**の実効値 $I[\text{A}]$ は、それぞれ最大値を用いて次式で表される。

$$E = \frac{1}{\sqrt{2}} E_m \ [\text{V}]、\ I = \frac{1}{\sqrt{2}} I_m \ [\text{A}]$$

（3）波高率と波形率

①波高率

交流波形の最大値と実効値の比を波高率といい、次式で表される。

$$\text{波高率} = \frac{\text{最大値}}{\text{実効値}}$$

$$\text{正弦波交流の波高率} = \frac{\text{最大値}}{\text{実効値}} = \frac{E_m}{\frac{1}{\sqrt{2}} E_m} = \frac{1}{\frac{1}{\sqrt{2}}} = \sqrt{2} \fallingdotseq 1.414$$

②波形率

交流波形の実効値と平均値の比を波形率といい、次式で表される。

$$\text{波形率} = \frac{\text{実効値}}{\text{平均値}}$$

$$\text{正弦波交流の波形率} = \frac{\text{実効値}}{\text{平均値}} = \frac{\frac{1}{\sqrt{2}} E_m}{\frac{2}{\pi} E_m} = \frac{\pi}{2\sqrt{2}} \fallingdotseq 1.11$$

ポイント　波高率：波高は実際（**実効値・最大値**）
波形率：波形は平日（**平均値・実効値**）

（4）皮相電力・有効電力・無効電力

①皮相電力

交流回路において、**端子電圧の実効値**を V [V]、その時の**電流の実効値**を I [A] とするとき、V、I の積を**皮相電力** S [VA] という。

$$S = VI \, [\text{VA}]$$

②有効電力

交流回路において、**皮相電力** S [VA] に**力率** $\cos\theta$ を乗じたものを**有効電力** P [W] という。

$$P = S\cos\theta = VI\cos\theta \, [\text{W}]$$

③無効電力

交流回路において、**皮相電力** S [VA] に**無効率** $\sin\theta$ を乗じたものを**無効電力** Q [var] という。

$$Q = S\sin\theta = VI\sin\theta \, [\text{var}]$$

④電力ベクトル

皮相電力、有効電力、無効電力のベクトルは次ページの図のようになり、**三平方の定理**より次式が成り立つ。

$$S^2 = P^2 + Q^2 \, [\text{VA}]$$

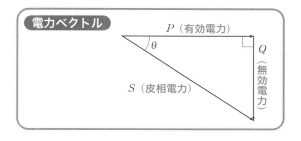

(5) ブリッジ回路

　図のように、4 個の**抵抗** R_1、R_2、R_3、R_4 [Ω] と**電源** E [V]、**検流計** G を接続した回路を**ブリッジ回路**という。**検流計** G に流れる電流がゼロのとき、cd 間の電位差はゼロであり、ブリッジが平衡する。このときの**抵抗** R_1、R_2、R_3、R_4 [Ω] には次式の関係が成り立つ。

$$R_1 R_3 = R_2 R_4$$

　すなわち、**ブリッジが平衡したとき、それぞれの**対辺同士の抵抗の積は等しい。

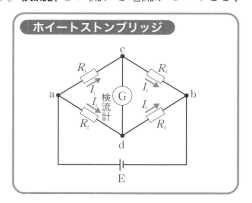

 ブリッジ回路の公式は添え字の数字ではなく、回路図の対辺同士の積が等しいと覚える。

(6) 三相交流回路

　図のように、大きさが等しく、位相差が $120°$ ずつ異なる 3 つの**正弦波交流**を組み合わせたものを三相といい、**三相による回路**を三相交流回路という。また、1 つの**正弦波交流**によるものを単相といい、**単相による回路**を単相交流回路という。

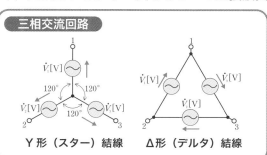

（7）三相交流回路の結線

　三相交流回路の結線には **Y 結線**、**Δ 結線**があり、それぞれ**電圧**、**電流**、**電力**の関係は次のとおりである。

① Y 結線（スター結線・星形結線）

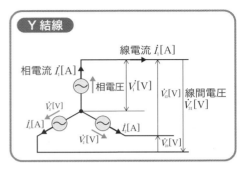

線間電圧 $= \sqrt{3} \times$ **相電圧** [V]

線電流 $=$ **相電流** [A]

三相電力

$= 3 \times$ 相電圧 $\times$ 相電流 $\times$ 力率 [W]

$= 3 \times \dfrac{\text{線間電圧}}{\sqrt{3}} \times$ 線電流 $\times$ 力率 [W]

$= \sqrt{3} \times$ 線間電圧 $\times$ 線電流 $\times$ 力率 [W]

② Δ 結線（デルタ結線・三角結線）

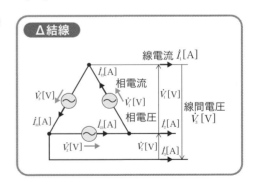

線間電圧 $=$ **相電圧** [V]

線電流 $= \sqrt{3} \times$ **相電流** [A]

三相電力

$= 3 \times$ 相電圧 $\times$ 相電流 $\times$ 力率 [W]

$= 3 \times$ 線間電圧 $\times \dfrac{\text{線電流}}{\sqrt{3}} \times$ 力率 [W]

$= \sqrt{3} \times$ 線間電圧 $\times$ 線電流 $\times$ 力率 [W]

ポイント　Y 結線も △ 結線も、線間電圧 V [V]、線電流 I [A]、力率 $\cos\theta$ を用いて、三相電力 P [W] を表すと次式のとおりとなる。

$$P = \sqrt{3}\,VI\cos\theta\ [\text{W}]$$

(8) Δ － Y 等価変換

　図のような各相の抵抗が等しい**平衡三相回路**は、次の換算式により、△ 結線から Y 結線または Y 結線から △ 結線へ、等価変換することができる。

$$r = \frac{R}{3}\ [\Omega]、\quad R = 3r\ [\Omega]$$

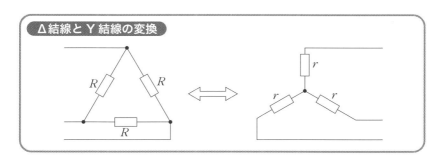

△結線と Y 結線の変換

　すなわち、各相の元の抵抗値を、△ 結線から Y 結線へは $\dfrac{1}{3}$ **倍**、Y 結線から △ 結線へは **3 倍**することにより、**等価変換**することができる。

　Δ － Y 等価変換は、各相のインピーダンスが等しい平衡三相回路においても、同様に成り立つ。

(9) RLC 直列回路のインピーダンス

　次ページの図のような**抵抗 R [Ω]、インダクタンス L [H]、静電容量 C [F]** が直列に接続された RLC **直列接続回路のインピーダンス** Z [Ω] は、次式で表される。

$$Z = \sqrt{R^2 + \left(\omega L - \frac{1}{\omega C}\right)^2} = \sqrt{R^2 + (X_\text{L} - X_\text{C})^2}\ [\Omega]$$

ω：角速度 [rad/s]
X_L：誘導リアクタンス [Ω]
X_C：容量リアクタンス [Ω]

図において、**電源電圧**を V[V] とすると、回路に流れる**電流** I[A] は次式で求まる。

$$I = \frac{V}{Z}[A]$$

また、**力率** $\cos\theta$ は次式で求まる。

$$\cos\theta = \frac{R}{Z}$$

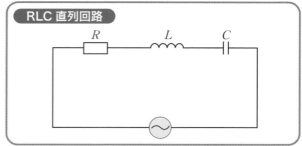

RLC 直列回路

5 電気計測

（1）電力の測定

①単相交流電力の測定

右図のように、負荷に**並列**に**抵抗** R[Ω] を接続したとき、各部に流れる**電流** I_1、I_2、I_3[A] を用いて、負荷の**電力** P[W] は次式で表される。このように各部に流れる3つの電流から単相電力を測定する方法を**三電流計法**という。

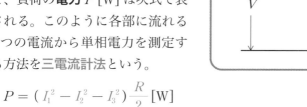

三電流計法

$$P = (\, I_1^2 - I_2^2 - I_3^2\,)\frac{R}{2}\,[W]$$

右図のように、負荷に**直列**に**抵抗** R[Ω] を接続したとき、各部にかかる**電圧** V_1、V_2、V_3[V] を用いて、負荷の**電力** P[W] は次式で表される。このように各部にかかる3つの電圧から単相電力を測定する方法を**三電圧計法**という。

$$P = (\, V_1^2 - V_2^2 - V_3^2\,)\frac{1}{2R}\,[W]$$

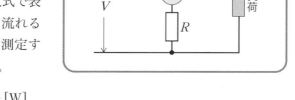
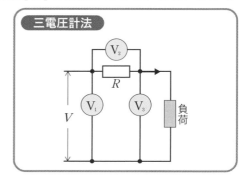

三電圧計法

電気理論

> **三電流計法、三電圧計法**とも、負荷の電力を表す公式は、電圧・電流の添え字ではなく、回路図の**位置**（電源・抵抗・負荷）で覚える。

②三相交流電力の測定

右図のように、2つの**単相電力計**を接続し、W_1、W_2 [W] の目盛の代数和で**三相電力**を求めることができる。2つの電力計で三相電力を測定する方法を**二電力計法**という。**三相電力** P [W] は次式で表される。

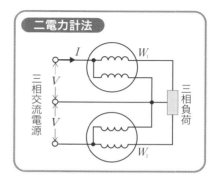

二電力計法

$$P = W_1 + W_2 = \sqrt{3}\,VI\cos\theta \ [\mathrm{W}]$$

(2) 電気計器の種類と記号

下表に主な電気計器の種類と記号を示す。

種類	記号	指示	計器の動作原理
可動コイル**形**		直**流** （平均値）	固定永久磁石の磁界と、可動コイル内の電流による磁界との相互作用によって動作する計器
可動鉄片**形**		交流 （実効値）	磁性材の可動片と固定コイル内の電流による磁界との間に生じる吸引力によって動作する計器
電流力計**形**		交直**流** （実効値）	可動コイル内の電流による磁界と固定コイル内の電流による磁界との相互作用によって動作する計器
誘導**形**		交流 （実効値）	固定電磁石の交流磁界と、この磁界で可動導体中に誘導されるうず電流との相互作用によって動作する計器

静電形	 ○ ‖ ▽	交直流 （実効値）	固定電極と可動電極との間に生じる静電力の作用で動作する計器
熱電形	•—•✕•—•	交直流 （実効値）	導体内の電流の熱効果によって動作する計器
整流形	▶▏	交流 （平均値×正弦波の波形率）	交流の電流または電圧を測定するため、直流で動作する計器と整流器とを組み合わせた計器

（3）分流器と倍率器

①分流器

　図のように、電流計の測定範囲拡大のため、電流計に**並列**に接続し、電流計に流れる電流を分流させる抵抗器を**分流器**という。下図の分流器の倍率 m は次式のとおりである。

$$m = \frac{I_0}{I} = \frac{R_s + R}{R_s}$$

I_0：測定電流 [A]
I：電流計の電流 [A]
R_s：分流器の抵抗 [Ω]
R：電流計の内部抵抗 [Ω]

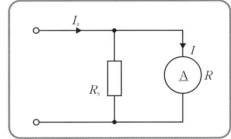

②倍率器

　図のように、電圧計の測定範囲拡大のため、電圧計に**直列**に接続し、電圧計にかかる電圧を分圧させる抵抗器を**倍率器**という。下図の倍率器の倍率 m は次式のとおりである。

$$m = \frac{V_0}{V} = \frac{R + R_m}{R}$$

V_0：測定電圧 [V]
V：電圧計の電圧 [V]
R_m：倍率器の抵抗 [Ω]
R：電圧計の内部抵抗 [Ω]

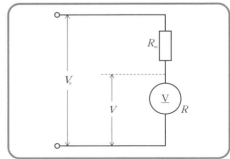

アドバイス

分流器・倍率器の**倍率**から、分流器・倍率器の**抵抗値**を問う問題が出題される。分流器・倍率器の倍率の公式を暗記していなくても、並列回路では**抵抗に**反比例して電流が分流し、直列回路では**抵抗に**比例して電圧が分圧されることから、導出することが可能である。

（4）デジタル計器

デジタル計器の特徴は次のとおりである。

①測定値がそのまま数値で表示されるので、個人差による**読取り誤差**がなく、測定時間が**短い**。

②アナログ機器は有効数字が2～3けた程度であるが、デジタル計器は**高精度の測定と表示**（有効数字3～6けた）ができる。

③測定値がデジタルデータになっているので、測定値の表示だけでなく、**記憶、記録、演算処理**などが容易に行える。

④アナログ計器は単機能のものが多いが、デジタル計器は**多機能の計器**やいろいろの物理量を1台の計器で測定できるものが多い。

⑤入力変換部の**入力抵抗が高い**ので測定する回路に影響を与えにくい。

⑥測定したデータが**デジタル化**されているので、他の電子機器やコンピュータなどに**接続**することができる。

⑦アナログ計器に比べて**過電圧、過電流などの保護**が容易である。

⑧アナログ計器は測定量の連続的変化を指針の振れで**視覚的に判断**できるが、デジタル計器では測定量が数値で表示されるため、**変化傾向を直観的に判断しにくい**。

⑨**ノイズの影響を受けやすい**ので、ノイズ対策を要する。

デジタルマルチメーター

6 自動制御

(1) 自動制御の種類

①フィードバック制御

　図のように、制御量を**目標値**と比較し、それらを一致させるように操作量を制御して訂正動作を行う制御を**フィードバック制御**という。回路構成が**閉ループ**という特徴がある。

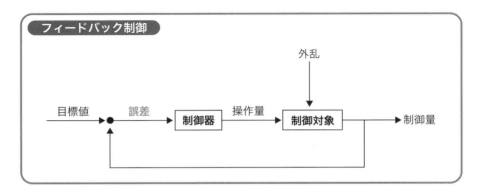

②フィードフォワード制御

　図のように、**外乱**が制御量に影響を及ぼす前に**先回り**して制御器に入力し、訂正動作を行う制御を**フィードフォワード制御**という。

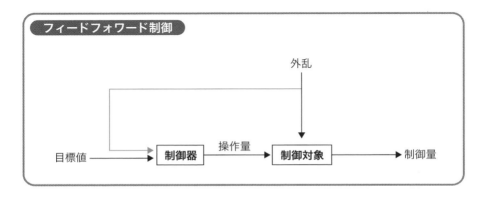

　フィードフォワード制御は、フィードバック制御だけでは**外乱**に対して操

作の遅れが生じるため、フィードバック制御と組み合わせて、**フィードフォ**
ワード・フィードバック制御として多用されている。

③シーケンス制御

　あらかじめ定められた順序に従って、制御の各段階を逐次進めていく制御
を**シーケンス制御**という。回路構成が**開ループ**という特徴がある。

（2）フィードバック制御の伝達関数

　次の図のようなブロック線図の**フィードバック制御**の**伝達関数**$[W(s)]$ は、
次式のとおりである。

$$Y(s) = W(s) \cdot X(s)$$

$$W(s) = \frac{Y(s)}{X(s)} = \frac{G(s)}{1 + G(s)H(s)}$$

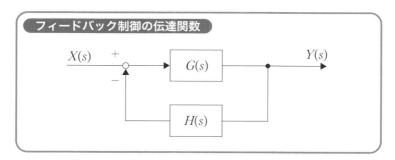

フィードバック制御の伝達関数

（3）論理回路

　シーケンス回路の基本となる論理回路は、次のとおりである。

① AND 回路

　入力条件がすべて ON になったとき、**出力が** ON となる回路である。接
点を直列接続した回路である。

② NOT 回路

　入力が OFF のとき**出力が** ON となり、**入力が** ON のとき**出力が** OFF と
なる回路である。否定回路ともいう。

③ NAND 回路

　AND 回路の出力を否定（NOT）する回路である。**入力条件がすべて** ON
になったとき、**出力が** OFF となる回路である。

④ OR 回路

　入力条件のいずれかが **ON** のとき、**出力**が **ON** となる回路である。接点を並列接続した回路である。

⑤ NOR 回路

　OR 回路の出力を否定（NOT）する回路である。**入力条件のいずれか**が **ON** のとき、**出力**が **OFF** となる回路である。

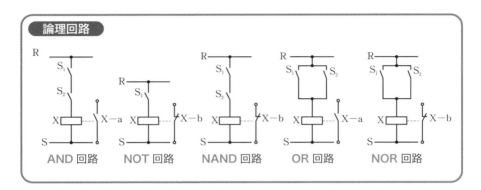

論理回路

| AND 回路 | NOT 回路 | NAND 回路 | OR 回路 | NOR 回路 |

⑥ 自己保持回路

　a 接点（メーク接点）の PBS_2 を押して **ON** することにより、**リレー X** が励磁され、a 接点の**スイッチ X** が **ON** となり、PBS_2 から手を離して PBS_2 が **OFF** になっても、**スイッチ X** により **ON 状態が保持される**回路を自己保持回路という。回路を **OFF** するときは PBS_1 を押して **b 接点**（ブレーク接点）を開放する。

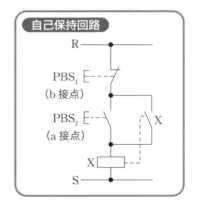

自己保持回路

　a 接点（メーク接点）：動作すると閉じる接点
　b 接点（ブレーク接点）：動作すると開放される接点

（4）制御動作の種類

① 比例動作（P 動作）

　制御量と目標値との偏差に比例した操作量を出力する制御動作を比例動作（P 動作）という。

② 積分動作（I 動作）

　制御量と目標値との**偏差の時間積分に比例**した操作量を出力する制御動作を積分動作（I 動作）という。これにより、**オフセット（定常偏差）**をなくすことができる。

③ 微分動作（D 動作）

　制御量と目標値との**偏差の微分値（速度）に比例**した操作量を出力する制御動作を微分動作（D 動作）という。

④ PID 動作

　P 動作と I 動作と D 動作を組み合わせた制御を PID 動作（比例＋積分＋微分動作）という。一般的に広く用いられている。

（5）フィードバック制御系のステップ応答

　フィードバック制御のシステムに階段状の**ステップ入力**を加えたとき、**どのような出力が応答されるか**を示したものをステップ応答という。各制御動作のステップ応答は、次のとおりである。

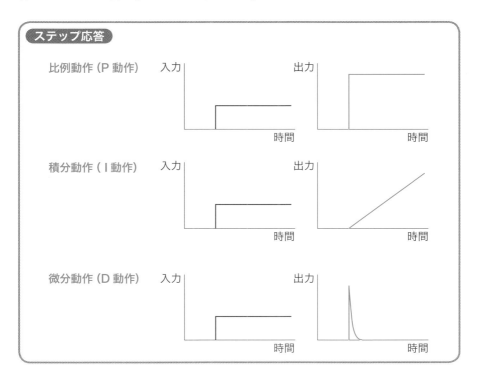

（6）自動制御系の分類

①目標値による制御

・定値制御：目標値が一定の制御

・追値制御：目標値が時間変化する制御

・追従制御：目標値が任意変化する制御

②制御量による制御

・プロセス制御：制御量が圧力、流量、水位、温度などの制御

・サーボ機構：制御量が位置、方位、姿勢、角度などで、目標値が任意変化する制御

1問1答

問 **1.** 導体の電気抵抗は、長さに比例し、断面積に反比例する。

2. 表皮効果は周波数が高いほど大きくなる。

3. 電気力線は等電位面と直交する。

4. 電磁誘導によって生じる起電力の向きは、磁束の変化を促す方向に発生する。

5. 平行平板コンデンサの静電容量は、誘電率と極板の面積の積に比例し、極板間の距離に反比例する。

6. 交流波形の最大値と実効値の比を波形率という。

7. デジタル計器は、ノイズの影響を受けやすい。

8. サーボ機構は、制御量が位置、方位、姿勢、角度などの制御である。

答 **1** ◯ → p.10　**2** ◯ → p.13 ～ 14　**3** ◯ → p.15　**4** ✕ → p.18

　5 ◯ → p.23　**6** ✕ → p.25 ～ 26　**7** ◯ → p.33　**8** ◯ → p.38

1-2 電気機器 一次 二次

Point!　重要度 💡💡💡

直流電動機、同期発電機、誘導電動機、変圧器、調相設備が出題
される。次項の電力系統の分野と関連づけて学習しよう。

1 直流電動機

（1）直流電動機の特性

①直巻電動機

　下の結線図のように、**直巻巻線（界磁巻線）**と**電機子**を**直列に接続**する直
流電動機を**直巻電動機**という。下の特性曲線のように、負荷電流が増加する
と回転速度が減少する**直巻特性**を持ち、速度が変化する**変速度電動機**である。

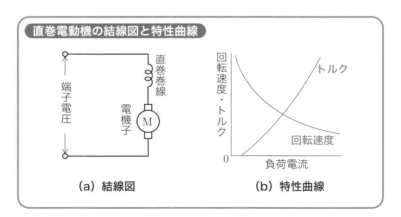

直巻電動機の結線図と特性曲線

端子電圧　直巻巻線　電機子　M

回転速度・トルク　トルク　回転速度　0　負荷電流

（a）結線図　　　（b）特性曲線

②分巻電動機

　次ページの結線図のように、**分巻巻線（界磁巻線）**と**電機子**を**並列に接続**
する直流電動機を**分巻電動機**という。次ページの特性曲線のように、**負荷電
流が変化しても回転速度はあまり変化しない分巻特性**を持ち、速度がほぼ一

定の**定速度電動機**である。

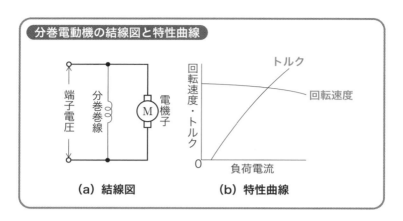

分巻電動機の結線図と特性曲線

(a) 結線図

(b) 特性曲線

 2 同期発電機

（1）同期発電機の構造
①回転電機子形

　図のように**磁極が固定さ**れており（これを**固定子**という）、**電機子が回転し**（これを**回転子**という）、電機子に交流電圧が発生する。回転子である電機子が大きくなる大容量機には不適であり、**特殊用途の小容量機**に用いられる。

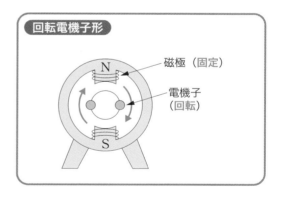

回転電機子形

磁極（固定）

電機子（回転）

②回転界磁形

　次ページの図のように**電機子が固定**されており、**磁極が回転**し、電機子に交流電圧が発生する。容量の大きな電機子を固定し、回転させる必要がないので、一般用途に広く用いられている。

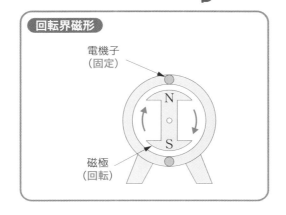

(2)　励磁方式

　同期発電機の界磁巻線に直流電流（界磁電流）を供給して、磁束を発生させる装置を励磁装置という。励磁方式には次のものがある。

> 同期発電機は交流を出力する交流機であるが、励磁に必要な電力は直流である。方向が一定の直流励磁による磁界を回転させることにより、回転運動に由来する交流を発生させている。

①直流励磁方式

　主機に直結した**直流発電機**により直流電流（界磁電流）を供給する方式である。**整流子・ブラシ・スリップリング**などの**摺動集電部**があるので、**維持管理に手間がかかる**。

②交流整流励磁方式

　主機に直結した**交流発電機**の発生する交流を、**整流器**で直流に変換し、ブラシ・スリップリングを介して直流電流（界磁電流）を供給する方式である。

③ブラシレス励磁方式

　主機に直結した**交流発電機**の出力を、同一回転軸上に取り付けた**整流器**で直流に変換し、**スリップリングを介さずに**、直流電流（界磁電流）を供給する方式である。励磁用発電機・整流器も主機と一緒に回転しているため、**ブラシなどの摺動集電部**を必要としない。

④サイリスタ励磁方式

主機の交流出力を**サイリスタ整流器**で直流に変換し、直流電流（界磁電流）を供給する方式である。**静止機器**である**サイリスタ整流器**による方式で、**回転機が不要**であるため、**即応性が良い**、**維持管理が容易**であるなどの特長を有している。

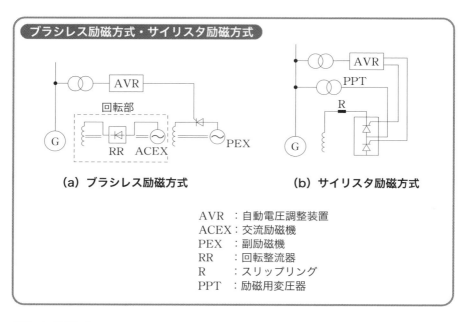

ブラシレス励磁方式・サイリスタ励磁方式

（a）ブラシレス励磁方式 （b）サイリスタ励磁方式

AVR ：自動電圧調整装置
ACEX：交流励磁機
PEX ：副励磁機
RR ：回転整流器
R ：スリップリング
PPT ：励磁用変圧器

（3）同期速度

交流発電機である**同期発電機**は、電力系統と連系するために一定の周波数で運転している。電力系統の周波数と同期するための発電機の回転速度を**同期速度**という。**同期速度** $N_s[\text{min}^{-1}]$ は、次式で表される。

$$N_s = \frac{120f}{P} \ [\text{min}^{-1}]$$

N_s：同期速度 [min^{-1}]
f：周波数 [Hz]
P：同期機の極数

（4）同期インピーダンス

同期発電機のインピーダンスを**同期インピーダンス**といい、次式で表される。

$$Z_s = \frac{V_n}{\sqrt{3}I_s} \ [\Omega]$$

Z_s：同期インピーダンス [Ω]
V_n：定格電圧 [V]
I_s：短絡電流 [A]

1-2

電気機器

（5）％インピーダンス

　線路や機器において、定格電流が流れているときの**インピーダンス降下と定格相電圧との比**を百分率で表したものを**％インピーダンス（百分率インピーダンス）**という。**％インピーダンス（％Z）**[%] は次式のとおりである。

$$\%Z = \frac{Z_s I_n}{\frac{V_n}{\sqrt{3}}} \times 100 \, [\%]$$

Z_s：同期インピーダンス [Ω]
V_n：定格電圧 [V]
I_n：定格電流 [A]

（6）短絡比

　線路や機器の**短絡電流と定格電流の比**を短絡比といい、次式で表される。

$$K_s = \frac{I_s}{I_n}$$

K_s：短絡比
I_s：短絡電流 [A]
I_n：定格電流 [A]

（7）短絡比と同期インピーダンス等の関係

短絡比	同期インピーダンス	リアクタンス	安定度	価格	機械
大	小	小	高い	高い	鉄機械
小	大	大	低い	安い	銅機械

（8）電圧変動率

　発電機や変圧器において、**定格負荷から無負荷にしたときの電圧変動の割合**を電圧変動率といい、次式で表される。

$$\varepsilon = \frac{V_0 - V_n}{V_n} \times 100 \, [\%]$$

ε：電圧変動率 [%]
V_n：定格端子電圧 [V]
V_0：無負荷端子電圧 [V]

（9）並列運転の条件

　同期発電機の主な**並列運転の条件**は次のとおりである。

①各発電機の起電力の大きさが等しいこと。

②各発電機の周波数が等しいこと。

③各発電機の起電力が同相であること。

(10) 安定度の向上策

運転中の同期発電機に負荷変動があっても、安定して運転できる度合いを安定度という。安定度には、負荷変動が**緩やかなとき**の定態安定度と、負荷変動が**急激**な過渡安定度がある。安定度の向上策は、次のとおりである。

①**同期リアクタンス**を**小さく**する。

②励磁装置の**応答速度**を**速く**する。

③**逆相、零相インピーダンス**を**大きく**する。

④回転部の**慣性力**を**大きく**し、**はずみ車効果**を**大きく**する。

インピーダンスは**抵抗**と**リアクタンス**から成り、コイルである巻線のインピーダンスはほとんど**リアクタンス成分**であるため、**同期リアクタンス**を**小さく**することは、**同期インピーダンス**を**小さく**することにつながる。

3 同期電動機

（1）同期電動機

同期電動機と**同期発電機**は基本構造が同一で、極数と周波数による**同期速度**で定速回転する。固定子に**三相交流電圧**を印加すると**回転磁界**を生じ、この**回転磁界**により固定子の電磁石が吸引されて同期速度で回転する。

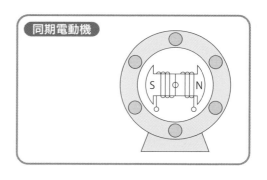

同期電動機

（2）同期電動機の V 曲線

同期電動機の回転子の界磁巻線の電流（励磁電流または界磁電流）を**増減**することにより、位相を調整することができる。同期電動機の励磁電流と位相特性の関係を表す曲線を**位相特性曲線**といい、曲線が V 字形になることから V 曲線ともいう。次ページの図のように、励磁電流を**小さく**すると電機子電流は**遅れ電流**となり、また、励磁電流を**大きく**すると電機子電流は**進み電流**となり、**電機子電流の位相**を調整することが可能である。この同期電

動機の**位相調整機能**を利用して位相を調整するものを、**同期調相機**という。同期調相機は、進相も遅相も**連続的**に調整することができる。

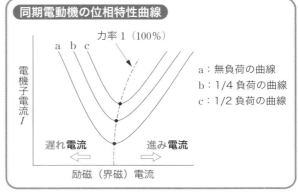

同期電動機の位相特性曲線

力率 1（100%）

電機子電流 I

a：無負荷の曲線
b：1/4 負荷の曲線
c：1/2 負荷の曲線

遅れ**電流**　　　　進み**電流**

励磁（界磁）電流

（3）同期電動機の始動法

　同期電動機は、固定子による回転磁界に**回転子が追従**することにより回転する。しかし、始動時は、回転子が停止した状態からでは回転磁界に追従することができないため、**始動トルク**が生まれず始動することができない。このため、同期電動機を始動するために次のような方法が用いられている。

　同期電動機は**始動トルク**がないため、何らかの方法により同期速度まで**加速**させる必要がある。自ら始動トルクのある**誘導電動機**として始動するか、別の**始動用電動機**で始動してもらうか、磁界にはじめはゆっくり回転してもらうか（低周波）が必要である。

①自己始動法

　回転子に施されている**制動巻線**を利用し、**誘導電動機**として始動し、同期速度付近まで加速してから回転子側を励磁する方法。始動トルクが、小さいもので**無負荷**、または**軽負荷**の状態で始動する。**小容量の電動機**に用いられる。

②始動電動機法

　始動用の**直流電動機**や**三相誘導電動機**を直結して始動する方式で、同期速度に達したら同期電動機として運転する。

③低周波始動法

　始動用の電動機と直結した 2 台の同期電動機のうち 1 台を**発電機**として**低周波にて運転**し、同期速度に達した後、**電源を投入**して同期電動機として運転する方法である。

4 誘導電動機

(1) 誘導電動機の原理

　磁性体ではない導体の銅やアルミでできた円板を、接触しないように磁石で挟んで磁石を動かすと、円板に**うず電流**が誘導される。そして、この**うず電流**によって、円板には**磁石の移動方向**に力が発生し、円板は磁石に追従して回転する。この円板の原理を**アラゴの円板**といい、これが誘導電動機の原理である。アラゴの円板の原理は**誘導形電力量計**にも応用されている。

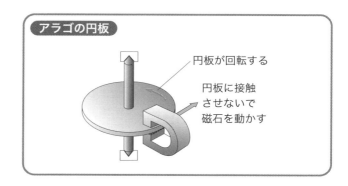

アラゴの円板

円板が回転する

円板に接触
させないで
磁石を動かす

(2) 誘導電動機の種類
①かご形誘導電動機

　回転子鉄心の溝に銅棒を差し込み、その両端を端絡環で接続して、**かご状にした回転子**を持つ誘導電動機が、かご形誘導電動機である。構造が簡単で堅固であるという特長を有している。

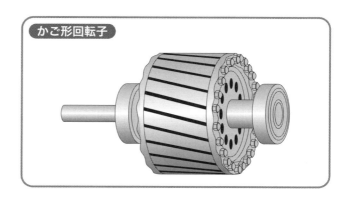

かご形回転子

②巻線形誘導電動機

　巻線を施した回転子（**巻線形回転子**）を持つ誘導電動機が、**巻線形誘導電動機**である。巻線形回転子は、スリップリングを介して外部回路と接続することができるので、抵抗を接続するなどして、**始動特性の改善**や**速度制御**が可能である。

（3）誘導電動機の出力特性曲線

　誘導電動機の**回転速度**、**効率**、**一次電流**、**すべり**の諸量が、出力によってどのように変化するかを表すと、下図のとおりとなる。図より、回転速度はほぼ一定であるが、効率は、軽負荷範囲において**急激に低下**する。

　また、**すべり** s [%] は次式で表される。

$$s = \frac{n_s - n}{n_s} \times 100 \, [\%]$$

n_s：同期速度 [min^{-1}]
n：回転子の回転速度 [min^{-1}]

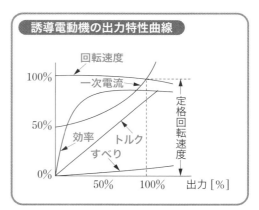

誘導電動機の出力特性曲線

（4）誘導電動機の始動法

①全電圧始動法（直入始動）

　5.5kW 未満の**小容量誘導電動機**に用いられ、直接、**定格電圧**を加えて始動する方法。始動時には定格電流の **5 〜 7 倍**の始動電流が流れる。

② Y −Δ始動法（スター・デルタ始動）

　始動時に一次巻線を **Y 接続**とし、各相に電源電圧の $\frac{1}{\sqrt{3}}$ 倍の電圧を加え、速度が上昇して正常運転に入ると**Δ結線**に切り替え、各相に**全電圧**を加えて運転する始動法である。全電圧始動に比べ、**始動電流、始動トルクともに** $\frac{1}{3}$ **に低下**する。5.5kW 以上のものに用いられる。

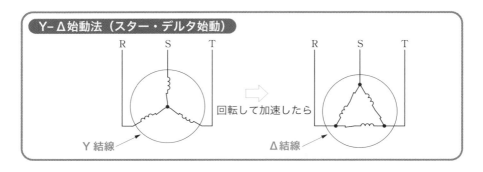

Y−Δ始動法（スター・デルタ始動）

R S T　回転して加速したら　R S T

Y 結線　Δ 結線

③始動補償器法（コンドルファ始動）

　始動用変圧器を用いて低電圧で始動し、速度が増してから全電圧に切り替える方法である。

④単相誘導電動機の始動法

　単相は、そのままでは三相のように回転磁界を生じないので、家電などに用いられている単相誘導電動機は、三相誘導電動機とは異なる始動法が必要である。単相誘導電動機の始動法は次のとおり。

コンデンサ始動形	コンデンサにより二相の回転磁界を得る始動方法。始動トルクが大きく、始動電流は小さく、始動特性がよい。
分　相始動形	主巻線と始動巻線の２つの巻線により、二相による楕円回転磁界でトルクを得る。始動トルク、始動電流がともに大きい。
くま取りコイル形	固定子の一部に突極をつくり、これにコイルを巻いて移動磁界を発生させ、トルクを得る。回転方向を変えることはできない。始動トルクが小さく、力率及び効率が悪いが、構造が簡単で丈夫である。
反　発始動形	回転子に整流子を設け、始動時に反発電動機として始動させ、大きなトルクを得る。始動トルクが特に大きく、始動電流は小さい。

（5）誘導電動機の速度制御法

　誘導電動機は、原理的に定速度特性を有する電動機であり、速度を制御するため次の制御法が用いられている。

①二次抵抗制御法

　巻線形誘導電動機に外部抵抗を接続し、比例推移の原理によって速度・ト

ルク曲線を変化させて、同一トルクを発生する**すべり**を調整し、速度を制御する方法である。外部抵抗に消費される電力が**損失**となり、効率が低下するが、操作が簡単で速度変化も円滑であり、**巻上機**や**ポンプ**などに用いられている。

②静止セルビウス法

誘導電動機を別の**誘導発電機**と接続し、発電機の**出力を電源に返還**して速度制御する方式を**セルビウス法**という。誘導発電機の代わりに**整流器**と**インバータ**、**変圧器**を用いて**直接電源側に返還**して速度制御する方法を、**静止セルビウス法**という。

③極数制御

同期速度は極数に反比例するので、固定子巻線の接続を**直列から並列に切り替える**などして**極数**を変えて速度制御を行う方法である。連続的な速度制御はできず、2 段、3 段など**断続的**な速度制御となる。

④電源周波数制御法

同期速度は周波数に比例するので、**周波数**を変えることによって速度制御を行う方法である。

⑤インバータ制御法

コンバータとインバータによる**周波数変換装置**を用いて電動機の**周波数**を調整して速度制御を行う方法。通常、制御を安定させるため、周波数だけでなく**電圧も制御**し、**電圧／周波数が一定**となるように制御している。

インバータ制御法には、**電圧形インバータ方式**と**電流形インバータ方式**がある。ともに主要回路は、直流に変換する**コンバータ**、直流を交流に変換する**インバータ**で構成されている。**スイッチング回路**の電流波形は導通幅の狭いパルス状であり、このため**高周波発生**と**力率低下**の要因となっている。

インバータ制御法にて、電圧／周波数が一定となるような制御を VVVF（Variable Voltage Variable Frequency）制御、または可変電圧可変周波数制御という。記述問題でも出題されるので、覚えておこう。

5 変圧器

(1) 変圧器の原理

　変圧器は、**鉄心**にコイルを巻いた構造で、電源側を**一次巻線**、負荷側を**二次巻線**という。変圧器の原理を下図に示す。

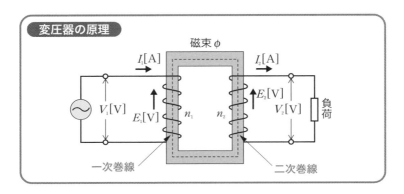

(2) 変圧器の巻線比と電力

　一次巻線及び二次巻線の**誘導起電力は巻線に比例**する。したがって、巻線比 a とすると次式で表される。

$$a = \frac{n_1}{n_2} = \frac{E_1}{E_2}$$

　また、変圧器の一次側と二次側の電力は等しく、次式が成り立つ。

$$E_1 I_1 = E_2 I_2$$

n_1：一次巻線の巻数
E_1：一次側誘導起電力 [V]
I_1：一次側電流 [A]
n_2：二次巻線の巻数
E_2：二次側誘導起電力 [V]
I_2：二次側電流 [A]

（3）変圧器の損失

変圧器の損失は、無負荷時にも生じる**無負荷損**と負荷時だけに生じる**負荷損**に大別される。**無負荷損**の主なものは鉄心に生じる**鉄損**、**負荷損**の主なものは巻線に生じる**銅損**である。

周波数が一定であれば、**鉄損は負荷電流によらず一定**で、**銅損は負荷電流の二乗に比例**する。

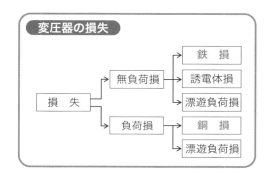

（4）変圧器の効率

変圧器の効率 η とは、変圧器の入力に対する出力の比で、次式で表される。

$$\eta = \frac{出力}{入力} \times 100[\%] = \frac{出力}{出力+損失} \times 100[\%] = \frac{出力}{出力+無負荷損+負荷損} \times 100[\%]$$

また、変圧器の効率は、**無負荷損（鉄損）と負荷損（銅損）が等しいときに最大**となる。右図に**変圧器の効率・損失**（銅損、鉄損）を示す。

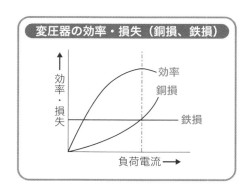

（5）変圧器の結線

①Δ－Δ結線

次ページの図のように、**一次側、二次側ともにΔ結線**したものが、Δ－Δ結線である。Δ結線は、線間電圧と相電圧が等しく、線間電圧がそのまま変圧器巻線に印加されるため、高電圧には絶縁の点で不利となる。したがって、**33 ～ 60kV 以下**の**配電用変圧器**に用いられる。

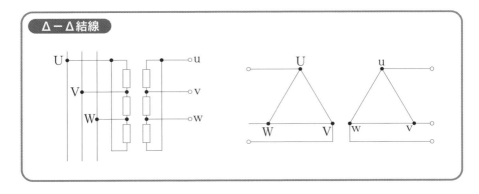

②Δ－Y結線

　下図のように、**一次側をΔ結線、二次側をY結線**したものがΔ－Y結線である。Y結線は、線間電圧が相電圧の$\sqrt{3}$倍となる。したがって、二次側の線間電圧は変圧器巻線の電圧の$\sqrt{3}$倍となる。このため、**送電線の送電端(発電所)** などのように、**電圧を高くする場合（昇圧）** に用いられる。また、一次電圧と二次電圧に **30°の位相差**の**角変位**を生じる。

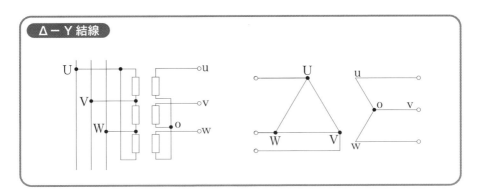

③Y－Δ結線

　次ページの図のように、**一次側をY結線、二次側をΔ結線**したもので、**送電線の受電端**などのように、**電圧を低くする場合（降圧）** に用いられる。また、一次電圧と二次電圧に **30°の位相差**の**角変位**を生じる。

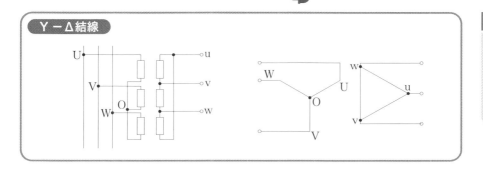

④ Y － Y 結線

　下図のように、**一次側及び二次側を Y 結線**したものが **Y － Y 結線**である。変圧器の励磁電流には**第 3 調波**が含まれているが、Y － Y 結線には**第 3 調波を循環させる △ 結線がない**ため、電圧波形がひずみ、**通信障害**などの原因となる。

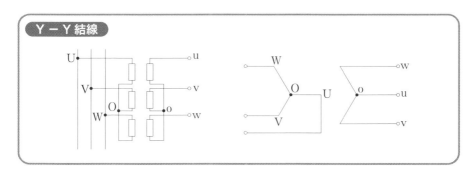

⑤ V 結線

　単相変圧器 2 台を用いて、各変圧器の一次側及び二次側を次ページの図のように結線したものが、V 結線である。**△ － △ 結線**の 1 台を除いたものに相当する。**V 結線**の容量及び利用率は、1 台の変圧器の容量を $P\,[\mathrm{VA}]$ とすると、次式で表される。

　V 結線の**容量** $= \sqrt{3}P\,[\mathrm{VA}]$

　V 結線の**利用率** $= \dfrac{\sqrt{3}P}{2P} = \dfrac{\sqrt{3}}{2} \fallingdotseq 0.866$

V結線の変圧器の容量は**2台分**の容量だが、最大出力は**√3台分**となり、利用率は**86.6%**程度となる。

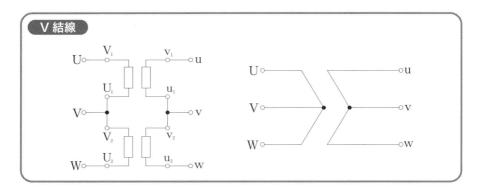

⑥スコット結線

図のように**単相変圧器2台**を用いて、三相電源から単相2回路を得る結線方法である。**スコット結線**の利用率は、**V結線**同様に、$\frac{\sqrt{3}}{2} = 0.866$ である。

非常用発電機の三相電源から単相電源を得る場合などに用いられている。

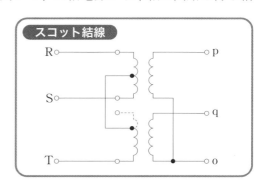

（6）並行運転の条件

変圧器を並列に運転することを**並行運転**といい、並行運転の条件は次のとおりである。
　①一次、二次の**定格電圧**が等しいこと
　②**極性**が等しいこと
　③**巻線比**が等しいこと
　④**インピーダンス電圧**が等しいこと
　⑤**内部抵抗とリアクタンスの比**が等しいこと
　⑥**相回転方向**が一致していること（三相変圧器の場合）

⑦一次、二次巻線の角変位が等しいこと（三相変圧器の場合）

（7）並行運転が可能な三相変圧器の結線方法

並行運転が可能な三相変圧器の**結線方法**の組み合わせは、次のとおり。

	Δ－Δ	Δ－Y	Y－Δ	Y－Y
Δ－Δ	○	×	×	○
Δ－Y	×	○	○	×
Y－Δ	×	○	○	×
Y－Y	○	×	×	○

○可　×不可

（8）変圧器の電圧変動率

変圧器の**電圧変動率**は次式のとおりである。

$$\varepsilon = p\cos\theta + q\sin\theta\ [\%]$$

ε：電圧変動率 [%]
p：百分率抵抗降下 [%]
q：百分率リアクタンス降下 [%]
θ：力率角 [rad]

（9）変圧器の種類

変圧器には、**絶縁材**により次の種類がある。

①油入変圧器

鉄心と巻線を絶縁油の中に収めたもので、**絶縁性・冷却性**に優れ、騒音も**小さく**、**安価**であるという利点を有している。一方で、**重量・寸法**が大きく、設置スペースを要するのが欠点である。

②モールド変圧器

巻線部をエポキシ樹脂などの絶縁物で覆った変圧器である。小型軽量で**絶縁性・難燃性**にも優れるが、鉄心が一部露出しているため騒音や振動は**大き**くなる。

③ガス絶縁変圧器

鉄心と巻線を、不活性ガスである SF$_6$ ガス（六ふっ化硫黄ガス）の中に収めたものである。SF$_6$ ガスは、安定度の高い**不活性ガス**で、**無色、無臭、無毒、不燃性**の気体である。

1-2

電気機器

6 遮断器

(1) 遮断器と遮断現象

遮断器は**平常時**の負荷電流、線路充電電流の開閉と、**異常時**の短絡電流、地絡電流などを保護継電器で検知して自動遮断を行い、系統の**制御・保護**を行うものである。

回路の短絡電流を遮断すると、遮断器の接触子間に**アーク電圧**が発生する。交流の場合、アーク電圧は 1/2 サイクルごとに電流が**ゼロの点**がくるので、この点で電極を開放して遮断する。電流が遮断されてアークが消えたあとの電圧に**過渡電圧**が発生する。この遮断直後の過渡電圧を**再起電圧**という。遮断前と同じ周波数の電圧に回復した電圧を**回復電圧**という。下図に交流回路の短絡遮断時の遮断現象を示す。

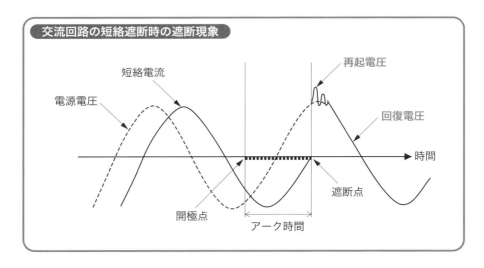

交流回路の短絡遮断時の遮断現象

短絡電流
電源電圧
再起電圧
回復電圧
時間
開極点
遮断点
アーク時間

(2) 遮断器の種類と消弧原理

①油遮断器（OCB）

油遮断器は、遮断器内の絶縁油にアークが発生したときに生じる高圧ガス圧力や水素ガスにより**冷却**して消弧（アークを消すこと）する遮断器である。**構造が簡単で安価**だが、油の**保守、点検**に手間がかかること、油による**火災、爆発の危険性**がある。

②真空遮断器（VCB）

　真空中のアークが急速に**拡散**することを利用して消弧する構造の遮断器である。接点の**損耗が少なく寿命が長い**、**火災や爆発の危険がない**、**保守**がほとんど不要、**小型軽量**で配電盤に縦に**段積みできる**などの利点がある。一方、遮断時に**異常電圧が生じやすい**、**真空もれ**の検出が困難などの欠点がある。

③磁気遮断器（MBB）

　アーク電流によって生じた**電磁力**を利用して、アークを消弧室に引き込み、遮断する遮断器である。油を使用しないため、遮断器の事故による**火災・爆発**などの危険性がなく、**保守点検が容易**などの利点がある。一方、高価で、**遮断時の騒音**が**大きい**ことが欠点である。

④ガス遮断器（GCB）

　SF_6 ガス（六ふっ化硫黄ガス）の優れた**絶縁耐力**及び**消弧能力**を利用して消弧する遮断器である。**遮断性能**に優れ、**大容量遮断器**に適している。また、遮断部が SF_6 **ガス中の完全密閉構造**であるため、**低騒音化**、**保守の省力化**、**小型化**が可能である。

⑤空気遮断器（ABB）

　圧縮空気をアークに吹き付けて消弧する遮断器である。**重量が軽い**、接点の損耗が少ないため**保守が容易**、**火災・爆発の危険がない**などの利点がある。一方、**圧縮空気**を吹き付けるため、**開閉時の騒音**が**大きい**ことが欠点である。

7　コンデンサ・リアクトル

（1）コンデンサ

　交流負荷の無効電力の制御や力率改善などに用いられる。コンデンサには、はく電極コンデンサと蒸着電極コンデンサなどがあり、それぞれの用語の定義は次のとおり。

用語	定義
単器形コンデンサ	コンデンサ素体を 1 個の容器内に収めたもの
集合形コンデンサ	適切な個数の単器形コンデンサを 1 個の容器内に収めたもの

はく電極コンデンサ	金属はくを電極にしたコンデンサ。誘電体の一部が絶縁破壊するとその機能を失い、自己回復することができない
蒸着電極コンデンサ	蒸着金属を電極にしたコンデンサ。誘電体の一部が絶縁破壊しても、自己回復することができる
油入コンデンサ	80℃において流動性のある液体含浸剤を充てんしたコンデンサ
乾式コンデンサ	80℃において流動性のない固体含浸剤または気体を充てんしたコンデンサ
保安装置内蔵コンデンサ	異常が生じた際、切り離しができる装置を組み込んだコンデンサ
保護接点付きコンデンサ	異常が生じた際、検知して動作する接点を取り付けたコンデンサ

(2) 力率改善

コンデンサは、送配電線路に並列に接続して力率を改善することにより、電圧降下の軽減、電力損失の軽減、設備容量の増加、電気料金の節減などの効果がある。力率改善に要するコンデンサ容量の関係は次のとおり。

$$Q = Q_1 - Q_2 = P(\tan\theta_1 - \tan\theta_2) = P\left(\frac{\sin\theta_1}{\cos\theta_1} - \frac{\sin\theta_2}{\cos\theta_2}\right)[\text{kvar}]$$

Q：コンデンサ容量 [kvar]
P：有効電力 [kW]

力率改善のベクトル図

θ_1：改善前の力率角
θ_2：改善後の力率角
　　 [rad]

Q_1：改善前の無効電力
Q_2：改善後の無効電力
　　 [kvar]

1-2

電気機器

(3) 直列リアクトル

コンデンサに直列に接続するリアクトルを**直列リアクトル**という。直列リアクトルは、**波形ひずみの拡大防止**、コンデンサ投入時の**突入電流の抑制**を目的に設置される。直列リアクトルを挿入することにより、**合成リアクタンス**を誘導性とし、高調波電流を抑制して、波形ひずみの拡大を防止する。

(4) 放電コイル

コンデンサの残留電荷を放電して、取扱者への**電撃防止**のためコンデンサに並列に接続させるコイルである。通常電源開放時の残留電荷が、放電開始5秒後にコンデンサの端子電圧が **50V 以下**となるよう JIS で規定されている。

8 調相設備

調相設備は、**無効電力**を調整することにより**位相を制御**し、**電圧調整**と**電力損失の軽減**を図るものである。調相設備には回転機の同期調相機や、静止機の電力用コンデンサ、**分路リアクトル**及び**静止形無効電力補償装置**（SVC）がある。

①同期調相機

界磁電流を調整することによって、無効電力を**遅相から進相まで**連続的に制御することが可能である。

②電力用コンデンサ

線路や負荷に並列に接続し、進み電流を供給して**遅れ力率**を補償する。無効電力の調整は段階的な制御となる。

③分路リアクトル

線路や負荷に並列に接続し、遅れ電流を供給して**進み力率**を補償する。無効電力の調整は段階的な制御となる。

④静止形無効電力補償装置（SVC）

無効電力を**遅相から進相まで**連続的に制御することが可能である。静止機であるため、即応性、保守性に優れている特長を有している。

1問1答

問

1. 直巻電動機の直巻特性は、負荷電流が増加すると回転速度が増加する。

2. サイリスタ励磁方式は、スリップリングを介さずに、界磁電流を供給する同期発電機の励磁方式である。

3. 各発電機の起電力の大きさが等しいこと、周波数が等しいこと、起電力が同相であることは、同期発電機の並列運転の条件である。

4. 同期電動機の、励磁電流を小さくすると電機子電流は遅れ電流となり、励磁電流を大きくすると電機子電流は進み電流となる。

5. 誘導電動機の Y–Δ 始動法は、全電圧始動法に比べて、始動電圧が 1/3 倍に低下する。

6. 変圧器の鉄損は負荷電流によらず一定で、銅損は負荷電流に比例する。

7. 変圧器の電圧変動率は次式のとおりである。

$\varepsilon = p\cos\theta - q\sin\theta$ ［%］

ε：電圧変動率［%］　p：百分率抵抗降下［%］

q：百分率リアクタンス降下［%］　θ：力率角［rad］

8. 遮断器の遮断後、遮断前と同じ周波数の電圧に復帰した電圧を再起電圧という。

9. 蒸着電極コンデンサは、誘電体の一部が絶縁破壊しても、自己回復することができる。

10. 直列リアクトルは、波形ひずみの拡大防止、コンデンサ投入時の突入電流の抑制を目的に設置される。

11. 分路リアクトルは、線路や負荷に並列に接続し、遅れ電流を供給して進み力率を補償する。

答

1 ✕ → p.39　　**2** ✕ → p.41〜42　　**3** ◯ → p.43　　**4** ◯ → p.44

5 ✕ → p.47　　**6** ✕ → p.51　　**7** ✕ → p.55　　**8** ✕ → p.56

9 ◯ → p.58　　**10** ◯ → p.59　　**11** ◯ → p.59

電力系統

一次 二次

Point!

重要度 💡💡💡

安定度向上、送電容量増大、短絡容量抑制の対策がよく出題される。記述問題でもよく問われるので、しっかり理解しよう。

■ 1 系統運用

（1）系統連系

一つの電力系統と、他の電力系統を接続して、電力融通したりすることを系統連系という。系統連系の効果は次のとおりである。

①事故時の**応援体制**による供給信頼度の向上

②**供給余力の活用**による経済性の向上

③**電源立地地点**の有効活用

（2）電力系統の安定度

電力系統の安定度とは、**送電電力を安定的に送電する度合い**で、系統に接続された発電機が、同期運転を維持できる度合いを系統安定度という。系統安定度には、定常状態における定態安定度と過渡状態における過渡安定度がある。

①定態安定度

定常状態の負荷の変動などに応じて、各発電機の出力変化を継続的に制御し、発電機の同期運転が外れて脱調することなく、**安定して送電し得る能力**をいう。

②過渡安定度

電力系統が定常状態から、急激なじょう乱が生じても、発電機が脱調せずに**再び安定した系統運用状態に回復し得る能力**をいう。

（3）安定度向上対策

安定度向上対策は、次のとおりである。

①送電系統の安定度向上対策

①**送電電圧を**高くする。

②送電系統の**リアクタンスを**低減する。

③多導体を採用して送電線の**インピーダンスを**低減する。

④変圧器の**インピーダンス電圧を**小さくする。

⑤直列コンデンサの設置。

⑥同期調相機の設置。

⑦高速度遮断と高速度再閉路方式の採用。

⑧直流連系、直流送電の採用。

②発電機の安定度向上対策

①速応励磁方式の採用。

②タービン高速バルブ制御の採用。

③発電機の**短絡比を**大きくし、**リアクタンスを**小さくする。

④発電機の回転子に制動巻線を設ける。

⑤回転子の**はずみ車効果を**大きくする。

安定度向上対策のポイントは、**リアクタンスを**低減することにより、**インピーダンスを**低減することである。

（4）送電容量の増加対策

送電容量の増加対策は、次のとおりである。

①**電線を太線化し、許容電流を**増大させる。

②**並列回線の**増加。

③**電圧階級を**あげる。

④多導体の採用。

⑤直列コンデンサの採用。

⑥送電系統の**安定度を**向上させる。

安定度を向上させることが、**送電容量の増加**につながる。

（5）無効電力の抑制

電力系統では、**重負荷時は**遅れ無効電力が発生し、需要家側の電圧が低下

傾向となる。一方、**軽負荷時は**進み無効電力が発生し、需要家側の電圧が上昇傾向となる。系統に**無効電力を供給**する電力用コンデンサ、無効電力を消費する分路リアクトル、これら両機能を有する同期調相機などを設け、無効電力のバランスを保ち、適正な系統電圧を維持することが重要である。

(6) 自己励磁現象と防止対策

同期発電機を励磁していなくても、**軽負荷時**の送電線に接続したときに、送電線路の**静電容量**による**進み電流の増磁作用**により、発電機の**電圧が上昇**する現象を自己励磁現象という。自己励磁現象により電圧が異常上昇すると、**絶縁破壊**するおそれがある。**自己励磁現象の防止対策**は次のとおりである。

①**同期リアクタンスの**小さな発電機を採用する。

②**短絡比の**大きな発電機を採用する。

(7) 短絡容量の抑制対策

電力系統の連系を強化し、系統が拡大すると、**発電機並列台数の増加**などにより、系統の**短絡電流が**増大し、**短絡容量が**増大する。系統の短絡容量が増大すると、遮断器の**遮断容量不足**や通信線への**誘導障害**などの問題が生じる。短絡容量の抑制対策は、次のとおり。

①**高インピーダンス変圧器**の使用や**直列リアクトル**の設置。

②**上位電圧階級**の導入による**下位系統の分割**。

③**ループ系統**から**放射状系統**への変更。

④直流連系による**交流系統相互間の分割**。

⑤直列機器の**機械的・熱的強度の強化**。

系統連系により供給信頼度や経済性が向上するが、一方で、**短絡容量が増大**する。**短絡容量の抑制対策**は、**リアクタンスを**増加させることにより、**インピーダンスを**増加させる。安定度の向上対策と逆になる。

(8) 架空送電線の多導体方式

一相に複数の電線を適度な間隔で配置した送電線の方式を**多導体方式**という。複数の導体を**スペーサ**で一定の間隔に保って並列に架設する方式である。主に**超高圧以上**の送電線に多く用いられている。多導体方式の利点と欠点は次のとおり。

①**多導体方式の利点**

  ①**表皮効果が**少ないため、電流容量を多くすることができ、**送電容量が**増加する。

  ②電線の**インダクタンスが**減少し、**静電容量が**増加する。**安定度が**向上する。

  ③**コロナ損失、雑音障害の**低減。

  多導体方式は、電線の見かけ上の太さが太くなるため、コロナ抑制に効果がある。

6 導体多導体方式

②**多導体方式の欠点**

  ①スペーサなど、**構造が**複雑になる。

  ②鉄塔部材が大きくなり、**建設費が**増加する。

  ③**静電容量が**大きくなり、**軽負荷時に受電端電圧が**上昇する。

  ④短絡大電流時の電磁力により**導体相互が衝突**すると、**電線表面が**焼損する。

  ⑤導体に**不均等負荷**がかかると、電線がねじれて**電線が**損傷する。

(9) 直流送電の特徴

①**直流送電の長所**

  ①**無効電力の消費・発生がない**ため、電線の**許容電流限度まで送電**できる。

  ②同期連系ができるため、**異なる周波数の系統間の連系が可能**である。

  ③交流系統と独立した**潮流制御が可能**で、**制御は**容易で迅速である。

  ④送電線は２線で、**絶縁耐力が**少なくてすみ、線路や鉄塔の**建設費が**安価である。

  ⑤距離による安定度制約**がなく**、交流系統への事故時の遮断電流が増大するのを防げる。

②**直流送電の短所**

  ①**変換設備が**比較的高価であり、交流系統の**じょう乱の影響**を受ける。

  ②交直変換時の無効電力のため、比較的大きな調相設備が必要。

  ③**電圧の上昇・降圧設備が**複雑になる。

  ④**直流の大電流は遮断が**困難である。また、**系統構成の自由度が**少ない。

  ⑤電圧電流に高調波・高周波成分を含み、交直変換時に**フィルタ**設備が必要となる。

直流は、交流と違って電流がゼロになる点がないため、**大電流の遮断が困難である。**

(10) 送電線の再閉路方式

架空送電線の故障は、一時的に短絡や地絡事故が発生しても、**保護継電装置**が動作して両端の遮断器を開放してアークが自然消滅すれば、設備はそのまま使用することができることがほとんどである。したがって、故障時に自動的に開放した遮断器を、**再び自動的に投入（再閉路）**して、送電を再開する方式を**自動再閉路方式**という。再閉路方式の特徴は次のとおりである。

・再閉路方式は、再閉路の時間により次のように区分されている。1 秒程度以下の**高速度再閉路方式**、1 〜 15 秒程度の**中速度再閉路方式**、1 分程度の**低速度再閉路方式**がある。このうち**高速度再閉路方式**は、各種搬送リレー方式と組み合わせて用いられる。

・再閉路方式は、**遮断器の性能**や保護方式の**故障検出性能**との**システム的な協調**が重要である。

・**架空配電線**では事故の 70 〜 80% 程度が**瞬時事故**で、残りの 20 〜 30% 程度が**永久事故**だが、**地中配電線**で起こる事故のほとんどは**永久事故**であり、地中配電線への**再閉路方式の効果は少ない**。

・**多相再閉路方式**は、並行 2 回線送電線の **2 回線にまたがる多重事故**の場合に、各回線のうち**事故相のみを遮断**する方式である。

架空送電線の事故は、雷や鳥獣接触などの要因による一時故障がほとんどなのに対して、**地中配電線**は、図のような工事によるケーブルの損傷のような**永久事故**がほとんどである。したがって、地中配電線への再閉路方式の効果は期待できない。

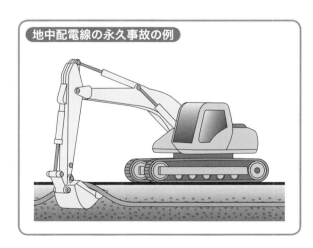

地中配電線の永久事故の例

電気応用

一次

Point!　　　　　　　　　　　　　　重要度 🔵🔵💡

光度、輝度、照度などの照明の単位、LED照明などの各種光源、蓄電池、誘導加熱などの電気加熱が出題される。

1　照明

（1）照明用語

①放射束（単位：ワット［W］）

　エネルギーが電磁波として放出することを放射といい、**単位時間当たりの放射エネルギーを放射束**という。

②光束（単位：ルーメン［lm］）

　光を光線の直進する束とみなし、**光源から放射されるエネルギーを人間の目の感覚で測った量を光束**という。**光源から放射される光の量**を表す。

③光度（単位：カンデラ［cd］）

　光源から単位立体角当たりに放射される光束を光度という。**光源から放射する光の強さ**を表す。**単位立体角**とは、半径 r の球において r の平方（一辺の長さ r とする正方形）と等しい面積の球面上の部分に対する立体角［sr（ステラジアン）］と定義される。

④輝度（単位：カンデラ毎平方メートル［cd/m²］）

　光源をある方向から見たときの単位投影面積当たりの光度を輝度という。**光源を見たときの明るさ**を表す。**投影面積とは見かけ上の面積**のこ

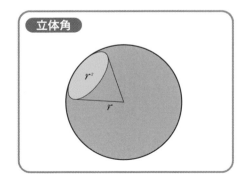

立体角

とである。**球形光源**の場合、投影面積は円の面積になる。

⑤照度（単位：ルクス［lx］）

　照射面の単位面積当たりに入射する光束を**照度**という。**照射面の明るさ**を表す。

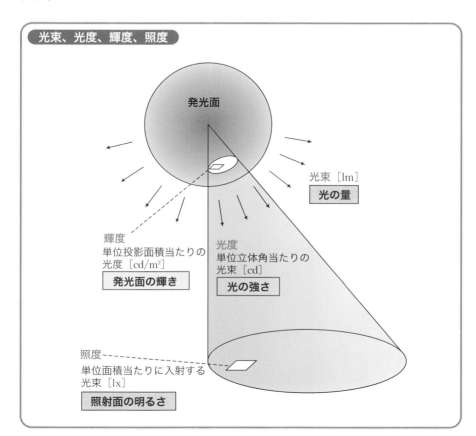

光束、光度、輝度、照度

発光面

光束［lm］
光の量

輝度
単位投影面積当たりの
光度［cd/m²］
発光面の輝き

光度
単位立体角当たりの
光束［cd］
光の強さ

照度
単位面積当たりに入射する
光束［lx］
照射面の明るさ

ポイント　光度、輝度、照度など度のつく用語は、単位○○に対する○○という定義になる。混同しないようにしよう。

⑥色温度（単位：ケルビン［K］）

　光源の出す光の色を、その色と等しい色の光を出す**黒体の温度**で表したものを**色温度**という。**黒体**とは、外部から入射する電磁波を完全に吸収して放射できる理想的な物体のことで、その温度により決まった色の光を発生する。

黒体は、温度が高くなるにつれて、暗い赤色から橙色、黄色、白色、青白い色の光を発生する。したがって、光源の光の色は、暗い赤色から橙色、黄色、白色、青白い色の順に色温度が高くなる。

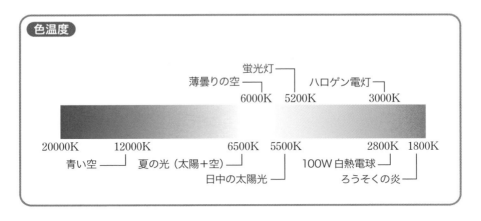

⑦演色評価数

基準光（太陽光）で照らされたときの色の見え方に対する、対象光で照らされたときの色の見え方との相違の度合いを表す。光源が物体の色の見え方に与える影響を表す数値である。

⑧照明率

光源から放射された光が照射面に到達する割合を照明率という。天井、壁、床の反射率や室指数、照明器具の配光形式により定まる。また、室指数とは、作業面と照明器具との間の室部分の形状を表す数値で、次式で表される。室指数は、光源から照射面までの距離が大きいほど小さくなる。

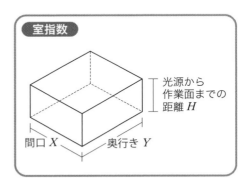

$$室指数 = \frac{XY}{H(X+Y)}$$

X：室の間口[m]
Y：室の奥行き[m]
H：光源から作業面までの距離[m]

⑨ランプ効率（単位：[lm/W]）

光源の**消費電力に対する光束の割合**を**ランプ効率**という。

⑩視感度

同じ強さの光でも、波長の違いにより人間の眼が感じる**明るさの度合い**が異なる。人間の視覚に感じる明るさの度合いを**視感度**といい、光の波長によって異なる**明るさの感じ方**を表す。また、人間の眼は同じ強さの様々な波長の光のうち、波長**555nm程度の黄緑光**を最も明るく感じる。

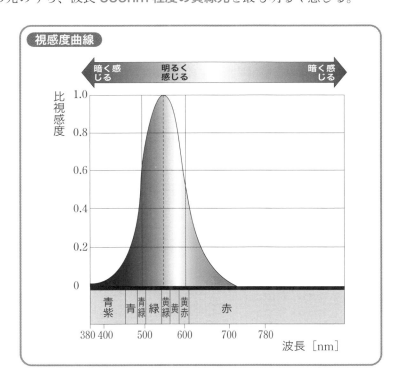

⑪グレア

光による**まぶしさ**を**グレア**という。グレアは、見え方の低下、不快感、疲労を生ずる原因となる。不快感を与えるものを**不快グレア**、見え方の低下に悪影響を与えるものを**視機能低下グレア**という。照明器具のグレアは次ページの表のように分類される。

なお、表中の VDT とは、Visual Display Terminal（画像表示端末）の略で、コンピュータのディスプレイ装置のことである。

グレア分類	内容
V	VDT 画面への映り込みを厳しく制限した照明器具
G0	不快グレアを厳しく制限した照明器具
G1a	不快グレアを十分制限した照明器具
G1b	不快グレアをかなり制限した照明器具
G2	不快グレアをやや制限した照明器具
G3	不快グレアを制限しない照明器具

(2) 各種光源

①白熱電球

　ガラス球体内のタングステンのフィラメントを電流により高温に加熱し、その温度放射によって発光させる光源である。ガラス球体内には、アルゴンガス、窒素ガス、クリプトンガスなどの化学反応を起こしにくい化学的に安定した不活性ガスが封入されている。白熱電球は、熱放射が多いため効率が低く、また、電源電圧の変動により光束、効率、寿命が影響を受けやすい。

②ハロゲン電球

　ハロゲン電球は、白熱電球のガラス球体内に、不活性ガスとともに、よう素、臭素、塩素などの微量のハロゲン物質を封入した白熱電球である。ハロゲン物質のハロゲンサイクルにより、ガラス球体内に蒸散したタングステンを、元のフィラメントに戻す作用がある。このハロゲンサイクルにより、ガラス球にタングステンが付着して起きる黒化現象を防止することができる。白熱電球に比べて、高

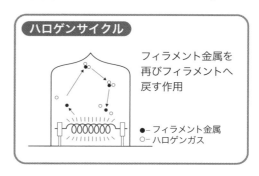

効率、高輝度、長寿命という特長を有している。

③蛍光ランプ

　蛍光ランプは、アーク放電により発生する紫外線により、ガラス管内壁に塗布された蛍光体を励起し、可視光に変換して発光する放電ランプである。放電しやすくするため、蛍光管内にアルゴンガスと少量の水銀が封入されて

いる。放電を安定して維持するために、**安定器**が用いられる。蛍光ランプは
点灯方式により、次のように分類される。

・**スタータ（始動器）形蛍光ランプ**
・**ラピッドスタート形蛍光ランプ**
・**インスタントスタート**形蛍光ランプ
・**インバータ器具（高周波点灯式蛍光灯器具）**

このうち、**インバータ器具（高周波点灯式蛍光灯器具）**は Hf 式蛍光灯器
具ともいい、次のような特長を有しているため、広く用いられている。

・**小型化・軽量化**が可能。
・**発光効率**が高く、**省エネ**である。
・**ちらつき、騒音**が少ない。

④高圧水銀ランプ

発光管と外管で構成され、透明石英ガラス製の発光管内部に**高圧水銀蒸気**
と**アルゴンガス**が封入されている。発光管内の高圧水銀蒸気圧中における
アーク放電を利用している**放電ランプ**である。外管の内面には、蛍光物質が
塗布されており、発光管からの**紫外線**を可視光に変えて発光している。発光
管と外管の間には**窒素ガス**が封入されている。

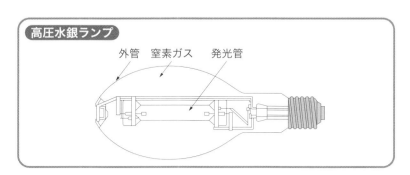

高圧水銀ランプ

外管　窒素ガス　発光管

⑤メタルハライドランプ

高圧水銀ランプの透明石英ガラス製の発光管の中に、**演色性を改善**するた
めに**金属ハロゲン化物質**、**水銀**、**アルゴンガス**を封入した放電ランプである。
封入する**金属ハロゲン化物質**としては、スカンジウム、ナトリウム、インジ
ウム、タリウムなどが用いられる。高圧水銀ランプより**ランプ効率**、**演色性**
に優れている。反面、**始動**に時間がかかる、**始動電圧**が高い、**再始動時間**が

長い、専用の安定器を要するなどの短所がある。

なお、ハロゲン電球は白熱電球、メタルハライドランプは放電ランプである。

⑥高圧ナトリウムランプ

蒸気圧が 10kPa 程度の**高圧ナトリウム蒸気中の放電**により発光する放電ランプである。発光管には透明アルミナセラミックス管が用いられ、ナトリウム、水銀、キセノンガスが封入されている。ナトリウムランプは一般に演色性が悪いため、演色性を改善した高演色性の高圧ナトリウムランプが、演色性が必要な用途に用いられている。

高圧水銀ランプ、**メタルハライドランプ**、**高圧ナトリウムランプ**は、輝度の高い放電ランプなので、これらを高輝度放電ランプ（HID ランプ）という。

⑦低圧ナトリウムランプ

発光管の中に、ナトリウム金属、ネオンガス及び少量のアルゴンガスを封入した放電ランプである。発光は、**低圧ナトリウム蒸気中の放電**により放射される橙黄色の単色光となる。橙黄色の単色光のため演色性が悪く、色の識別ができないが、ランプ効率は照明用光源中、最高となる。トンネル照明、高速道路照明などに限定して用いられている。

⑧ LED 照明

発光ダイオード（LED）を使用した照明器具である。**LED** とは、順方向に電圧を加えた際に発光する**半導体素子**のことである。発光原理は、物質が電気エネルギー等を受け取って励起され、受け取ったエネルギーを光として放出するルミネセンス効果を利用している。LED 照明の特徴は、次のとおり。

・長寿命である。

・低発熱で低消費電力である。

・軽量で衝撃に強い。

> 高圧ナトリウムランプは高輝度放電ランプ（HID ランプ）、低圧ナトリウムランプは放電ランプであるが、HID ランプではない。誤りやすいので混同しないように理解しよう。

（3）各種光源の特性

下表に主な光源の特性を示す。

ランプ		定格出力 [W]	全光束 [lm]	ランプ効率 [lm/W]	総合効率 [lm/W]	色温度 [K]	平均演色評価数 [Ra]	定格寿命 [h]
白熱電球	一般照明用電球	60	810	13.5	13.5	2,850	100	1,000
	ボール電球	57	705	12.4	12.4	2,850	100	2,000
	クリプトン電球	60	840	14.0	14.0	2,850	100	2,000
	ハロゲン電球	100	1,600	16.0	16.0	3,000	100	1,500
	白色 LED 電球	17	800	70.0	46.0	15,000	72	40,000
蛍光ランプ	電球形蛍光ランプ	17	760	44.7	44.7	2,800	82	6,000
	一般照明用蛍光ランプ	37	3,100	84	66	4,200	61	12,000
	高演色形蛍光ランプ	40	2,400	60	49	5,000	92	12,000
	Hf 蛍光ランプ	50	5,200	100	86.6	5,000	88	12,000
HIDランプ	高圧水銀ランプ	400	20,500	51	48	5,800	23	12,000
	蛍光水銀ランプ	400	22,000	55	52	4,100	44	12,000
	メタルハライドランプ	400	40,000	100	95	4,000	65	9,000
	高圧ナトリウムランプ	360	51,000	142	132	2,100	28	12,000
低圧ナトリウムランプ		180	31,500	175	140	1,740	− 44	9,000

（注1）白熱電球は 0 時間値、その他は 100 時間値の全光束を示す。
（注2）蛍光ランプ、HID ランプ等は安定器損失を含めた効率を示す。

（4）照度計算

①逐点法による照度計算

　点光源による直射照度を予測する照度計算である。次ページの図のように、点光源 L から距離 r [m] 離れた P 点の**法面照度** E' [lx] は、次式のとおりとなる。法面照度は、点光源の**光度** I [cd] に比例し、**距離** r [m] **の 2 乗に反比例**する。これを距離の逆 2 乗の法則という。

$$E' = \frac{I}{r^2} \text{ [lx]}$$

　また、点光源 L から距離 r [m] 離れた P 点の**水平面照度** E [lx] は、次式のとおりとなる。

$$E = E'\cos\theta \text{ [lx]}$$

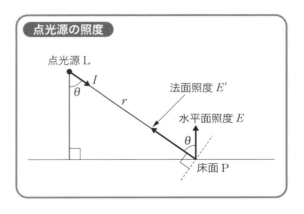

点光源の照度

点光源 L

I

θ

r

法面照度 E'

水平面照度 E

θ

床面 P

②光束法による照度計算

　照明器具の数量と形式、部屋の特性、作業面の**平均照度**の関係を予想する照度計算である。照明器具の数量を求める場合などに用いられる。平均照度は次式で表される。

$$E = \frac{FNUM}{A}\,[\text{lx}]$$

E：平均照度［lx］
F：ランプの光束［lm］
N：ランプの本数［本］
A：作業面の面積［m^2］
U：照明率
M：保守率

> **照明率**：基準面に入射する光束で、施設内の**全光束の総和**に対する比
> **保守率**：新設時の平均照度に対する**経年劣化した平均照度**の比
> 　照明率、保守率ともに、1より小さい数値になる。

 2　蓄電池

（1）蓄電池の種類

　電池は、**一次電池**と**二次電池**に区別される。一次電池は一度使い切ると寿命となるのに対し、二次電池は使用後、**充電**することにより繰り返し使用できるものである。次ページの表に主な電池の種類と公称セル電圧を示す。

1-4

電気応用

■電池の種類と公称セル電圧■

分類	種類	公称セル電圧 [V]
一次電池	マンガン乾電池	1.5
	アルカリ乾電池	1.5
	酸化銀電池	1.55
	リチウム電池	3.0、3.6
	空気電池	1.4
二次電池	鉛蓄電池	2.0
	アルカリ蓄電池	1.2
	ニッケル・カドミウム蓄電池	1.2
	ニッケル・水素蓄電池	1.2
	リチウム・イオン蓄電池	3.6

(2) 鉛蓄電池

電解液として比重 1.2 〜 1.3 の希硫酸（H_2SO_4）を用い、**＋極（正極）** に二酸化鉛（PbO_2）、**−極（負極）** に鉛（Pb）を用いた電池である。放電するに従い、**＋極**、**−極** とも硫酸鉛（$PbSO_4$）に変化して起電力が低下し、充電すれば元の状態に戻る二次電池である。公称セル電圧は **2.0V**。鉛蓄電池の化学反応は次のとおり。

$$\underset{+極}{PbO_2} + \underset{電解液}{2H_2SO_4} + \underset{-極}{Pb} \underset{充電}{\overset{放電}{\rightleftarrows}} \underset{+極}{PbSO_4} + \underset{電解液}{2H_2O} + \underset{-極}{PbSO_4}$$

(3) アルカリ蓄電池

電解液に、水酸化カリウム（KOH）などの強アルカリの水溶液を用いた二次電池である。代表的な**ニッケル・カドミウム蓄電池**は、**＋極（正極）** にオキシ水酸化ニッケル（NiOOH）、**−極（負極）** にカドミウム（Cd）が用いられ、放電により水酸化ニッケルと水酸化カドミウムとなる。公称セル電圧は **1.2V** である。ニッケル・カドミウム蓄電池の化学反応は次のとおり。

$$\overset{+\text{極}}{2\text{NiOOH}} + \overset{}{2\text{H}_2\text{O}} + \overset{-\text{極}}{\text{Cd}} \underset{\text{充電}}{\overset{\text{放電}}{\rightleftarrows}} \overset{+\text{極}}{2\text{Ni(OH)}_2} + \overset{-\text{極}}{\text{Cd(OH)}_2}$$

● ニッケル・カドミウム蓄電池は低温特性に優れ、作動温度が−40℃〜50℃と広い。
● ニッケル・カドミウム蓄電池の自己放電は、温度が高いほど大きくなる。

（4）鉛蓄電池とアルカリ蓄電池の比較

■鉛蓄電池とアルカリ蓄電池の比較■

電池名		構成			公称セル電圧（V）	用途
		正極（＋極）	電解液	負極（−極）		
鉛蓄電池	開放形 密閉形	PbO_2	H_2SO_4	Pb	2.0	予備電源用 非常時電源用 自動車始動用 電気車、列車、 船舶など
アルカリ蓄電池	ニッケル・カドミウム電池 ポケット式（開放型） 焼結式（開放型） 密閉型	NiOOH	KOH	Cd	1.2	予備電源用 制御回路電源用 電算機用 航空機エンジン始動用 携帯機器電源
	ニッケル・水素電池	NiOOH	KOH	MH(H)	1.2	
	リチウム・イオン電池	$LiCoO_2$	$LiPF_6$	C	3.6	

（5）蓄電池の特性

蓄電池の特性は次のとおりである。

①容量

放電電流が大きくなるほど、取り出せる電気量である容量は小さくなる。また、温度が低くなるほど、容量が低下する。

②放電終止電圧

蓄電池の端子電圧は、通常の放電状態で**ほぼ一定**であるが、放電終了に近づくと**急に降下**する。

③自己放電

自己放電とは、**放置状態**にあるときにも放電される現象である。自己放電は、温度が**高い**ほど**大きく**なる。

④内部抵抗

蓄電池の内部抵抗は、蓄電池の**残存容量**に依存し、残存容量 100％のときの内部抵抗を 1 とすると、残存容量 40％で **1.2**、20％で **1.5**、0％で **2.0** と、残存容量が**低下**するにしたがい、内部抵抗は**増加**する。

（6）蓄電池の構造

①電槽構造

方式	構造
ベント形	酸霧が脱出しないようにしたもの。使用中、補水を要する。
触媒栓式ベント形	触媒によりガスを水に戻し、使用中の補水間隔を長くしたもの。
制御弁式	密閉状態にあり、補水できない。内圧上昇時にガスを放出する。
シール形	密閉を保ち、補水を要しない。内圧上昇時にガスを放出する。

②極板構造

蓄電池の種類	極板の形式
鉛蓄電池	クラッド式、ペースト式
アルカリ蓄電池	ポケット式、焼結式

3　電気加熱

（1）電気加熱の特徴

電気加熱は、燃焼加熱と比較すると、次のような特徴がある。

①燃焼加熱は 1,500℃程度が限度であるが、電気加熱は 3,000 〜 4,000℃の高温が得られる。

②被加熱物を急速に内部加熱、局部加熱できる。

③加熱に酸素を必要としないため、特定のガスの雰囲気中や真空中で加熱が行え、品質の均一な製品ができる。

④細かい温度制御が容易である。

⑤加熱による排気ガス・排熱が少ないため、健康や環境汚染の心配がない。

（2）電気加熱の種類

①抵抗加熱

抵抗体に電流を通じたときに生じるジュール熱を利用した加熱方式である。被加熱物に直接電流を流して加熱する直接加熱と、発熱線を熱してその熱で被加熱物を加熱する間接加熱がある。間接加熱は発熱体と被加熱物が別であるため、被加熱物の制限を受けることなく、幅広い用途に適用可能である。ニクロム線を利用した電気こんろなどに用いられている。

②アーク加熱

電極と電極間または電極と被加熱物の間にアーク電流を流し、アーク熱を利用して加熱する方式である。被加熱物を電極として加熱する直接加熱と、アーク熱の放射や対流により加熱する間接加熱がある。4,000℃以上の高温が得られるという特徴があり、金属溶接などに用いられている。

③誘導加熱

導電性物質に交番磁界を与えたときに生じる、うず電流損やヒステリシス損によって加熱する方式である。被加熱物自体を直接加熱する直接加熱と、導電性容器を加熱し、その容器内に被加熱物を入れて加熱する間接加熱がある。電磁調理器（IHヒーター）などに用いられている。

④誘電加熱

絶縁物（誘電体）に高周波電界を加えることにより、誘電体内部に発生する誘電体損による発熱を利用した加熱方式である。内部から直接加熱されるため、温度上昇が速く、均一な加熱が行えるという特徴がある。電子レンジなどに用いられている。

誘導加熱：導体に交番磁界を与えて加熱する方式
誘電加熱：絶縁体に交番電界を与えて加熱する方式
交番：大きさと方向が周期的に変化すること

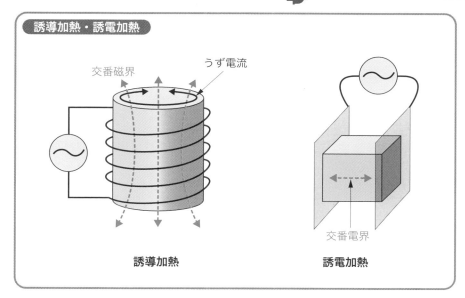

誘導加熱・誘電加熱

交番磁界　うず電流

誘導加熱

交番電界

誘電加熱

⑤赤外線加熱

　波長 $0.78 \sim 1 \mu\mathrm{m}$ の赤外線を物質に照射し、赤外線が物質に吸収されると熱エネルギーに変わり、物質の表面を加熱することを利用した加熱方式である。物質の表面を加熱するため、塗装乾燥用のヒーターなどに用いられている。

 1問/1答

問　**1.** 光源から単位立体角当たりに放射される光束を光度という。
　　2. 低圧ナトリウムランプは、ランプ効率は低いが、演色性がよい。
　　3. 蓄電池の容量は、放電電流が大きくなるほど小さくなり、温度が低くなるほど低下する。
　　4. 誘電加熱は、絶縁物に高周波電界を加えることにより、加熱する。

答　**1**○ → p.66　　**2**✕ → p.72　　**3**○ → p.76　　**4**○ → p.78

本試験で確認！

~~サイリスタ~~励磁方式は、同期発電機においてスリップリングが不要な励磁方式である。

ブラシレス励磁方式は、同期発電機において**スリップリングが不要**な励磁方式である。

変圧器の励磁突入電流は、電圧を印加した直後に過渡的に流れる電流で、定格電流より~~小さい~~。

変圧器の**励磁突入電流**は、電圧を印加した直後に過渡的に流れる電流で、定格電流より**大きい**。

電力系統の安定度向上対策として、リアクタンスが~~大きい~~発電機を採用する。

電力系統の安定度向上対策として、**リアクタンスが小さい**発電機を採用する。

架空送電線路における多導体方式は、単導体方式に比べて表皮効果が~~大きい~~。

架空送電線路における多導体方式は、単導体方式に比べて**表皮効果が少ない**。

SF_6 ガスは、化学的に安定であり無色で~~特有の臭い~~がある。

SF_6 **ガス**は、化学的に**安定**であり**無色**で**無臭**である。

LED 光源は、蛍光ランプに比べて振動や衝撃に~~弱い~~。

LED 光源は、蛍光ランプに比べて振動や衝撃に**強い**。

1回で受かる！

1級電気工事施工管理技術検定合格テキスト

第2章

電気設備

発 電 設 備

一次 二次

Point! 重要度

水力、火力、原子力、太陽光、風力、燃料電池などの各種発電設備の分野から、第一次検定では 1 問出題される。

　電力系統の主な発電設備には、火力発電、原子力発電、水力発電があり、電力需要に対して、次の図のようにベース供給力、ミドル供給力、ピーク供給力の役割を担っている。

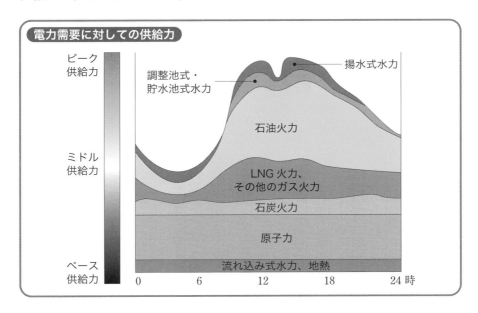

電力需要に対しての供給力

ピーク供給力	揚水式水力
ミドル供給力	調整池式・貯水池式水力
ベース供給力	石油火力 / LNG 火力、その他のガス火力 / 石炭火力 / 原子力 / 流れ込み式水力、地熱

0　　6　　12　　18　　24 時

1　水力発電設備

（1）水力発電所の理論水力

　水力発電は、高所より水を落下させ水車を回転させ発電する設備で、水の

持つ位置エネルギーを運動エネルギーとして水車に与え、水車と連動する**発電機**により電気エネルギーに変換する。

　有効落差 H[m] の高さより、**流量** Q[m³/s] の水を落下させたとき、水車に与えられる**エネルギー** P[kW] は、次式で表される。これを**理論水力**という。

$P = 9.8QH$ [kW]

　また、**水車の出力** P_{T} [kW]、**発電機の出力** P_{G} [kW] は、**水車の効率** η_{T}、**発電機の効率** η_{G} のとき、次式で表される。

$P_{\mathrm{T}} = 9.8QH\,\eta_{\mathrm{T}}$ [kW]

$P_{\mathrm{G}} = 9.8QH\,\eta_{\mathrm{T}}\,\eta_{\mathrm{G}}$ [kW]

2-1

発電設備

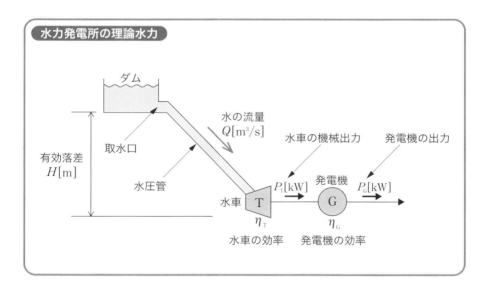

水力発電所の理論水力

（2）水力発電所の種類
　水力発電所は構造、運用により次のように分類される。
①構造による分類
①水路式
　川の上流に取水ダムをつくって水を取り入れ、**水路**で適当な落差が得られるところまで水を導き、発電する構造である。

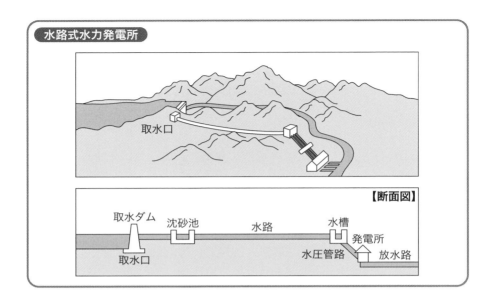

水路式水力発電所

【断面図】

取水ダム　沈砂池　　　　水路　　　　水槽

発電所

取水口　　　　　　　　　　　　水圧管路　　放水路

②ダム式

ダムを築き、水をせき止めて人造湖を造り、その落差を利用して発電する構造である。

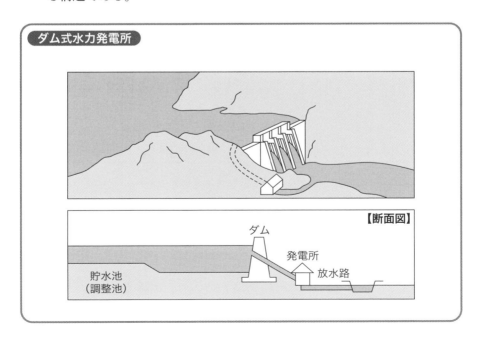

ダム式水力発電所

【断面図】

ダム

発電所

貯水池
（調整池）

放水路

③ダム水路式

水路式とダム式を併用した構造である。

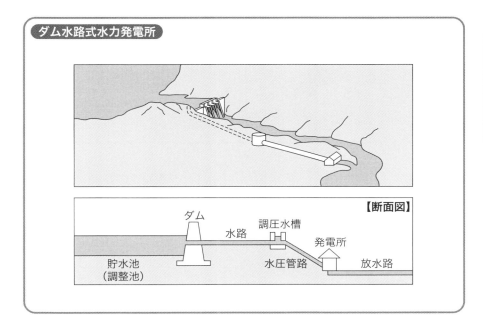

ダム水路式水力発電所

【断面図】

ダム　水路　調圧水槽　発電所

貯水池
（調整池）　　水圧管路　　放水路

②運用による分類

①流込み式

河川流量を調整するための貯水池等を設置せず、**そのまま導水して発電**する運用方式である。

②貯水池式

河川流量を調整する貯水池を持った方式で、水量の**数か月単位**の季節的変動に対応できる運用方式である。

③調整池式

河川流量を調整する調整池を持った方式で、水量の**1日から1週間単位**の日時的変動に対応できる運用方式である。

④揚水式

次ページの図のように、1日のうち**夜間の軽負荷時**に余剰電力を用いて**上部貯水池**にポンプで水を揚水し、**昼間のピーク負荷時**に水を落下させて発電する運用方式である。

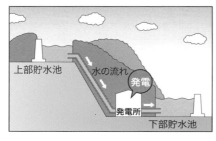

揚水式水力発電所

揚水時の所要電力である**揚水入力** P [kW] は、**ポンプの効率** η_p、**電動機の効率** η_m のとき、次式で表される。

$$P = \frac{9.8QH}{\eta_\mathrm{p}\eta_\mathrm{m}} \text{[kW]}$$

（3）ダムの種類
①コンクリートダム
①重力ダム

図のように、**コンクリートの自重**によって貯水圧力に耐える構造のダムで、構造が簡単で施工が容易なことから、**発電用**として多用されている。大規模なダムになると**大量のコンクリート**を使用するため、工事費が高くなるデメリットがある。

重力ダム

②中空重力ダム

次ページの図のように、ダム堤体内部を空洞にした構造のダムである。

前述した重力ダムに比較して、施工に手間がかかるが、コンクリート量を節約できる構造のダムである。

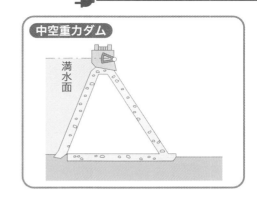

中空重力ダム

満水面

③アーチダム

図のように、谷の両岸を支点としたアーチ構造により、水圧を両岸の岩盤に伝達して支持するダムである。川幅が狭く、両岸の岩盤が強固な地点に建設される。重力ダムに比べ、ダムの厚さを薄くできるため、材料・工事費などを削減できるというメリットがある。

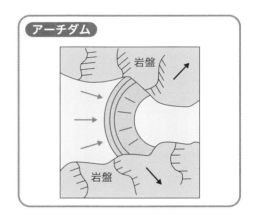

アーチダム

岩盤

岩盤

②フィルダム

図のように、岩石または土砂を積み上げ、その自重によって水圧に耐える構造のダムである。岩石を積み上げたものをロックフィルダム、土砂を積み上げたものをアースダムという。ダム上流側の鉄筋コンクリートのしゃ水板とダム内部に粘土で造ったしゃ水壁で漏水を防ぐ構造である。

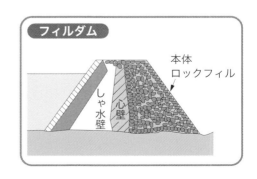

フィルダム

本体
ロックフィル

しゃ水壁

心壁

（4）ダムの諸設備

①取水口

流水を導水路に導く設備で、取水口本体、制水ゲート、流木等が流入するのを防止する**スクリーン**などで構成されている。

②沈砂池

流水中の土砂は、水路内に沈殿して流水を阻害したり、水圧鉄管や水車を摩耗させる原因となるので、**沈砂池**を取水口に近い位置に設けて、流水中の土砂を**沈殿**、**排砂**させる。

③導水路

取水口から水槽に至るまでの水路で、自由水面を持つ**無圧水路（無圧トンネル）**と、圧力のかかった**圧力水路（圧力トンネル）**がある。

④水槽（サージタンク）

圧力水路と水圧管路の接続点近くに設け、水車発電機の運転中の負荷変動による使用水量の変化を調整し、負荷遮断による**水撃圧を吸収する**機能を有している。

⑤水圧管路

水槽から水車に導水する管路で、一般に**鋼管**が用いられ、通常、急勾配の斜面に露出して配管される。

⑥放水路

発電に使用した水を**河川に放流する**水路で、発電所から放水口までの地形により、**開きょ**、**蓋きょ**、**トンネル**などが用いられる。

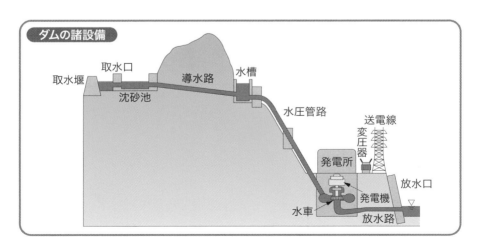

ダムの諸設備

（5）水車の種類

水車は、動作原理から、衝動水車と反動水車に大別される。

①衝動水車

水の持つ**位置エネルギーを**すべて運動エネルギーに変えて、高速度の噴流をランナ（羽根車）に作用させ、その衝撃力によって水車を回転させる。ペルトン水車、縦軸フランシス水車、クロスフロー水車などがある。

②反動水車

水の持つ**位置エネルギーの一部を**運動エネルギーに変えて、**ランナ**に作用させるほか、**圧力エネルギー**もランナに作用させ、その反動力も利用して水車を回転させる。**フランシス水車、斜流水車、プロペラ水車**などがある。反動水車のランナ出口から放水面までの接続管を**吸出管**といい、ランナから放出された水の持つ**運動エネルギーを回収**する機能を持つ。

（6）各種水車とその特徴

①ペルトン水車

下図のように、水の持つ位置エネルギーを**ノズル**から噴出する噴射水の運**動エネルギー**として**バケット**に作用させ、その衝撃力により羽根車を回転させる。ペルトン水車の特徴は次のとおりである。

・**高落差用**に用いられる。

・負荷の変化に対して**効率変動が少ない**（部分負荷時の**効率低下が少ない**）。

・水圧鉄管の**重量を節約**できる。

・水の**排棄損失が大きく**なる。

・**摩耗部分の交換が容易**である。

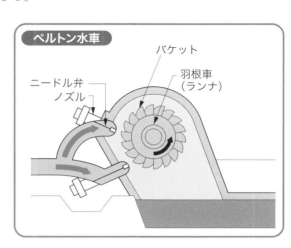

ペルトン水車

バケット

羽根車（ランナ）

ニードル弁

ノズル

2-1

発電設備

②クロスフロー水車

衝動水車の一種で、図の
ように流水が、横軸の円筒
形のランナの上部から流れ
込み、下部で外部へ流れ落
ちる構造の水車である。**最
高効率**は他に比して劣るも
のの、水量変化による**効率
の変化**は少なく、**小規模の
変流量地点**に適する。

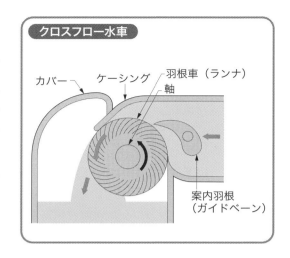

③フランシス水車

反動水車の一種で、中高落差用として多用されている。図のように、ランナの周辺に設けられた**ガイドベーン（案内羽根）**からランナ方向に流れ込んだ水は、**圧力エネルギー**による**反動力**と**速度エネルギー**による**衝撃力**をランナに与えながら、水車内部を充満して流れ、軸方向に向きを変えて**吸出管**から放水される。フランシス水車の特徴は次のとおりである。

・小容量のものから大容量のものまで製作可能。
・負荷変動による**効率低下が大きい**（部分負荷時の**効率低下が大きい**）。
・高落差領域では**比速度**を
　大きくとれる。

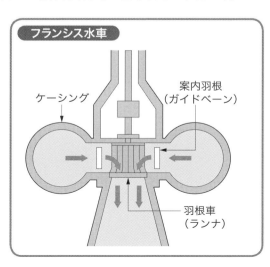

④プロペラ水車

　原理的にはフランス水車と同じで、**落差が低く、流量が多い用途**に用いられる。羽根を動かすことができるものを**カプラン水車**といい、部分負荷時の**効率低下**を防止している。

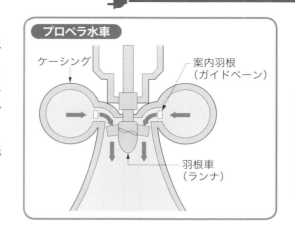

プロペラ水車

ケーシング

案内羽根
（ガイドベーン）

羽根車
（ランナ）

（7）水車のキャビテーション

　流水中の圧力が**局部的に低下**すると、水中に**気泡**が発生する。発生した気泡が、圧力が回復して水に戻るときに騒音・振動が発生し、水車の**効率や出力を低下**させ、場合によっては水車に損傷を与える。この現象を**キャビテーション**という。キャビテーションの防止策は、次のとおりである。

　①吸出管の**吸出し高さ**をあまり高くしない。

　②吸出管の上部に**適量の空気**を注入し、ランナ出口の**真空度を下げる**。

　③ランナ羽根やバケットの**流水表面**をできるだけ平滑に仕上げる。

　④水車の**比速度**をあまり**大きくしない**。

　⑤**水車を過度の軽負荷や重負荷**で運転しない。

　⑥**キャビテーション**が発生しやすい箇所に**耐食性の高い材質**を用いる。

（8）水力発電設備における水撃作用

　流水中の管路の**弁を急閉**して流水を**減速**させると、水の運動エネルギーが圧力のエネルギーに変わって、弁の直前の水の圧力が**高く**なる。この圧力が**圧力波（水撃圧）**となって上流に伝わり、上流側の管の入口で**反射**する。圧力波が**反射・伝播**を繰り返す現象を**水撃作用**という。水撃作用の防止対策は次のとおりである。

　①水路と水圧管の間に**ヘッドタンク**や**サージタンク**を設ける。

　②水車入口弁を閉じる前の**水の圧力**と**流速**を抑える。

　③水車入口弁の**閉鎖時間**を**長く**する。

④水圧管の**距離**を**短く**する。

（9）水車の調速機

水車の回転数及び出力を調整するため、**自動的に水量を調整する装置**である。水車発電機の運転中に負荷が低下すると、水車は過剰な入力エネルギーによって加速し、発電機から出力される周波数が上昇する。**調速機**は、負荷の変化に応じて、**ペルトン水車のニードル弁やフランシス水車のガイドベーン**を開閉して**水の流入量**を調節し、**周波数**を一定に保つものである。調速機の特性には、速度調定率などがある。

（10）水車発電機
①発電機の分類

水力発電に使用する発電機は、一般的に**回転界磁形**の三相交流同期発電機が用いられる。回転速度は汽力発電に比べ低いため、**極数が多い**突極形の回転子が使用される。軸形式は、**低速大容量機**は図のような縦軸形、**高速小容量**は横軸形が用いられる。

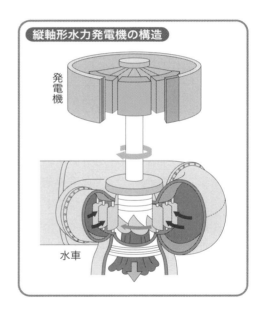

縦軸形水力発電機の構造

発電機

水車

②短絡比

短絡比は、定格回転速度・無負荷時に**定格電圧**を発生するのに要する界磁電流 I_1 と、三相短絡時に**定格電流**を流すのに要する界磁電流 I_2 との比 $\dfrac{I_1}{I_2}$ で表される。水車発電機の短絡比は、通常 0.9 ～ 1.2 程度である。短絡比の大きい発電機は**電圧変動率**が小さく、**安定度及び線路充電容量**が増大するが、**鉄損**、**機械損**などが大きくなる。

2　火力発電設備

2-1

発電設備

（1）火力発電所の概要

火力発電所は下図に示すように、**ボイラ**にて燃料の石油、ガス、石炭などを燃焼し、燃焼により発生させた**熱エネルギー**をタービンにて**機械エネルギー**に変換し、発電機を回転させて**電気エネルギー**を得る発電方式である。

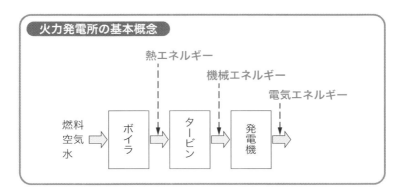

（2）燃料の特徴

下表に、火力発電用に使用される燃料の特徴を表す。

■燃料の特徴■

種類	発熱量 [kJ/kg]	特徴
固体燃料 　石炭	27,000 程度	・乾燥、粉砕などの前処理が必要 ・パイプ輸送できない ・燃焼時、SOx、ばいじんが多く、灰が残る
液体燃料 　原油・重油・軽油	43,900 ～ 46,000	・品質一定、発熱量が高い ・燃焼効率が高い ・貯蔵、運搬が容易 ・引火、爆発の危険性がある
気体燃料 　LNG（液化天然ガス） 　LPG（液化石油ガス）	39,700 ～ 46,000 50,000 程度	・必要空気量が少なく、燃焼効率が高い ・点火、消火、燃焼の調節が容易 ・大気汚染物質の放出が少ない ・設備費がかかる ・漏れ、爆発の危険がある

（3）火力発電設備の各部の名称と役割
①ボイラの種類

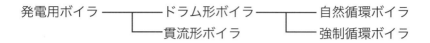

発電用ボイラ ── ドラム形ボイラ ── 自然循環ボイラ
　　　　　　└─ 貫流形ボイラ　　　　└─ 強制循環ボイラ

①自然循環ボイラ

図のように、蒸発管にて加熱された水は、**密度差**により**蒸発管－汽水ドラム－降水管間**を自然循環する。蒸気は、汽水ドラムから取り出され、過熱器を経由してタービンへ送気される。**蒸気圧**が**高く**なると**密度差**が減少して**循環力**が低下する。

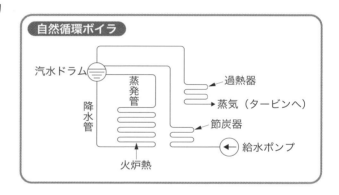

②強制循環ボイラ

蒸気圧力が高くなると密度差が減少して循環力が低下する自然循環ボイラの欠点を補うため、図のように、降水管の途中に循環ポンプを設け、機械力により**強制的に水を循環させる**方式であり、自然循環ボイラよりも**大容量のボイラ**に用いられている。

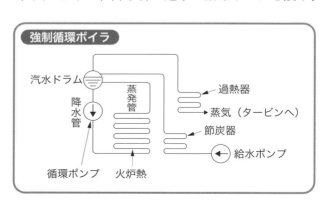

③貫流形ボイラ

給水ポンプからの給水が、蒸発管で**飽和蒸気**となり、**汽水ドラムを経ることなく**過熱器へ送られ、**過熱蒸気**となってタービンへ送気される方式である。蒸気圧力が**臨界圧、臨界温度以上の**高温・高圧になると、水は沸騰現象を経ずに直ちに蒸気になり、ドラムは不要である。したがって、**超臨界圧力・超臨界温度**の用途に用いられている。

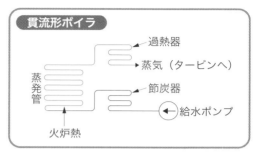

②ボイラ関連設備

①汽水ドラム

汽水ドラムは、**蒸気と水**を分離し、分離した蒸気を過熱器へ送り出す装置である。分離された水は降水管を下って、再び蒸発管へ循環する。

②過熱器

ボイラの蒸発管で発生した飽和蒸気を、**タービンで使用する蒸気温度の**過熱蒸気まで過熱する装置である。

③再熱器

高圧タービンで熱エネルギーを放出し、飽和温度に近づいた蒸気を、再び加熱して**中圧または低圧タービン**に送る装置である。**再熱サイクル**の汽力発電システムに用いられる。

④節炭器

排ガスの余熱を利用してボイラ給水を加熱し、ボイラのプラントの熱効率を高める装置である。

⑤蒸発管

火炉の**燃焼熱**を、管内を通過中の水に伝達し、ボイラ水を飽和蒸気にする管である。蒸発管を並列または蛇行状に並べて**炉壁**を形成している。

③タービン

過熱器を通過した**高温高圧の過熱蒸気**を受けて、タービン内部で過熱蒸気を断熱膨張させ、蒸気の保有する**熱エネルギー**を**機械エネルギー**に変換する装置で、原理や用途により、次ページのように分類される。

①衝動タービン

蒸気をタービンの**ノズル**から噴出させ、高速度となって噴出する蒸気の衝撃力により、**タービン動翼（回転羽根）**を回転させる方式のタービンである。

②反動タービン

蒸気がタービン内の**静翼（固定羽根）**と**動翼**を通過するときに圧力を降下させ、タービン内を通過する蒸気の反動力によって**タービン動翼**を回転させる方式のタービンである。

③衝動・反動混式タービン

衝動タービンと**反動タービン**を組み合わせたタービンで、大容量の用途で使用されている。

④復水タービン

効率を高めるためにタービンの排気蒸気を、復水器で**大気圧以下まで膨張**させるもので、**電力会社の発電機用のタービン**などに用いられている。

⑤背圧タービン

工場などで発電用のほかに作業用蒸気を必要とする場合に用いられ、発電機に**熱エネルギー**を加えたあとのタービン排気を作業用蒸気に利用するもので、燃料費の節約につながる。

⑥抽気タービン

復水タービンの途中から**蒸気を一部取り出す**ものを抽気復水タービンといい、**タービン抽気**と**タービン排気**の2種類の蒸気圧力によって供給されるものを抽気背圧タービンという。

❹タービン関連設備

①復水装置

蒸気タービンで**断熱膨張した排気**を、さらに冷却凝縮させて**復水として回収**することで有効熱落差を高める装置である。

②給水加熱器

タービンからの**抽気またはその他の蒸気**でボイラ給水を加熱するもので、プラントの熱効率を向上させることができる。

③脱気器

給水中の**溶存酸素**や**二酸化炭素**を除去し、ボイラや配管などの腐食を防止するものである。タービンからの**抽気やその他の蒸気**によって給水を直接加熱し、給水を脱気する。

④空気予熱器

排ガスの熱を回収して**燃焼用空気を加熱**する装置で、排ガスによる**熱損失を減少**させ、**燃焼効率を向上**させることができる。

（4）熱サイクル

①ランキンサイクル

汽力発電所の基本サイクルで、図のように、給水ポンプから送られた水は蒸発管、過熱器を経て**過熱蒸気**となり、タービンに送られる。タービンで**断熱膨張**した蒸気は**復水器**で復水となる。

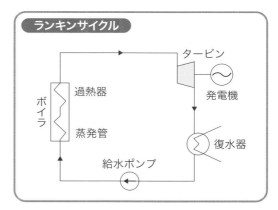

②再熱サイクル

高圧タービンで断熱膨張した蒸気を、再びボイラの**再熱器**に戻して**加熱**し、蒸気の湿り度を少なくしたのち、低圧タービンに送って断熱膨張させるサイクルである。プラントの**熱効率を向上**させることができる。

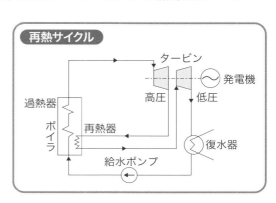

③再生サイクル

　図のように、タービンの途中から蒸気の一部を抜き出し（これを抽気という）、抽気した蒸気の熱を給水の加熱に用いる方式で、復水器で冷却水に持ち去られる熱量を減らし、熱効率を向上させることができる。

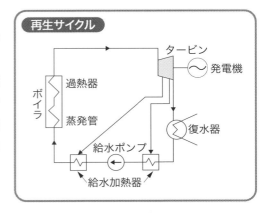

④再熱再生サイクル

　図のように、再熱サイクルと再生サイクルとを組み合わせたもので、湿り蒸気による内部効率の低下を防止して熱効率を向上させ、さらにタービン翼の腐食などを防ぐことができる。

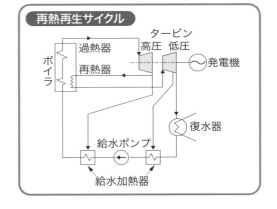

⑤コンバインドサイクル発電

　図のように、蒸気タービンとガスタービンを組み合わせた（コンバイン）発電方式で、熱効率が高く、冷却水・温排水量が少なく、起動・停止の時間も短い。

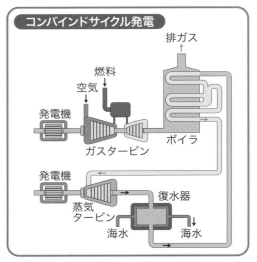

（5）水車発電機とタービン発電機の比較

下表に、水車発電機とタービン発電機の比較を示す。

■水車発電機とタービン発電機の比較■

	水車発電機	タービン発電機
回転数	$250 \sim 1,000\text{min}^{-1}$	$1,500 \sim 3,600\text{min}^{-1}$
回転子	突極形	円筒形
極数	$6 \sim 56$	2 または 4
定格電圧	$3.3 \sim 20\text{kV}$	$15 \sim 20\text{kV}$
励磁方式	励磁機直結形	電動励磁機、ブラシレス
冷却方式	空気	水素
短絡比	$0.8 \sim 1.2$	$0.5 \sim 0.8$

2-1

発電設備

3　原子力発電設備

（1）原子力発電

①原子力発電の概要

原子力発電は火力発電のボイラの機能を、**原子炉**で行わせる発電方式である。原子炉内の**核反応**により発生する**熱エネルギー**を**タービン**で**機械エネルギー**に変換して、**発電機**を回転させ**電気エネルギー**を得るシステムである。

原子力発電の特徴は、次のとおりである。

①　**CO_2 排出量**がきわめて**低い**。

②わずかな燃料で**多量のエネルギー**を発生する。

③単位体積当たりの**出力**が**大きい**。

④材料が高価である。

⑤**放射線**に関する施設及び**厳重な品質管理**が要求される。

⑥建設費が高いため**発電原価**が高い。

⑦**熱効率**が低い。

⑧**負荷の追従性**が悪い。

⑨ベース負荷に適している。

②原子炉の分類

原子炉は炉内の**核分裂**により、次のように分類される。

①**熱中性子炉**：**熱中性子**により核分裂を起こさせる原子炉

②高速中性子炉：高速中性子により核分裂を起こさせる原子炉

③高速増殖炉：消費した核燃料より多くの核燃料を生成する原子炉

（2）原子炉の構成材

①核燃料

天然ウラン、**濃縮ウラン**、**プルトニウム**が使用される。天然ウランは大部分がウラン238で、核分裂には、天然ウラン中にごくわずか（**0.7%程度**）しか含まれていない**ウラン235**が用いられる。天然ウランを遠心分離器にかけ、ウラン235の含有率を**3～4%に濃縮**した**濃縮ウラン**が核燃料として使用される。

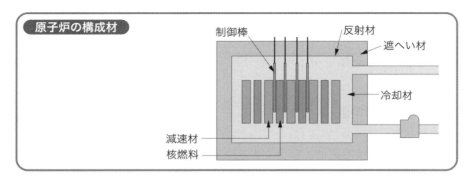

原子炉の構成材

②減速材

核分裂により発生した**高速中性子**は、運動速度が速すぎるため原子核に捕捉されにくく、そのままでは**連鎖反応**を起こさない。このため、**減速材**を用いて高速中性子を**熱中性子**に減速する。減速材には**軽水**、**重水**、**黒鉛**、**ベリリウム**などが用いられる。

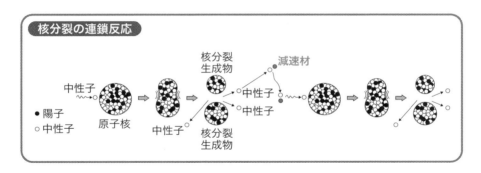

核分裂の連鎖反応

③制御材

　制御材は、原子炉内の連鎖反応を調整するため**中性子を吸収**し、核分裂を起こす中性子の量を制御するためのものである。制御材には**ホウ素**、**カドミウム**、**ハフニウム**などが用いられる。これらを棒状に成形した制御棒が用いられる。

④冷却材

　核分裂によって発生した**熱エネルギー**を炉内から炉外の発電設備に運び出すための媒体である。冷却材には**軽水**、**重水**、**二酸化炭素**、**ナトリウム**、**ヘリウム**などが用いられる。

⑤遮へい材

　炉心で発生する放射線が外部に漏れるのを防ぐために、中性子や γ 線、その他各種の**放射線を吸収・遮へい**するものである。**原子炉**の最外面に設けられ、**コンクリート**、**ホウ素**、**水**などが用いられる。

（3）発電用原子炉の種類

　下表に主な発電用原子炉の種類を示す。

■発電用原子炉の種類■

原子炉	部材	核燃料	減速材	冷却材
軽水炉（LWR）	沸騰水形（BWR）	濃縮ウラン	軽水	軽水
	加圧水形（PWR）	濃縮ウラン	軽水	軽水
重水炉（HWR）	重水冷却形	天然ウラン	重水	重水
	軽水冷却形	濃縮ウラン 天然ウラン プルトニウム	重水	軽水
ガス冷却炉（GCR）	ガス冷却炉（GCR）	天然ウラン	黒鉛	二酸化炭素
	改良形ガス冷却炉（AGR）	濃縮ウラン	黒鉛	二酸化炭素
	高温ガス冷却炉（HTGR）	濃縮ウラン	黒鉛	ヘリウム
高速増殖炉（FBR）		濃縮ウラン プルトニウム	なし	液体ナトリウム

①沸騰水形原子炉（BWR）

　図のように、核分裂反応によって生じた**熱エネルギー**で水を沸騰させ、**高温・高圧の蒸気**として取り出す原子炉であり、**発電炉**として広く用いられている。炉心に接触した蒸気を**直接タービンに導く**ため、タービン・復水器も放射性物質の影響を受ける。

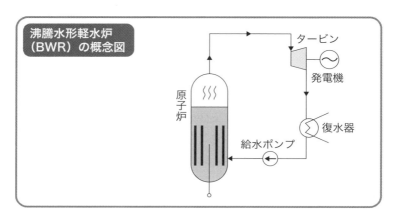

沸騰水形軽水炉（BWR）の概念図

②加圧水形原子炉（PWR）

　図のように、原子炉容器を含む一次系全体を**加圧器**により加圧し、原子炉容器内で水は沸騰せずに高温高圧の水のまま蒸気発生器に入り放熱する。この熱を受けて蒸気発生器の二次側で発生した蒸気がタービンに送られる。加圧水形では**一次系と二次系とが混合することなく分離している**ため、放射性物質を一次冷却系に閉じこめることができ、タービン・復水器が放射性物質の影響を受けにくい。

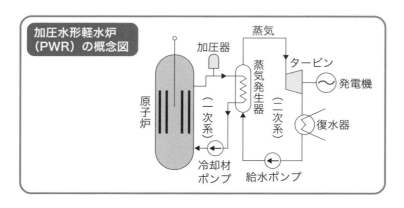

加圧水形軽水炉（PWR）の概念図

③ガス冷却炉（GCR）

　核燃料に**天然ウラン**、減速材に**黒鉛**、冷却材に**二酸化炭素**を用いたもので、**熱交換器**でガスの冷却材と給水を**熱交換**し、給水を蒸気に変えてタービンに送る方式の原子炉である。

（4）原子力発電の安全対策
①原子炉の緊急停止（スクラム）

　原子炉内の異常や主要機器の故障などが発生した場合、**自動的に多数の制御棒を瞬時に炉心内に挿入**して原子炉を停止させる機能である。

②フェールセーフシステム

　機器に故障が発生した場合でも、**制御系統全体が安全側に動作**するように設計されたシステムをいう。

③多重方式

　重要な機能を持つ機器は、一つの機器が故障しても、他の機器が十分に**バックアップ機能**を果たすような方式をいう。

④インタロック方式

　操作員が**誤操作**した場合でも、**保護回路**により、**定められた手順以外**での操作が実行されないように制御されている方式をいう。

⑤非常用炉心冷却装置

　地震などにより冷却水パイプが破断した場合、炉心温度の**異常上昇を防止**するため、非常用の**冷却水を炉心内に注入**するとともに、原子炉の外部から**水を噴射して冷却**する装置をいう。

4　その他の発電設備

（1）太陽光発電

　太陽による光エネルギーを**太陽電池モジュール**にて直接電気エネルギーに変換するシステムである。次ページの図に**住宅用太陽光発電システム**を示す。太陽光発電は、太陽光が資源であるため**枯渇しない**、**排ガスを排出しない**、**需要場所に設置できる**、**可動部がなく保守が容易**などの特徴を有している。

2-1

発電設備

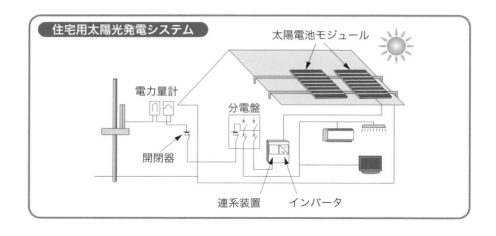

住宅用太陽光発電システム

太陽電池モジュール

電力量計

分電盤

開閉器

連系装置　インバータ

①太陽電池モジュール

　太陽電池はp形半導体と、n形半導体を接合したpn接合構造で、pn接合した最小単位を**セル**という。太陽光発電は、この半導体に光が入射したときに起こる**光電効果**を利用した発電である。光電効果により、太陽電池に太陽光が入射すると、**正孔**がp形半導体に、**電子**がn形半導体の両電極にあつまる。両電極を接続して電気を取り出す。

　セルを多数組み合わせたものを**モジュール**といい、使用する場所の面積や日照条件などに応じてモジュールを組み合わせ、架台を用いて南面に向けて設置する。モジュールには、**単結晶シリコン**と**アモルファスシリコン**があり、単結晶のほうが高価ではあるが、**発電効率**及び**信頼性**が高い。**シリコン系太陽電池**は、**表面温度**が**高く**なると**出力**が**低下**する温度特性を持っている。

②太陽光発電の発電装置

　太陽光発電の発電装置は、**太陽電池モジュール**、直流を交流に変換する**インバータ**、配電系統に接続する**連系装置**、**分電盤**、発電電力を表示する**電力量計**などから構成されている。また、**インバータ**には太陽電池の状態を監視し、発電電力を制御し、負荷に応じて余剰電力を商用系統へ連系・制御する機能があり、連系装置と合わせて**パワーコンディショナー**と呼ばれている。

(2) 風力発電

　風力発電は、**風車**により**風力エネルギー**を**機械エネルギー**に変えて発電機を回転させて、発電する方式である。風力発電の特徴は、次のとおりである。

・**クリーン**で枯渇することがない、環境にやさしいエネルギーである。

・**エネルギー密度**が小さいため、風車が大きくなる。

・**風向・風速**が絶えず変動するため、**安定的なエネルギー供給**が難しい。

①風車の種類

風車は軸の形式により**水平軸風車**と**垂直軸風車**に分類され、それぞれ次の種類の風車がある。

水平軸風車＝**プロペラ形**、オランダ形、セイルウィング形、多翼形など

垂直軸風車＝**ダリウス形**、サボニウス形、ジャイロミル形など

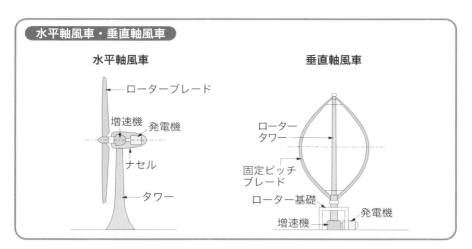

水平軸風車・垂直軸風車

水平軸風車

ローターブレード
増速機　発電機
ナセル
タワー

垂直軸風車

ローター
タワー
固定ピッチ
ブレード
ローター基礎
増速機　発電機

②風車の発電装置

風車は、風力エネルギーを機械的動力に変換する**ローター部**、発電機へ動力を伝達する増速機などの**伝達系**、発電機などの**電気系**、システムの運転・制御を行う**制御系**及びタワーなど**支持・構造系**から構成されている。

③風力発電の原理

風車は、風の**運動エネルギー**を翼の**回転エネルギー**に変換する装置で、質量 m[kg] の空気が速度 V[m/s] で流れると、運動エネルギーは $\dfrac{1}{2}mV^2$[J] で表される。

単位時間当たりでは、m は風車の受風断面積 A [m^2]、風速 V、密度 ρ [kg/m^3] の積であるから、風の運動エネルギー W[J] は次式で表される。

$$W = \frac{1}{2}mV^2 = \frac{1}{2}(\rho AV)V^2 = \frac{1}{2}\rho AV^3[\text{ J }]$$

すなわち、風車の受ける風力エネルギーは、**受風断面積に**比例し、**風速の3乗に比例する。**

④ベッツ理論

風力エネルギーを風車の回転力に変換するとき、風車を通過した後の風速が、元の風速の$\frac{1}{3}$のときに最大出力が取り出され、その効率は**59.3%**となる。この理論を**ベッツ理論**といい、1920年にドイツのアルベルト・ベッツが発表した理論である。

(3) 燃料電池

燃料電池は水の**電気分解**の逆の反応により、燃料が持っているエネルギーを**化学反応**させて電力として取り出す発電システムである。

①燃料電池の種類と特徴

下表に燃料電池の種類とその特徴を示す。

■燃料電池の種類と特徴■

種類	固体高分子形 （PEFC）	リン酸形 （PAFC）	溶融炭酸塩形 （MCFC）	固体酸化物形 （SOFC）
電解質	高分子電解質膜	リン酸	溶融炭酸塩	安定化ジルコニア
燃料	水素、天然ガス、メタノール	天然ガス、メタノール	天然ガス、メタノール、ナフサ、石炭ガス化ガス	天然ガス、メタノール、石炭ガス化ガス
作動温度	約80℃	約200℃	約650℃	約1000℃
発電効率	35〜45%	35〜45%	45〜60%	50〜65%
特徴	・低温作動 ・出力密度が大きい ・起動性がよい	・排熱を給湯、冷暖房に利用できる ・比較的低温作動	・排熱を蒸気、給湯、冷暖房に利用できる ・排熱を複合発電に利用できる ・起動性がよい	・排熱を蒸気、給湯、冷暖房に利用できる ・排熱を複合発電に利用できる ・燃料の内部改質が可能

②燃料電池の動作原理

　下図にリン酸形燃料電池の動作原理を示す。

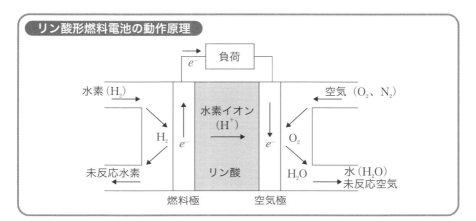

リン酸形燃料電池の動作原理

③燃料電池の特徴

　燃料電池の特徴は次のとおりである。

・**二酸化炭素、窒素酸化物、硫黄酸化物**が発生しない。

・**騒音**が少ない。

・**発電効率**が高い。

・**排熱**を利用することができる。

5 　発電機の据付けと試験

（1）発電機の据付け

①水車・発電機のセンタリング方式

　従来から用いられているピアノ線を用いる心出し方法の**ピアノ線センタリング方式**と、**実物センタリング方式**がある。**実物センタリング方式**は、固定部と回転部の空隙（ギャップ）を測定する方法である。仮組みや分解を必要としないので、広く採用されている。

②タービン発電機の据付け

　発電機は主要部品を工場において組み立て、**固定子・回転子**その他に分割して現場に搬入して据え付ける。**固定子**を発電機と同時に**心出し**を行い据え

付けてから、**回転子**を**固定子に挿入**する。その後、付属品を取り付けてから、**漏れ検査**を行う。

(2) 水車発電機の試験

　水車発電機の試験には、通水して行う**有水試験**と通水しないで行う**無水試験**がある。それぞれの試験内容は次のとおり。

試験名	試験内容
無水試験	接地抵抗測定、絶縁抵抗測定、絶縁耐力試験、水車・発電機機器動作試験、補機試験、遮断器・開閉器関係試験、保護装置試験、非常用予備発電装置試験
有水試験	通水検査、初回転試験、発電機特性試験、自動始動停止試験、負荷遮断試験、入力遮断試験、非常停止試験、負荷試験、騒音・振動・効率測定

1問/1答

問 **1.** 揚水式水力発電所では、昼間のピーク負荷時に、揚水して発電している。

2. タービンから抽気した蒸気の熱を、給水の加熱に用いる火力発電のサイクルの方式を、再生サイクルという。

3. 加圧水形原子炉は、蒸気発生器により発生した蒸気をタービンへ送る方式で、タービン・復水器が放射性物質の影響を受けやすい。

4. シリコン系太陽電池は、表面温度が高くなると出力が低下する。

5. 風車の受ける風力エネルギーは、受風断面積に比例し、風速の2乗に比例する。

6. 燃料電池は、窒素酸化物、硫黄酸化物は発生しないが、二酸化炭素は発生する。

答 **1** ✕ →p.85　　**2** 〇 →p.98　　**3** ✕ →p.102　　**4** 〇 →p.104
5 ✕ →p.106　　**6** ✕ →p.107

変 電 設 備

一次　二次

Point!　　　　　　　　　　　　重要度

変圧器の結線、中性点接地、変圧器効率、遮断器などの開閉器、
母線、保護継電器などから、第一次検定で1問出題される。

1 変電設備と主要機器

（1）変電設備の概要

変電所は、発電所で発生した電力を、送電線や配電線を通して需要家に送り届けるため、電圧の変成、電圧の降圧、電力の分配、系統保護などの役割を担う設備である。構成機器は、変圧器、母線、開閉設備、制御装置、変成器、調相設備、避雷器などがある。

（2）変圧器

①変圧器の結線方式

　　三相を変成する変圧器は、Y－Y－Δ、Y－Δ（Δ－Y）、Δ－Δなどの方式で結線されている。三相を変成する変圧器には、1台で単相分のみ変成する**単相変圧器**と1台で三相を変成する**三相変圧器**がある。一般的には**三相変圧器**が多用されている。三相の結線方式の特徴は次ページのとおりである。

ベクトル図		結線図
高圧	低圧	
Y (U,V,W)	y (u,v,w)	U V W / u v w
Y (U,V,W)	Δ (u,w 30°)	U V W / u v w
Δ (U,V,W)	Δ (u,v,w)	U V W / u v w
Δ (U,V,W)	Y (30° u,v,w)	U V W / u v w

①Ｙ－Ｙ－Δ結線

・Ｙ－Ｙ結線は**第三調波電流が循環**せず、誘起電圧がひずむため通常、用いられない。

・一次、二次間には**位相差**が生じない。一次、三次間のＹ－Δの位相差は **30°** である。

・三次のΔ巻線に**第三調波電流を循環**させることができる。

・**中性点**を接地できる。

②Ｙ－Δ（Δ－Ｙ）結線

・Δ巻線に**第三調波電流が循環**するので、誘起電圧が**正弦波**となる。

・一次、二次間に **30°** の位相差がある。

・Ｙ側は**中性点接地**ができるので、**段絶縁**が採用できる。

・Ｙ－Δ結線は変電所の**降圧変圧器**、Δ－Ｙ結線は発電所の**昇圧変圧器**用に用いる。

> **段絶縁：**段絶縁とは、各部の絶縁強度を一律にするのではなく、電線路端を特に**強く**し、接地側にいくにつれて**弱く**する絶縁方式である。

③Δ－Δ結線

・**第三調波電流が循環**するので、誘起電圧が正弦波となる。

・一次、二次間に**位相差**が生じない。

・単相変圧器の場合、１台が故障時に**Ｖ－Ｖ結線**として運転可能。

・**負荷時タップ切替器**に**線間電圧**がかかるため、**33kV 以下**に用いられる。

> **負荷時タップ切替器：**負荷時タップ切替器とは、負荷状態で停電することなく、変圧器一次側の巻数をタップで変えることによって変圧器の巻数比を変え、二次側の電圧を調整するものである。

②単巻変圧器の特徴

単巻変圧器とは、次ページの図のように、**１つの巻線から各端子**を取り出している変圧器で、一次巻線の一部が二次巻線と共通になっている。巻線の共通部分（図のｂ－ｃ間）を**分路巻線**、共通でない部分（図のａ－ｂ間）を**直列巻線**という。単巻変圧器の特徴は、次のとおりである。

・**等価容量**が**小さい**ため経済的である。

・**重量及び損失、インピーダンス及び電圧変動率、励磁電流及び無負荷損**が小さい。

・高電圧側に**異常高電圧**が発生した場合、**低電圧側に波及**する。

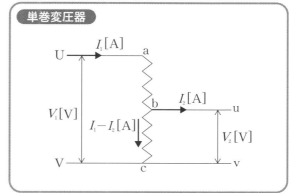

③変圧器の効率と損失

効率は、$\dfrac{出力}{出力＋損失}$ で表される。変圧器の損失は、下図のように、無負荷時にも発生する**無負荷損**と、負荷時に発生する**負荷損**に分けられる。

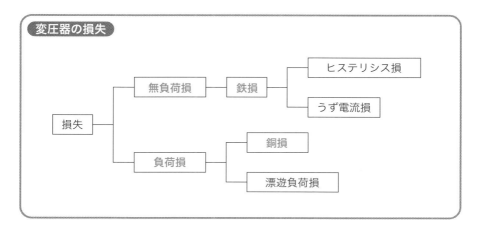

　無負荷損のほとんどは、鉄心中に発生する**ヒステリシス損**と**うず電流損**で、これを**鉄損**という。**負荷損**のほとんどは、巻線中に発生する**抵抗損**で、これを**銅損**という。次ページの図のとおり、**鉄損**は負荷電流の大きさにかかわらず**一定**で、**銅損**は負荷電流の**二乗に比例**する。また、鉄損と銅損が等しいとき**変圧器の効率**は**最大**となる。

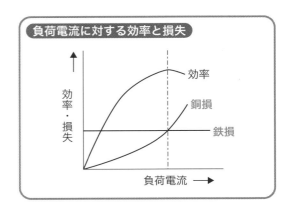

④中性点接地方式

　変圧器の**中性点接地**は、地絡故障時の異常電圧の抑制や保護継電器の確実な動作などのために施設されるもので、**直接接地**、**抵抗接地**、**リアクトル接地**、**非接地**に分類される。以下に標準的な中性点接地方式を示す。

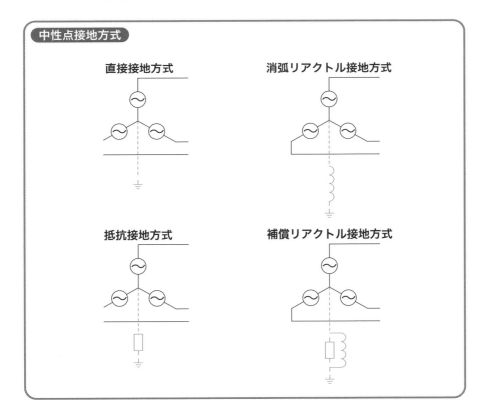

種別	中性点接地方式	摘要
187kV 以上の系統	直接接地	一般系統
154kV 系統	抵抗接地	一般系統
	補償リアクトル接地	地中線系統で充電電流が大きく、かつ、電磁誘導障害のおそれがある場合
110 ～ 66kV 系統	抵抗接地	一般系統
	消弧リアクトル接地	架空線系統に適用、1線地絡時に自然消弧させ、無停電で供給継続可能
	補償リアクトル接地	地中線系統で充電電流が大きく、かつ、電磁誘導障害のおそれがある場合
33 ～ 22kV 系統	抵抗接地	一般系統
6.6kV 配電系統	非接地	一般系統

2-2 変電設備

①非接地方式
・1線地絡事故時の健全相における**対地電圧の上昇**が**大きい**。
・**地絡電流**が**小さい**ため、**通信線の誘導障害**が**少ない**が、故障検出が困難である。

②直接接地方式
・1線地絡事故時の健全相における**対地電圧の上昇**を**抑制**できる。
・**地絡電流**が**大きく**、保護継電器の動作は確実だが、**通信線の誘導障害**の影響が**大きい**。
・**変圧器巻線**を**段絶縁**にすることができる。

③抵抗接地方式
・直接接地方式と比べて、**1線地絡電流**が**小さく**、**誘導障害**は**少ない**。
・直接接地方式と比べて、**1線地絡時健全相の電圧上昇**は**大きい**。

④消弧リアクトル接地方式
・1線地絡事故時の**地絡電流**が**最も小さく**、**アーク**を**消弧**することができる。
・**通信線への誘導障害**を**軽減**することができる。

(3) 遮断器

遮断器は、常時の**負荷電流、充電電流**などを開閉し、事故時は保護継電器の信号により、**短絡電流、地絡電流**など故障電流を遮断する装置である。下表に各遮断器の特徴を示す。

■各遮断器の特徴■

遮断器の種類	特徴
油遮断器（OCB）	消弧媒体に絶縁油が用いられる。消弧能力は高いが、絶縁油の保守面や**防災面（火災）**から最近の使用は少ない。
空気遮断器（ABB）	ノズル状の消弧室内で圧縮空気をアークに吹き付けて消弧する方式。操作時の音が大きく**騒音**対策が必要となる。
ガス遮断器（GCB）	消弧媒体に SF_6 ガスを用いた遮断器で、優れた遮断性能、保守点検が容易などの点から、高圧から超高圧まで幅広く使用されている。近年、GIS（ガス絶縁開閉装置）として多用されている。
真空遮断器（VCB）	真空中のアーク**拡散作用**により消弧する方式で、遮断後の絶縁回復特性に優れている。
磁気遮断器（MBB）	アークと遮断電流によって発生する磁界による**電磁力**で、アークを消弧室に引き込み消弧する方式。可燃物を使用していないため火災の危険がない。

(4) 断路器・負荷開閉器
①屋外用高圧断路器（DS）

点検時に、充電された回路から切り離したり、接続を変えるために使用される開閉装置であり、**故障電流や負荷電流を遮断する能力**はない。電路の確実な開閉を必要とするような**受電設備の引込口付近**や**避雷器の電源側**に設置される。断路器の設置方法は次のとおりである。

①**操作が容易**で**危険のおそれがない箇所**を選んで取り付けること。

②**横向き**に取り付けないこと。

③**縦に取り付ける場合**は、切替え断路器のときを除き、**刃受けを上部**とすること。

④**刃**は、開路した場合に充電しないよう**負荷側に接続**すること。

⑤刃がいかなる位置にあっても、他物から10cm以上離隔するよう施設すること。

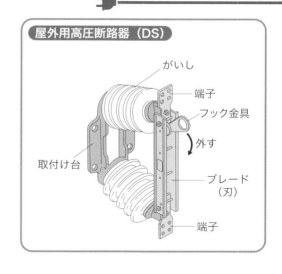

屋外用高圧断路器（DS）

がいし

端子

フック金具

外す

取付け台

ブレード（刃）

端子

②高圧交流負荷開閉器（LBS）

　高圧交流電路に使用し、通常時の負荷電流の開閉をするもので、故障時の短絡電流は、一定時間通電できるが、遮断はできない。短絡電流の遮断は、後述する電力ヒューズにより行われ、下図のように電力ヒューズと組み合わせて用いられる。

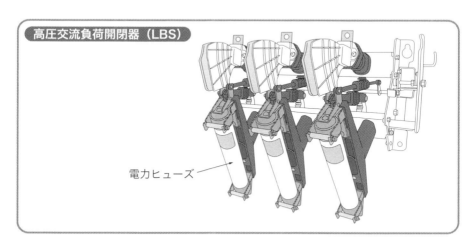

高圧交流負荷開閉器（LBS）

電力ヒューズ

③電力ヒューズ（PF）

　主に短絡電流などの大電流の遮断に用いられる。遮断原理から限流形と非限流形の2種類がある。限流形は、短絡時の限流効果を有する反面、一般的

には**小電流遮断性能**が劣る。**非限流形**は、**小電流遮断性能**はよいが、短絡電流に対して**限流効果**は期待できない。

④高圧カットアウト（PC）

内部にヒューズを装着できる装置を持った**負荷電流開閉器**で、一般的には、**柱上変圧器の一次側**に設置される。

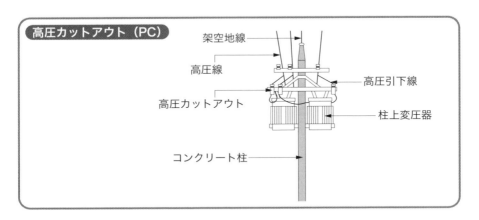

高圧カットアウト（PC）

架空地線
高圧線
高圧カットアウト
高圧引下線
柱上変圧器
コンクリート柱

(5) 母線

変電所内の電力回線を各機器に接続し、電力を集中したり、分配したりする回路を**母線**という。母線には、**断路器**、**遮断器**などが設置され、**単母線**、**二重母線**、**ループ状母線**などの母線方式がある。

①単母線

設備機器が少なく**経済的**であるが、設備に事故や故障が発生すると系統が**全停電**となりやすい。また、母線の**点検・修理時**に**全停電**を必要とする。

②二重母線

重要度の高い変電所や**異系統受電**が必要な場合などに採用される母線方式で、単母線に比べ**高価**であるが、1母線が故障した際は、直ちに他の母線に切り替えて送電することができる。二重母線方式の特徴をまとめると次のとおりである。

・**重要度の高い変電所**に採用されているが、単母線方式に比べ**高価**である。
・**片母線停止作業時**に送電線や変圧器などを**停止する必要**がない。
・**母線を分割**して運用する場合、送電線や機器の**組み合わせが自由**である。
・**母線事故**の場合は、複数の送電線や機器が**停止**する。

③ループ状母線

母線をループ状に構成した母線方式で、**異系統受電用**として二重母線より有利となるが、一般の系統運用では、二重母線より**自由度**がない。

④母線用遮断器の短絡容量軽減対策

変電所の母線に接続される遮断器の**遮断容量**を軽減するために、母線を分離して系統のインピーダンスを増加させる方法として、**常時分離方式**と**事故時分離方式**がある。

⑤母線の保護方式

変電所の母線の保護方式は次のとおり。

保護方式	内容
電流比率差動方式	母線に流入する電流の総和と流出する総和を比較して異常を検知する保護方式
電圧比率差動方式	母線の一次側電圧と二次側電圧を比較して異常を検知する保護方式
位相比較付き電流差動方式	流入電流と流出電流の総和とともに位相を比較することにより、変電所内部の事故か外部の事故か判定する保護方式

(6) 計器用変成器

計器用変成器は、高電圧や大電流を**計測**、**制御**するために、低電圧、小電流に変成する機器である。

①計器用変圧器（VT）

高圧、特別高圧、超高圧の高い電圧値を、これに比例する低い電圧値に変成するものをいう。変圧器の二次電圧は 110V を標準とし、高圧用のものは二次側電路に D 種接地工事を施す必要がある。

②計器用変流器（CT）

電力系統の大きな電流値を、これに比例する小さな電流値に変成するものをいう。変流器の二次電流は 1A または 5A を標準とし、高圧用のものは二次側電路に D 種接地工事を施す必要がある。また、計器用変流器の二次側回路は**開路**してはならない。

③零相変流器（ZCT）

地絡事故を検出するため、地絡時の**零相電流**を検知して地絡継電器に信号

を送る変流器を、**零相変流器**とい
う。零相変流器には、**貫通形**と**分
割貫通形**があり、通常の計器用変
流器との相違点は、一次側の三相
三線のすべてが**鉄心内を貫通**して
いることである。

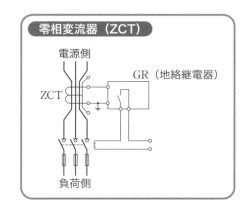

（7）調相設備

　調相設備は、無効電力の制御、電圧変動の抑制などのために設置され、回
転機である**同期調相機**、静止機である**電力用コンデンサ**、**分路リアクトル**、
静止形無効電力補償装置がある。

①同期調相機

　同期電動機を無負荷運転し、励磁電流を加減することで進相から遅相まで
連続的に無効電力を調整する装置である。回転機であるため**保守が煩雑**であ
るというデメリットがある。

②電力用コンデンサ

　電力系統の無効電力の調整、**誘導電動機**などの**力率改善**などの目的で、母
線及び変圧器の三次側に並列に接続される。コンデンサのほかに**放電コイル**、
直列リアクトルなどから構成されている。**進相無効電力**を**段階的に制御**する。

③分路リアクトル

　電力系統に並列に接続し、**軽負荷時の電圧上昇の抑制**や**進相無効電力を補
償**するため、進相無効電力を系統から吸収する目的で設置される。長距離送
電線やケーブル系統の静電容量による充電電流を補償し、進相負荷による
フェランチ現象を抑制する。**遅相無効電力**を**段階的に制御**する。

④静止形無効電力補償装置（SVC）

　高圧用変圧器、**進相コンデンサ**、**サイリスタ装置**で構成される。**サイリス
タ**によりリアクトル電流を位相制御し、遅相無効電力を連続的に変化させ、
並列に設置した**進相コンデンサ**との合成電流で、進相から遅相まで**連続的に
無効電力を調整**する。

（8）避雷設備

変電所の装置や機器類を、**雷サージ**や、遮断器を開閉する際に発生する**開閉サージ**などの**異常電圧から保護**するための設備である。

①避雷器

直撃雷、誘導雷などの**雷サージ**や、回路の開閉装置の操作などに起因する**開閉サージ**などの過電圧を**大地に放電**して**制限電圧**に抑え、放電終了後、速やかに**続流を遮断**して線路の電位を正規状態に復帰させる装置である。避雷器には A 種接地工事を施す必要がある。

避雷器は、従来は直列ギャップ（空隙）付き避雷器が用いられていたが、現在は**酸化亜鉛形**避雷器が主流となっている。酸化亜鉛形避雷器の特徴は次のとおりである。

- **非直線抵抗特性**の優れた酸化亜鉛（ZnO）素子により、**直列ギャップが必要ない**。
- **直列ギャップ**がないため**放電遅れ**がない。
- **保護特性**がよい。
- **サージ処理能力（エネルギー耐量）**に優れている。
- **耐汚損特性**がよい。

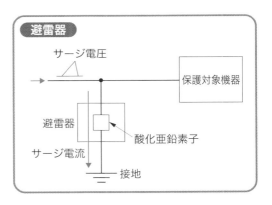

避雷器

サージ電圧
保護対象機器
避雷器
酸化亜鉛素子
サージ電流
接地

（9）GIS（ガス絶縁開閉装置）

絶縁性能、遮断能力の優れた SF_6 **ガス**を絶縁媒体として充填・密閉した**金属製圧力容器内**に、遮断器、断路器、母線、変成器、避雷器、接地装置などの構成機器を格納した装置である。GIS の特徴は、次のとおりである。

- 従来の気中絶縁形変電所に比べ、敷地面積を**大幅に縮小**できる。

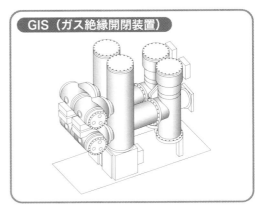

GIS（ガス絶縁開閉装置）

・露出部がないため、塩害・汚損の心配がない。

・充電部が露出していないため安全である。

・開閉時の騒音が少ない。

・保守点検の頻度が少なく、無人化できる。

(10) 保護継電器

送電線や機器に故障が発生した場合、故障を検出し遮断器に信号を送る装置である。

①保護継電器の種類

①過電流継電器（OCR）

過負荷や短絡事故の際に流れる過電流を検出し、遮断器を動作させる継電器である。

②過電圧（OVR）・不足電圧（UVR）継電器

母線への過電圧や不足電圧を検出し、遮断器などの機器を動作させる継電器である。

③地絡継電器（GR）

送電線や機器に地絡事故が発生した場合、零相電流を検出し、遮断器を動作させる継電器である。前述した零相電流を検出する零相変流器（ZCT）と組み合わせて使用される。

④地絡方向継電器（DGR）

送電線や機器に地絡事故が発生した場合、電圧、電流の極性の方向を判別して、地絡事故が発生した場所を選択し、必要ならば遮断器を動作させる継電器である。不必要動作を防止することが可能である。

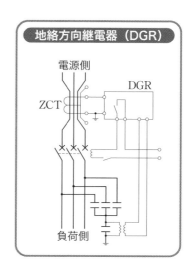

地絡方向継電器（DGR）

電源側
DGR
ZCT
負荷側

②限時特性

　限時特性とは、下図のように**異常電流、異常電圧の大きさ**によって**動作時間**に変化を持たせることをいう。継電器では、小さな異常値では短時間で動作しないような**反限時特性**を持たせたものが使用されることが多い。

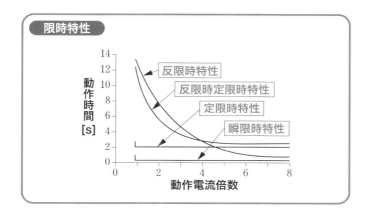

２　変電所の保守

（１）変電所の塩害対策

　塩害により変電所のがいし類が汚損すると、がいしの**絶縁強度**が低下する。さらに塩害が進むとがいしが**絶縁破壊**することもある。変電所の塩害対策としては、次のとおりである。

　①がいしの**絶縁強化**

　②がいしの**自動活線洗浄**

　③**不良がいしの交換**

　④がいしに**シリコンコンパウンド**などの**はっ水性物質**を**塗布**

　⑤**屋内化、GIS 化**

（２）変電所の施設

　高圧または特別高圧の機械器具及び母線等を屋外に施設する発電所、変電所、開閉所及びこれらに準ずる場所には、**構内に取扱者以外の者が立ち入らないように施設**する必要があり、「電気設備の技術基準の解釈」に、次の図

のように規定されている。

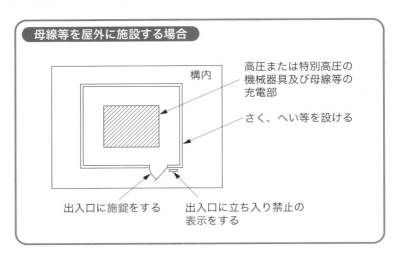

また、さく、へい等の高さと、さく、へい等から充電部分までの距離との和は、使用電圧の区分により、下表に掲げる値以上とすることと規定されている。

■さく、へい等の高さと、さく、へい等から充電部までの距離との和■

使用電圧の区分	さく、へい等の高さと、さく、へい等から充電部までの距離との和
35,000V 以下	5m
35,000V を超え 160,000V 以下	6m
160,000V を超える	6m に 160,000V を超える 10,000V またはその端数ごとに 12cm を加えた値

1問/1答

 問 1. 変圧器の中性点接地方式のうちの、非接地方式は、地絡電流が小さいため、通信線の誘導障害の影響が大きい。

2. 断路器の設置方法は、刃受けを負荷側に接続する。

 答 1 ✕ → p.113　　2 ✕ → p.114

2-3 送配電設備

Point! 重要度 🔵🔵🔵

第一次検定で、この分野から9問出題される。架空線路の振動、地中線路の埋設、スポットネットワークがよく出題される。

1 送電設備

（1）送電線路

　水力、火力、原子力などの発電所で発電した電力を、**発電所から変電所へ送る電線路**、または**変電所相互間**の電線路を**送電線路**という。

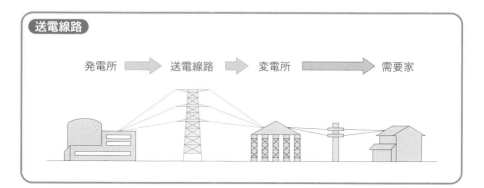

送電線路

発電所 ➡ 送電線路 ➡ 変電所 ➡ 需要家

（2）送電方式

　送電線路の電気方式は、主に**交流送電**であるが、直流送電も特徴を活かして、特殊な用途に用いられている。

①交流送電

　送電線路のほとんどは**交流三相3線式**である。交流方式は変圧器により効率よく変圧することができる。変圧器により昇圧することで、大電力を長距離、効率よく送電することが可能である。

②直流送電

100 〜 500kV の**高電圧や大電流**の**幹線**、**周波数の異なる系統間**の**連系**、海底ケーブルなどに用いられている。直流送電の特徴は次のとおりである。

〈利点〉

・**力率が常に 1** であり、**無効電力を無視**できる。

・リアクタンス、位相角を考慮する必要がない。

・線路電圧の**最大値が実効値に等しい**ため、交流に比べ**絶縁が容易**である。

・交直変換装置による**異周波数電力系統間の連系**ができる。

〈欠点〉

・**交直変換装置、無効電力供給設備**が必要である。

・交直変換装置から発生する**高調波対策**が必要である。

・**変圧**が交流と異なり**困難**である。

・**大電流**を遮断しにくい。

（3）線路定数

架空送電線路の電気的特性を表すもので、**抵抗、インダクタンス、静電容量、漏れコンダクタンス**の 4 つの電線路固有の値により定まる。電線路固有の定数になるため、**線路定数**という。電線路の抵抗、インダクタンス、静電容量、漏れコンダクタンスは、**電線の種類や太さ、電線の配置**により定まるので、これらは**線路定数**に影響する。一方、電線路の**電圧、電流**は線路定数とは無関係である。

 2 架空送電線路

（1）架空送電線路

架空送電線路は、架空により送電する線路で、**電線、鉄塔、がいし**などで構成されている。

①電線

架空送電線路に使用される主な電線は次のとおりである。

①硬銅より線（HDCC）

導電率が**高い**（約 97％ 程度）。強度の要求されない部分の架空送電線路

の電線として用いられている。

②鋼心アルミより線（ACSR）

亜鉛めっき鋼より線の周囲に**硬アルミ線**をより合わせた構造の電線である。導電率はアルミが、強度は鋼線が受け持つ。鋼心アルミより線の構造を下図に表す。

アルミは銅よりも導電率が低い（約61%）が、軽量で強度が大きいという特徴を持つ。さらに、中心に強度の高い鋼線を持つことで、鋼心アルミより線には次の特徴がある。

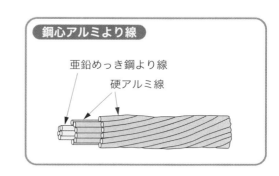

鋼心アルミより線

亜鉛めっき鋼より線
硬アルミ線

- ・引張り強度が大きい。
- ・軽量である。
- ・電線の径が大きくなるため、コロナ放電が生じにくい。

③鋼心耐熱アルミ合金より線（TACSR）

耐熱アルミ合金線を**鋼より線**の周囲により合わせたもので、鋼心アルミより線よりも耐熱性に優れている。そのため、**許容電流を増加**することができ、大電力の送電に適している。

④鋼心イ号アルミ合金より線（IACSR）

導電率等の電気的特性は劣るが機械的強度は大きいため、径間が大きい場合の電線や架空地線に使用される。

②電線付属品

①クランプ

電線を鉄塔に支持するために用いる接続管をクランプという。クランプには、次の種類がある。

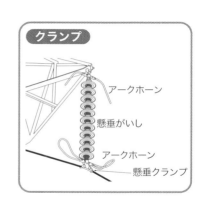

クランプ

アークホーン

懸垂がいし

アークホーン

懸垂クランプ

- ・**耐張クランプ**：水平方向の張力のかかる部分に用いられる。
- ・**圧縮クランプ**：鋼心アルミより線に用いられる。

・懸垂クランプ：水平方向の張力のかからない懸垂部分に用いられる。

②**スペーサ**

多導体方式の送電線路において、電線相互の接近・衝突を防止するため、電線相互の間隔を確保するために取り付けるものである。

③**ダンパ**

風等による架空電線の振動を吸収して、電線の振動による断線防止のために用いられる。使用される主なダンパは下図のとおりである。

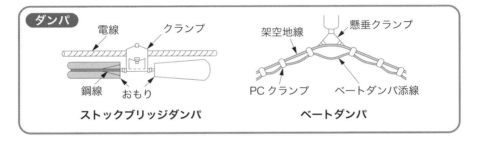

④**アーマロッド**

送電線の支持部で、電線の振動による疲労切断や、事故電流や雷による溶断防止のため、電線の支持部に電線と同一部材を巻き付ける補強材をいう。

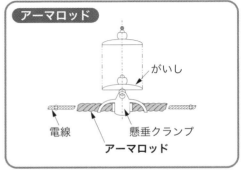

⑤アークホーン

雷サージ等による**フラッシオーバ**により、がいしが破損したり電線が溶断したりするのを防止するため、フラッシオーバをアークホーン間で起こさせ、アークががいし表面に触れないようにして、**がいしの破損を防止**するものである。

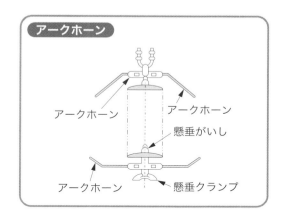

アークホーン

アークホーン　　　　　アークホーン

懸垂がいし

アークホーン　　　懸垂クランプ

③架空地線

架空送電線への直撃雷や誘導雷による**雷サージ**を防止するために、鉄塔の最頂部に配線される接地された架空電線である。塔脚接地抵抗が高いと、架空地線や鉄塔の電位が上昇し、架空地線と導線あるいは鉄塔と導線の間に**フラッシオーバ**が発生するので、**塔脚接地抵抗**は**低い**ほうがよい。また、下図のように架空地線と電線とで成す角を**遮へい角**といい、**遮へい角**が小さいほど架空地線による雷に対する**遮へい効果**が**大きく**なる。近年、光通信ルートとして架空地線を利用する、**光ファイバ複合架空地線（OPGW）**が用いられている。

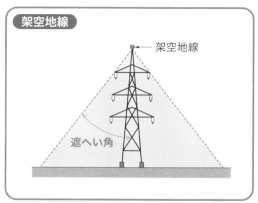

架空地線

架空地線

遮へい角

2-3
送配電設備

127

④鉄塔

架空送電線の支持物には、鉄塔、鉄柱、鉄筋コンクリート柱、木柱などがあり、鉄塔の形状には下図のものがある。

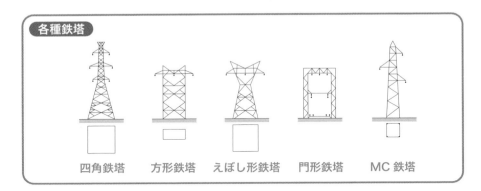

各種鉄塔

| 四角鉄塔 | 方形鉄塔 | えぼし形鉄塔 | 門形鉄塔 | MC鉄塔 |

また、鉄塔を機能によって分類すると次のように分けられる。

①耐張鉄塔

電線路に角度がある場合や鉄塔の両側の径間に差がある場合などで、**電線に張力が働く**箇所に使われる鉄塔。

②懸垂鉄塔

電線路に角度がない場合など、あまり**強度を必要としない**箇所に使われる鉄塔。

⑤がいし

電線を鉄塔などの支持物に取り付けるものであり、がいしに必要な条件は次のとおりである。

・送電線路の**正常電圧**及び雷サージなどの**異常電圧**に対して**絶縁耐力**があること。

・電線の**自重**や**風圧荷重**に対する**機械的強度**を有していること。

・**温度**や、雨、雪、霧などによる**湿気**に対して**漏れ電流が増加**しないこと。

①懸垂がいし

一般的に用いられているがいしで、**使用電圧**に応じて**連結個数を増減**して使用する。直径250mmのものが多く用いられ、直径280〜380mm程度の大型のものは、**多導体送電線**など高強度を必要とする線路に使用される。

②耐霧がいし

構造は懸垂がいしと同様であるが、下ひだを長くして磁器表面の**漏れ距離**を長くすることで、**塩害**による汚損や大気中の**汚染物質**の多い工業地帯などで使用できるようにしている。

③長幹がいし

円形状のひだ付磁器棒の両端に連結用キャップをかぶせた構造で、**表面の漏れ距離**が長く、**塩害**に対する**絶縁性**に優れているため、耐霧がいしと同様に、塩害による汚損地域に用いられる。

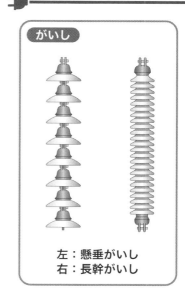

がいし

左：懸垂がいし
右：長幹がいし

④ラインポストがいし

長幹がいしと同様の構造で、下端を**ピン**により**支持部材に固定**する。懸垂がいしには発生しない**曲げ荷重**が加わるため、あまり機械的負荷をかけられないので、77kV 以下の送電線に使用される。

⑤配電用がいし

配電用がいしには、次の種類がある。

・高圧耐張がいし

高圧架空配電線路の**引留め部分**の支持用として用いられる。

・高圧ピンがいし

高圧架空配電線路の**張力のかからない部分**の支持用として用いられる。

高圧ピンがいし

（2）風圧荷重

架空電線路の強度計算に適用する風圧荷重には、**甲種、乙種、丙種風圧荷重**の 3 種類があり、それぞれ次のケースに適用される。

①風圧荷重の種別

①甲種風圧荷重

電線の垂直投影面積 $1m^2$ について **980Pa** の風圧を受けるときの荷重。

②乙種風圧荷重

電線の周囲に厚さ 6mm、比重 0.9 の氷雪が付着した状態に対し、垂直投影面積 1m² につき 490Pa の風圧を受けるときの荷重。

③丙種風圧荷重

甲種風圧荷重の 1/2 の荷重。

②風圧荷重の適用

地方 / 季節	氷雪の多い地方以外の地方	氷雪の多い地方	
		低温季に最大風圧を生じる地方	低温季に最大風圧を生じない地方
高温季	甲種風圧荷重		
低温季	丙種風圧荷重	甲種または乙種風圧荷重のうち大きいもの	乙種風圧荷重

(3) 送電線路の振動現象

①微風振動

ゆるやかな一様の風が電線に直角に当たると、電線の背後に**カルマンうず**を生じる。このカルマンうずにより電線の垂直方向に圧力変動が起こり、その周波数が電線の固有振動数と一致すると、**共振**を起こして電線が定常的に振動する。この現象を微風振動という。微風振動の特徴は次のとおりである。

・**直径**に対して**軽い**電線に発生しやすい。

・**径間**が**長く**、**電線の張力**が**大きい**ほど発生しやすい。

・耐張箇所より**懸垂箇所**で断線しやすい。

・風速が**毎秒数 m 程度の一様な風**が、**電線に直角**に当たると発生しやすい。

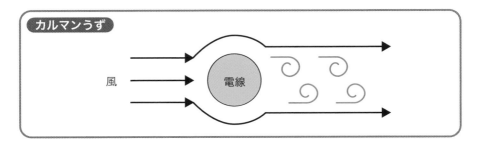

②コロナ振動

電線の下面に水滴が付着すると、電線下面の**表面電位の傾き**が高くなり、**コロナ**が発生する。さらにコロナが激しくなると、電線下面から**水滴が射出**される。射出された水滴の反力により、電線が振動を起こす現象を**コロナ振動**という。

③ギャロッピング

電線表面に**氷雪**などが付着し、電線と氷雪の断面がいびつな形状となり、これに**水平方向**の風が当たると**揚力**が発生することで起きる振動を**ギャロッピング**という。電線の断面が**大きい**ほど発生しやすく、単導体より**多導体**に発生しやすい。

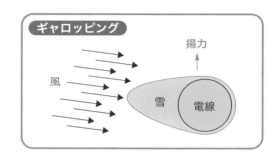

ギャロッピング

風　雪　電線　揚力

④サブスパン振動

サブスパンとは、**多導体方式**のスペーサ間で区切られた区間のことをいう。多導体に取り付けた**スペーサ**に**風速 10m/s 以上**の風が当たると起こる振動を**サブスパン振動**という。樹木などの障害物の少ない**平坦地**において発生しやすい。

⑤スリートジャンプ

電線に付着した氷雪が**落下**した反動で、電線が**はね上がる**現象をいう。スリートジャンプの防止対策は、次のとおりである。

・**電線の張力**を**大きく**する。
・**径間長**を**短く**する。
・**電線相互の間隔（オフセット）**を**大きく**する。
・**単位重量**の**大きい**電線を使用する。
・**着雪防止リング**を用いる。

（4）送電線路のその他の障害

①コロナ放電

①コロナ放電とは

電線の表面から周囲への**電位の傾き** [V/m] は、電線の表面が**最大**で表

2-3

送配電設備

面から離れるに従って減少する。電位の傾きが**コロナ臨界電圧以上**になると、周囲の空気の**絶縁**が**破壊**され、音や光を伴って**放電**する。これを**コロナ放電**という。

②コロナ臨界電圧

コロナ放電が発生する**最小の電圧**を**コロナ臨界電圧**といい、標準条件（気温 20℃、気圧 1013hPa）において最大値で **30kV/cm** 程度である。交流（実効値）では $\dfrac{30}{\sqrt{2}} =$ 約 21[kV/cm] である。

③コロナの影響と対策

架空送電線路にコロナ放電が発生すると、損失（**コロナ損**）となるほか、通信線に**誘導障害**、**電線の腐食**、ラジオの**受信障害**等などの障害を引き起こす。

④コロナ放電発生防止対策

・電線を**太く**する。
・**多導体**を採用する。
・がいしへ**シールドリング**を取り付ける。
・電線に傷を付けない。
・金属の突起をなくす。
・共同受信方式を採用する（受信障害対策）。

②誘導障害

送電線の電界の影響により、送電線と通信線が平行・接近している場合、通信線に**静電誘導障害**、**電磁誘導障害**が発生する。それぞれの誘導障害対策は次のとおりである。

①静電誘導障害

・通信線との**離隔距離**を**大きく**する。
・送電線の**ねん架**を行い、静電容量の不平衡をなくす。
・**遮へい線**を送電線と通信線の間に設ける。
・通信線を**遮へい層付ケーブル**とする。

②電磁誘導障害

・通信線との**離隔距離**を**大きく**する。
・送電線の**ねん架**を行い、インダクタンスの不平衡をなくす。
・**遮へい線**を送電線と通信線の間に設ける。

・通信線を遮へい層付ケーブルとする。

・通信線に避雷器を設ける。

・送電線の故障時に**故障回線**を迅速に遮断する。

・中性点の**接地抵抗**を大きくして、地絡電流を抑制する。

・中性点の接地箇所を適切に選定する。

・架空地線に導電率の高い電線を使用し、条数を増加する。

③**ねん架**

送電線の各線は、線間及び大地との距離に差異があるため、各相のインダクタンス、静電容量が**不平衡**になっている。この不平衡が大きくなると、近接する通信線に誘導障害を与えたりするので、不平衡を解消するために、下図のように、適宜、**各線の位置を入れ替える**ことをねん架という。

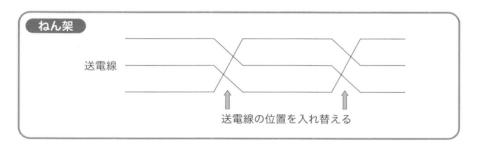

ねん架

送電線

送電線の位置を入れ替える

③**送電線の異常電圧**

送電線の異常電圧には、開閉サージなど電力系統の内部の異常電圧（**内雷**）と、電力系統の外部の雷などによって生ずる外部異常電圧（**外雷**）とがあり、対策は次のとおりである。

・架空地線、埋設地線の設置

・アークホーン、アーマロッドの設置

・避雷器の設置

・不平衡絶縁の採用

不平衡絶縁とは、2 回線送電線において各回線の**絶縁強度に差**をつけて不平衡にすることで、2 回線が異常電圧により同時に絶縁破壊しないようにする絶縁方式をいう。

2-3

送配電設備

④送電線の塩害

送電線の塩害対策は次のとおりである。

・**がいし連結数**の増加（過絶縁）
・**耐塩がいし、深溝がいし、長幹がいし**の採用
・**はっ水性物質（シリコンコンパウンドなど）**のがいし表面への塗布
・がいし洗浄装置による、**がいしの自動洗浄**

⑤送電線の騒音

送電線に直角方向の強風が当たると、送電線表面から**風切音**が発生し、騒音公害となる。風切音は送電線の表面が**円滑なほど大きく**なる。騒音防止のため、下図のような**スパイラルロッド**を巻いたり、低風音形電線を使用する。

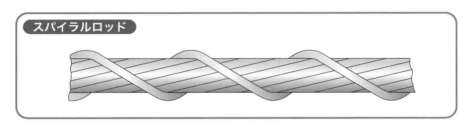

スパイラルロッド

⑥フェランチ現象

長距離送電線路などにおいて**負荷が非常に小さい場合**や**無負荷の場合**には、線路を流れる電流が静電容量のため**進み電流**となり、**受電端電圧が送電端電圧よりも高くなる**。この現象を**フェランチ現象**という。無負荷の充電電流は静電容量に比例し、静電容量は距離に比例するので、送電線路の単位長さ当たりの**静電容量**が**大きい**ほど、**こう長**が**長い**ほど、**フェランチ現象**が顕著となる。フェランチ現象の防止対策は、**同期調相機**や**分路リアクトル**の設置が有効である。

（5）架空送電線路の保守・点検

架空送電線路の保守・点検の内容は、次のとおりである。

・送電線路付近の樹木などとの交差接近状況を定期的に（月1回程度）**ルート巡視**する。
・支持物の金具や電線に**腐食**や**摩耗**がないかを点検する。
・がいしの破損、汚損状況を**パイロット**がいしにより測定する。

3 地中送電線路

（1）地中送電線路の特徴

　地中送電線路は、電線と電線を収納する地下構築物から構成され、電線にはケーブルが使用されている。地中送電線路は、落雷、暴風雨、氷雪などの自然現象や地上の火災などの**事故の影響が少なく**、架空送電線路に比べて電力供給の**信頼度が高い**、管路・暗きょなどの収納スペースを繰り返し使用することができるなどの長所がある。

　一方、架空送電線路に比べ建設に時間がかかり、**費用が高くなる**こと、**事故復旧に時間がかかる**ことが短所である。

（2）地中送電ケーブルの種類と特徴

①ケーブルの種類

　現在 CV ケーブルが多用され、特殊な用途などに OF ケーブルが使用されている。下図に代表的なケーブルを示す。

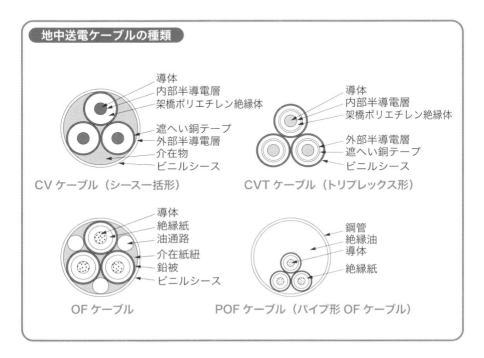

地中送電ケーブルの種類

導体
内部半導電層
架橋ポリエチレン絶縁体
遮へい銅テープ
外部半導電層
介在物
ビニルシース

CV ケーブル（シース一括形）

導体
内部半導電層
架橋ポリエチレン絶縁体
外部半導電層
遮へい銅テープ
ビニルシース

CVT ケーブル（トリプレックス形）

導体
絶縁紙
油通路
介在紙紐
鉛被
ビニルシース

OF ケーブル

鋼管
絶縁油
導体
絶縁紙

POF ケーブル（パイプ形 OF ケーブル）

2-3

送配電設備

②ケーブルの特徴

ケーブルは導体と絶縁体で構成されているため、導体のみで構成されている架空電線に比較して、**静電容量**が大きい。また、次の特徴がある。

・**導体断面積**が大きいほど、大きな電流を流すことができる。

・絶縁物の**比誘電率**が小さいほど、大きな電流を流すことができる。

・絶縁体の**誘電正接（tanδ）**が小さいほど、大きな電流を流すことができる。

③ケーブルの充電電流

ケーブルの充電電流は、次式のとおり、**ケーブルこう長、静電容量、使用電圧、使用周波数**によって算出される。

$$I_c = 2 \pi f C V l \, [\text{A}]$$

f：周波数 [Hz]
C：単位長さ当たりの静電容量 [F/m]
V：線間電圧 [V]
l：ケーブルこう長 [m]

④ CV ケーブルの特徴

CV ケーブルは絶縁体に**架橋ポリエチレン**を用いたケーブルで、次の特徴がある。

・導体の**許容温度**が90℃と高く、**許容電流**が大きい。

・軽量で作業性がよく、耐熱性もよい。

・絶縁物の**比誘電率**が小さく、**誘電体損失**や**充電電流**が小さい。

・保守が容易である。

・OF ケーブルのような給油設備が不要で、高低差に関係なく敷設できる。

・水トリー現象が見られる。

⑤水トリー現象

CV ケーブルの絶縁体（架橋ポリエチレン）内に侵入した微少の水分が、長い年月の間に図のように樹枝状に浸透する現象で、進行するとケーブルの絶縁性能が低下し、絶縁破壊から地絡事故に至る。

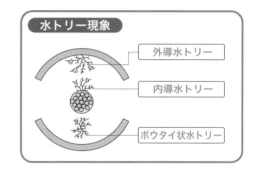

水トリー現象

外導水トリー

内導水トリー

ボウタイ状水トリー

⑥ CV ケーブルの許容曲げ半径

　ケーブルの許容曲げ半径は、**CVT ケーブル**及び**低圧ケーブル**は外径の 8 倍以上、その他のケーブルは外径の 10 倍以上とする。

（3）地中電線路の敷設方式

　地中送電ケーブルの敷設方式には、**直接埋設式**、**管路式**、**暗きょ式**があり、それぞれ次のとおりである。

①直接埋設式

　直接埋設式は、下図のように**コンクリートトラフ**にケーブルを収めて埋設する。

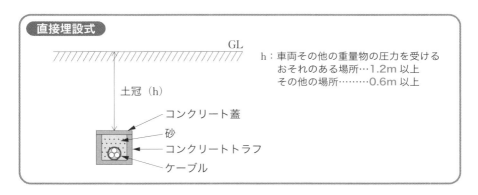

　直接埋設式の埋設深さ、上図の土冠 (h) の規定は、次のとおりである。

・車両その他の重量物の圧力を受けるおそれのある場所……**1.2m 以上**

・その他の場所……**0.6m 以上**

②管路式

　管路式は、右図のように車両その他の重量物の圧力に耐える管にケーブルを収めて、地中に埋設する敷設方法である。必要に応じ、管路の途中や末端に**地中箱（マンホール）**を設ける。

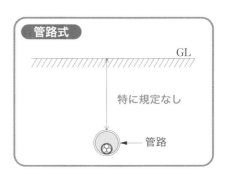

③暗きょ式

　暗きょ式は、下図のように、車両その他の重量物の圧力に耐える暗きょを使用して、ケーブルを敷設する方式である。地中電線には耐熱措置を施し、暗きょ内には自動消火設備を設ける。地中電線を収める金属製部分、金属製地中箱及び地中電線被覆の金属部分には D 種接地工事を施す。

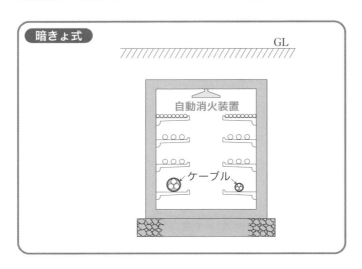

 4　送電線路の保護

（1）保護継電方式

　送電線路の短絡事故・地絡事故時には、事故区間を切り離し、事故による被害を最小限にとどめるとともに、健全区間により送電を確保し、事故が波及しないようにするため、各種の保護継電方式が用いられている。また、保護継電には、主保護継電と後備保護継電がある。**後備保護継電**は、送電系統に事故が発生し、主保護継電方式で故障区間を除去できなかったときに動作するもので、主保護継電のバックアップとして設置される。

①過電流継電方式

　事故時に短絡電流などの電流の大きさを検出する方式である。故障区間を選択するのに動作時限差を設ける必要があるため、故障区間を除去する時間が長くなり、特に電源側ほど長い時間を要する欠点がある。このため、比較

的重要度の低い系統に用いられる。

②回路選択継電方式

平行 2 回線において、**方向継電器**と**過電流継電器**を組み合わせることによって、故障回路を選択して遮断する継電方式である。過電流継電方式のように、保護区間毎に動作時限差を持たせる必要がないので、**即時動作させることが可能**である。

③距離継電方式

事故時の電圧・電流から故障点までの線路**インピーダンスを測定**して事故点までの距離を求め、その値が保護範囲内のインピーダンスより小さければ事故とみなして動作する継電方式である。

④表示線継電方式

保護区間各端子間に表示線を設置し、直流または商用周波信号を伝送することにより、保護を行うのもので、**短距離送電線の保護**に適する。表示線方式のうち**電流比較方式**を**パイロットワイヤ継電方式**といい、多用されている。

⑤搬送継電方式

下図のように、送電線両端間の通信手段として、電力線搬送またはマイクロ波等の**搬送波**を使用するものである。保護区間両端付近の故障でも**高速度に全端子が遮断**できる。搬送継電方式には、次の方式がある。

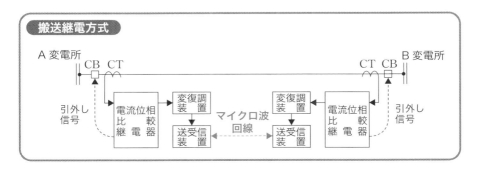

①転送遮断方式

保護区間内部の事故を検出した際に、**自端子を遮断**するとともに**搬送信号**により**他端子も遮断**する方式である。

②方向比較リレー方式

故障電流の**方向**を送電区間の各端子で判定し、故障電流が少なくとも１

端子で流入し、他の端子から流出することがないことを確認し、故障判定する方式である。

③電流差動リレー方式

送電区間の各端子の電流瞬時値を相互に伝送し合い、各端子の電流瞬時値を用いた差動演算結果から故障判定する方式である。

④位相比較リレー方式

故障電流の位相を送電区間の各端子で判定し、各端子間の位相差情報から故障判定する方式である。

(2) 再閉路方式

架空送電線の事故は、フラッシオーバによる事故が最も多く、この場合、故障電流を一旦遮断し、アークが消滅した後に再び遮断器を投入すれば送電を再開できる。このように、事故時に遮断器を遮断・再投入する方式を再閉路方式という。再閉路方式により、電力系統の安定度を向上させることが可能である。再閉路方式には、再閉路の時間により、事故遮断後1秒以内に送電を再開する高速度再閉路方式と1分程度の低速度再閉路方式がある。

また、再閉路の回路により、次の方式に分類される。

①単相再閉路

一線地絡故障時に故障相のみを選択遮断し再閉路する方式

②三相再閉路

故障相と無関係に三相とも遮断し再閉路する方式

③多相再閉路

平行二回線送電線の故障時に二相が健全な場合、故障相のみを選択遮断し再閉路する方式

(3) 送電線の事故点測定法
①架空送電線の事故点測定法
①サージ受信法

送電線路に事故が発生したときに事故点に発生するサージを、受電端と送電端で受信し、その伝送する時間差から事故点までの距離を求める方法である。

②パルスレーダ法

送電線にパルス電圧を加え、**事故点からの反射パルス**の受信時間から距離を求める方式である。単一パルス方式と反復パルス方式がある。

❷地中送電線の事故点測定法

①マーレーループ法

下図のように、**ホイートストンブリッジ回路**を利用して、事故点までの抵抗値を測定し、抵抗値より事故点までの距離を求める方法である。**断線事故には適用できない**のが欠点である。

2-3

送配電設備

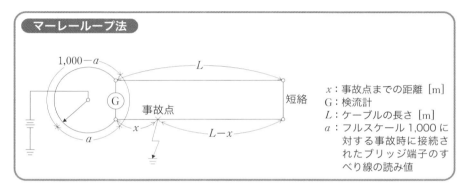

マーレーループ法

x：事故点までの距離 [m]
G：検流計
L：ケーブルの長さ [m]
a：フルスケール 1,000 に対する事故時に接続されたブリッジ端子のすべり線の読み値

次式により事故点までの距離を求めることができる。

$$x\,(1{,}000 - a) = a\,(2L - x) \quad \therefore x = \frac{2aL}{1{,}000} \ [\mathrm{m}]$$

②パルスレーダ法

地中電線路に用いるパルスレーダ法には、事故ケーブルにパルス電圧を加え事故点からの**反射パルスの伝搬時間**から距離を求める**送信式**と、事故ケーブルに高圧を印加して事故点で放電させ、**発生するパルスを検出**して事故点までの距離を求める**放電検出式**がある。

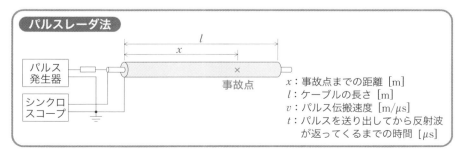

パルスレーダ法

x：事故点までの距離 [m]
l：ケーブルの長さ [m]
v：パルス伝搬速度 [m/μs]
t：パルスを送り出してから反射波が返ってくるまでの時間 [μs]

次式により事故点までの距離を求めることができる。

$$x = \frac{vt}{2}\,[\mathrm{m}]$$

③静電容量法

断線事故発生時の**事故相と健全相**の**静電容量の比**から、事故点までの距離を求める方法である。

(4) 地中ケーブルの絶縁劣化測定法

地中ケーブルの絶縁劣化測定法には、次のものがある。

①直流漏れ電流法

ケーブル導体とシースの間に**一定の直流電流**を加え、**漏れ電流の大きさ**や経時変化から、絶縁状態を調べる測定法である。

②部分放電法

直流または交流電圧を印加した時に発生する**部分放電電荷量**を測定し、絶縁状態を調べる測定法である。

③誘電正接法（tan δ法）

シェーリングブリッジを使用して、絶縁物の**誘電正接（tan δ）**を測定し、絶縁状態を調べる測定法である。ケーブルの絶縁物は、下図のように静電容量と抵抗の等価回路で表すことができる。静電容量成分の電流と抵抗成分の電流の比（$\tan \delta = \dfrac{I_\mathrm{r}}{I_\mathrm{c}}$）を誘電正接といい、ケーブルの絶縁性能を示す指標となる。

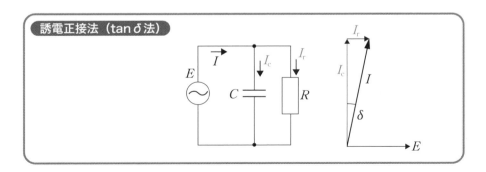

誘電正接法（tan δ法）

5　配電設備

（1）配電線路

　配電線路は、**変電所から需要家に至るまでの線路**である。一般用へは、**送電系統電圧**（66kV または 77kV）から配電用変電所にて**高圧配電系統電圧**（6.6kV）に降圧され、電力供給されている。配電線路は、高圧配電線、変圧器、低圧配電線、引込線などから構成されている。下表に配電線路の配電方式を示す。

■配電線路の配電方式■

分類	電圧	配電方式
特別高圧	22（または 33）kV 66kV	三相３線式
高圧	3.3kV 6.6kV	三相３線式
低圧	200V	単相２線式 三相３線式
	100V／200V	単相３線式 三相４線式
	100V	単相２線式

　特別高圧配電線は、**大規模需要家**への電力供給に用いられる。このうち、22kV 系統は大都市圏の大規模需要家への電力供給に用いられる。**高圧配電線**は、3.3kV または 6.6kV 三相３線式非接地方式で、**中規模需要家**への電力供給に用いられる。**低圧配電線**は、**一般家庭用電灯**、**小形電気機器**などには 100V 単相２線式または 100V/200V 単相３線式、**小規模工場**などの動力負荷のある需要家などには 200V 三相３線式が用いられる。

（2）特別高圧、高圧配電線路の受電方式

　次ページの図のように、特別高圧、高圧配電線路の受電方式には、**樹枝状方式**、**ループ方式**、**スポットネットワーク方式**がある。

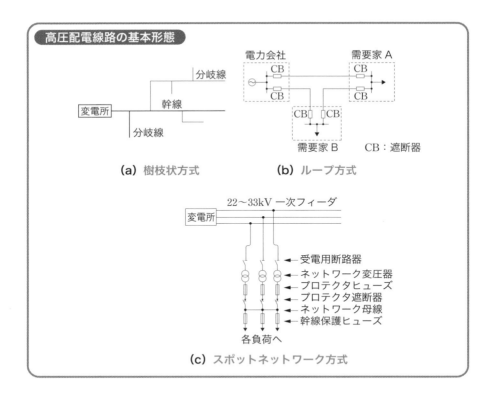

高圧配電線路の基本形態

電力会社　　　　　　　　　　　　需要家 A

CB

CB

CB

CB

分岐線

幹線

変電所

分岐線

CB　CB

需要家 B　　　CB：遮断器

(a) 樹枝状方式　　　　　　　**(b) ループ方式**

22〜33kV 一次フィーダ

変電所

受電用断路器

ネットワーク変圧器

プロテクタヒューズ

プロテクタ遮断器

ネットワーク母線

幹線保護ヒューズ

各負荷へ

(c) スポットネットワーク方式

(3) スポットネットワーク方式

　スポットネットワーク方式とは、複数の需要家で共用する 2 本以上の特別高圧フィーダーから **T 分岐**で引き込み、受電用断路器・ネットワーク変圧器・プロテクタヒューズ・プロテクタ遮断器を介して、**ネットワーク母線**で並行受電する方式である。

①スポットネットワーク方式の特徴

〈利点〉

・配電線の 1 回線または 2 回線事故においても無停電供給できるため、**信頼度が高い**。

・**電圧降下**、**電力損失**が少ない。

・電動機の始動電流による照明の**ちらつき（フリッカ）**の影響が少ない。

・**負荷増加**に融通性がある。

〈欠点〉

・保護装置が**複雑**で建設費が**高い**。

・回生電力を発生する負荷がある場合、**プロテクタ遮断器が**不必要動作することがある。

②ネットワークプロテクタの動作特性

　ネットワーク変圧器の二次側のプロテクタヒューズとプロテクタ遮断器を総称して、**ネットワークプロテクタ**という。ネットワークプロテクタには次の動作特性がある。

・**無電圧投入**：母線が無電圧で、変圧器二次側が充電された場合

　　　　　　　　⇒遮断器を**自動投入**

・**差電圧投入**：受電電圧が母線電圧より高く位相が適正である場合

　　　　　　　　⇒遮断器を**自動投入**

・**逆電力遮断**：母線から変圧器に電力が逆流した場合

　　　　　　　　⇒遮断器を**自動遮断**

（4）低圧配電線路

　低圧配電線路の形態には、下図のように、単独の変圧器から供給する**単独系統方式**、高圧配電線に接続された変圧器の低圧側を連系した**低圧バンキング方式**、系統の異なった高圧配電線に接続された変圧器の低圧側を連系した**低圧ネットワーク方式**がある。

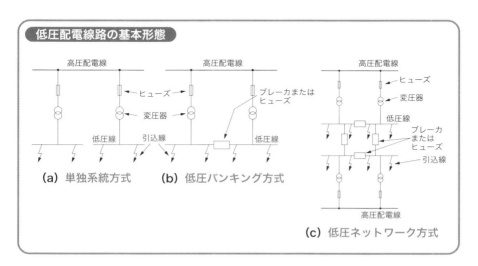

低圧配電線路の基本形態

(a) 単独系統方式　　(b) 低圧バンキング方式

(c) 低圧ネットワーク方式

(5) 架空配電線路
①架空配電用絶縁電線

架空配電に用いられる絶縁電線は、次のとおりである。

高圧用**絶縁電線**	架橋ポリエチレン電線（**OC**） ポリエチレン電線（**OE**）
低圧用**絶縁電線**	屋外用ビニル絶縁電線（**OW**）
低圧引込用**絶縁電線**	引込用ビニル絶縁電線（**DV**）

②電線のたるみ（弛度）の計算

下図のような、電線の両支持点間に高低差がない場合の電線のたるみ D[m] と電線の実長 L[m] は、次式で表される。

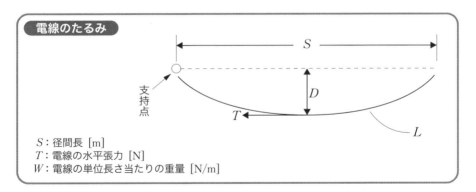

電線のたるみ

- S：径間長 [m]
- T：電線の水平張力 [N]
- W：電線の単位長さ当たりの重量 [N/m]

$$D = \frac{WS^2}{8T} \ [\text{m}]$$

$$L = S + \frac{8D^2}{3S} \ [\text{m}]$$

すなわち、**電線のたるみ**は**電線単位長さの重量**と**径間長**の**二乗に比例**し、**水平張力**に反比例する。

③引留柱の許容引張強度

次ページの図に示す引留柱の支線に必要な許容引張強度 T_S[N] は、次式で求められる。

146

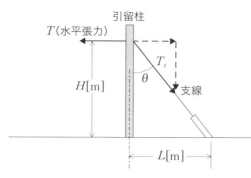

支線に必要な許容引張強度

T（水平張力）

引留柱

T_s

θ

H[m]

支線

L[m]

2-3

送配電設備

T：電線の水平張力［N］
H：支線の取付け高さ［m］
L：支線の根開き［m］
θ：電柱と支線の角度［度］
α：支線の安全率（2.5以上とする。
　　木柱、A種鉄柱、鉄筋コンクリー
　　ト柱は1.5以上とする）

$$T_S \geqq \alpha \frac{T}{\sin\theta} \ [\text{N}]$$

$$\sin\theta = \frac{L}{\sqrt{L^2 + H^2}}$$

（6）配電線の保護継電器

①保護継電器の種類

①過電流継電器（OCR）

過負荷及び短絡事故を保護するもので、**電流の大きさだけで動作**し、遮断器に遮断信号を送るものである。**過負荷事故**は**限時特性**で、**短絡事故**は**瞬時特性**で動作する。

②過電圧継電器（OVR）・不足電圧継電器（UVR）

過電圧継電器は、発電機の故障などによる過電圧から機器を保護するもので、**設定値を超える電圧**が回路に印加されたときに遮断器を動作させるものである。不足電圧継電器は、**停電時**等で電路の**電圧が設定値以下に低下**した場合に、警報や予備電源への起動指令などに用いられる。

③地絡方向継電器（DGR）

配電線や機器に地絡事故が発生した場合に、零相電圧と零相電流とで**地絡方向を選択**して、保護範囲内の地絡事故の場合のみ、保護範囲を受け持つ遮断器を開放する。**地絡過電圧継電器(OVGR)**と**地絡過電流継電器(OCGR)**とを組み合わせて用いられる。

②フリッカ低減策

大型の電動機やアーク炉、溶接機など機器の**負荷電流が急変**すると、電圧降下による電圧変動が発生する。この電圧変動により、同系統の配電線から受電している蛍光灯等が**ちらつく現象**を**フリッカ**という。フリッカを低減する対策は次のとおりである。

・電圧降下を抑制する補償装置の設置。
・電源側の**インピーダンス**を減じる。
・電線を太くする。
・低圧バンキング方式を採用する。

③高調波低減策

高調波とは、下図のように、電源の基本波の整数倍の周波数を持つ正弦波のことをいう。電源の基本波に高調波が含まれると**ひずみ波**となり、様々な障害を引き起こすことがある。

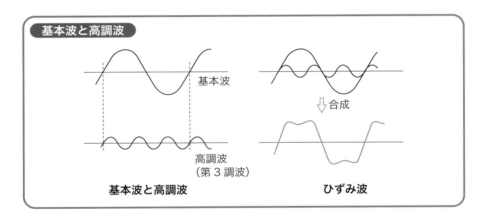

基本波と高調波

基本波

高調波
（第3調波）

⇩合成

基本波と高調波　　　　ひずみ波

高調波は、コンピュータ、UPS、インバータなど**半導体素子**が多く使用される機器から発生し、電気機器の**異常音**、過電流継電器、配線用遮断器の誤動作やリアクトル・コンデンサの**焼損**などの原因となる。高調波の低減策は、次のとおりである。

・高調波発生機器に**フィルタ**を設ける。
・**短絡容量を大きくする**。
・直列リアクトルの**高調波による耐熱性を強化**する。

（7）電圧降下

①電圧降下の式

$$v = V_s - V_r \, [\text{V}]$$

v ：電圧降下 [V]
V_s：送電端電圧 [V]
V_r：受電端電圧 [V]

②単相 2 線式の電圧降下

$$v_2 = 2I(R\cos\theta + X\sin\theta)\,[\text{V}]$$

v_2：単相 2 線式の電圧降下 [V]
I ：負荷電流 [A]
R ：1 相分の抵抗 [Ω]
X ：1 相分のリアクタンス [Ω]
θ ：力率角 [rad]

③三相 3 線式の電圧降下

$$v_3 = \sqrt{3}\,I(R\cos\theta + X\sin\theta)\,[\text{V}]$$

v_3：三相 3 線式の電圧降下 [V]
I ：負荷電流 [A]
R ：1 相分の抵抗 [Ω]
X ：1 相分のリアクタンス [Ω]
θ ：力率角 [rad]

④平等分布負荷の電圧降下

　次ページの図のような平等分布負荷の電圧降下は、線路の中心に集中負荷があるものと想定して計算する。

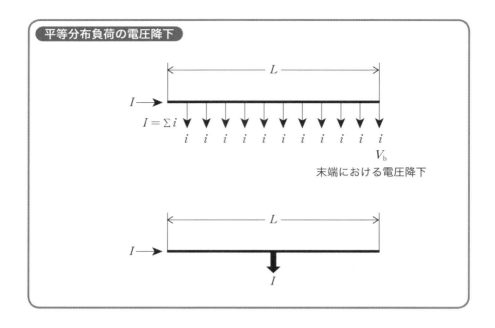

平等分布負荷の電圧降下

V_b

末端における電圧降下

(8) 電力損失
①単相2線式の電力損失

$$p_2 = 2I^2R \text{ [W]}$$

p_2：単相2線式の電力損失 [W]
I：負荷電流 [A]
R：1相分の抵抗 [Ω]

②三相3線式の電力損失

$$p_3 = 3I^2R \text{ [W]}$$

p_3：三相3線式の電力損失 [W]
I：負荷電流 [A]
R：1相分の抵抗 [Ω]

1問/1答

問

1. 架空送電線路の線路定数は、抵抗、インダクタンス、静電容量、漏れコンダクタンスの値により定まる。

2. 送電線の架空地線の塔脚接地抵抗が高いほど、雷に対する遮へい効果が小さくなる。

3. 氷雪の多い地方で低温季に最大風圧を生じない地方において、高温季の風圧荷重は、乙種風圧荷重が適用される。

4. ゆるやかな一様の風が電線に当たり、電線の背後にカルマンうずが生じて電線が振動する現象を、サブスパン振動という。

5. 電線表面に氷雪が付着し、これに水平方向に風があたり揚力が発生して振動する現象を、ギャロッピングという。

6. 送電線のコロナ放電防止対策には、多導体方式の採用、電線を太くするなどがある。

7. 送電線のねん架は、電磁誘導対策には有効だが、静電誘導対策には無効である。

8. 送電線路のフェランチ現象により、送電端電圧のほうが受電端電圧よりも低くなる。

9. ケーブルは、絶縁体の誘電正接が大きいほど、大きな電流を流すことができる。

10. 送電線の再閉路方式のうち多相再閉路は、平行二回線送電線の故障時に二相が健全な場合、健全相のみを選択遮断する方式である。

11. 地中ケーブルの絶縁劣化測定法には、直流漏れ電流法、部分放電法、誘電正接法などがある。

12. スポットネットワーク受電方式のネットワークプロテクタの動作特性には、無電圧投入、差電圧投入、逆電力遮断の動作特性がある。

答
1 ○ → p.124　2 ○ → p.127　3 ✕ → p.130　4 ✕ → p.130
5 ○ → p.131　6 ○ → p.132　7 ✕ → p.132　8 ○ → p.134
9 ✕ → p.136　10 ✕ → p.140　11 ○ → p.142　12 ○ → p.145

2-3

送配電設備

汽力発電所設備の節炭器とは、~~石炭を粉末にしてバーナから炉内に吹き込み浮遊燃焼~~させるものである。

汽力発電所設備の節炭器とは、**煙道の燃焼ガスで給水を加熱して燃焼効率を向上**させるものである。

架空送電線におけるスリートジャンプによる事故の防止対策として、単位重量の~~小さい~~電線を使用する。

架空送電線におけるスリートジャンプによる事故の防止対策として、単位重量の**大きい**電線を使用する。

原子力発電に用いる原子炉の構成で、~~減速材~~は、炉の内部の放射線が外部に漏れるのを防ぐ。

原子力発電に用いる原子炉の構成で、**遮へい材**は、炉の内部の放射線が外部に漏れるのを防ぐ。

架空送電線路の中性点接地方式のうち、~~消弧リアクトル~~接地方式は、1線地絡時に通信線への誘導障害の影響が大きい。

架空送電線路の中性点接地方式のうち、**直接**接地方式は、1線地絡時に通信線への誘導障害の影響が**大きい**。

変電所に用いられるガス絶縁開閉装置（GIS）は、内部事故の場合、~~事故部分を一括取替することにより、~~気中絶縁に比べて~~迅速な復旧が可能である~~。

変電所に用いられるガス絶縁開閉装置（GIS）は、内部事故の場合、**密閉化されているため**、気中絶縁に比べて**復旧に時間を要する**。

送電線の故障時の再閉路方式は、故障の除去時には、~~必ず故障相以外の相も含めた三相すべてをいったん開放する~~。

送電線の故障時の再閉路方式は、故障の除去時には、**故障相のみをいったん開放する方式もある**。

構内電気設備

3-1 幹線・屋内配線等 一次 二次

Point!　　　　　　　　　　　　　重要度 💡💡💡

構内の電気設備のうちの電力系統の屋内配線について、電気設備の技術基準の解釈の内容を中心に出題される。

1 電圧と配電方式

（1）電圧区分

交流・直流の電圧区分は下表のとおりである。

■電圧の区分■

電圧区分	交流	直流
低圧	600V 以下	750V 以下
高圧	600V 超過〜 7,000V 以下	750V 超過〜 7,000V 以下
特別高圧	7,000V 超過	7,000V 超過

（2）配電方式

①単相2線式

小規模ビルや一般住宅などの電気方式として多く用いられる。一般に下図のとおり、1線を接地して使用し、**対地電圧**、**供給電圧**ともに 100V である。

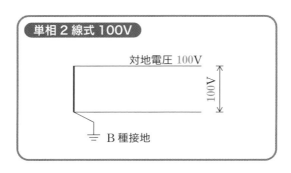

②単相３線式

　電灯負荷の幹線として広く用いられている。接地した中性線を含む、３本の電線で電力を供給する方式である。単相２線式に比べ、各線の電流が**少なく**、幹線サイズも**細く**て済み、**経済的**である。また、100V と 200V の異電圧を取り出すことができる。単相３線式は、中性線と各電圧側電線間の負荷を、平衡させて用いるのが原則である。**対地電圧**は 100V、**供給電圧**は 100V 及び 200V である。

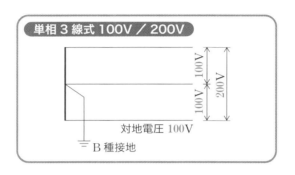

③三相３線式

　動力負荷の幹線として広く用いられている。三相は、電動機効率、幹線の経済性などの点で単相より優れている。**対地電圧**、**供給電圧**ともに 200V である。

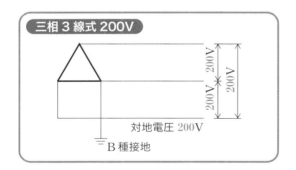

④三相４線式

　大規模ビルや工場などの幹線に広く用いられている。線間電圧が 415V で、中性線と各線の電圧（相電圧）が 240V であり、**動力用**として**三相 415V**、**電灯用**として**単相 240V** と、相数、電圧の異なる電気方式を、それぞれ同

時に供給できるのが特徴である。また、**対地電圧**は 240V である。

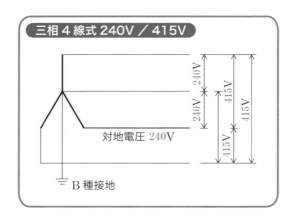

（3）住宅の屋内電路の対地電圧（電技解釈 143 条 1 項）

住宅の屋内電路（電気機械器具内の電路を除く）の**対地電圧**は 150V 以下であること。ただし、次の各号のいずれかに該当する場合は、この限りでない。

一 定格消費電力が 2kW 以上の電気機械器具及びこれに電気を供給する屋内配線を次により施設する場合

イ 屋内配線は、当該電気機械器具のみに電気を供給するものであること。

ロ 電気機械器具の使用電圧及びこれに電気を供給する屋内配線の**対地電圧**は 300V 以下であること。

ハ **屋内配線**には、簡易接触防護措置を施すこと。

二 **電気機械器具**には、簡易接触防護措置を施すこと。ただし、次のいずれかに該当する場合は、この限りでない。

（イ）電気機械器具のうち簡易接触防護措置を施さない部分が、**絶縁性のある材料で堅ろうに作られたものである場合**

（ロ）電気機械器具を、乾燥した木製の床その他これに類する**絶縁性のものの上でのみ取り扱うように施設する場合**

ホ 電気機械器具は、屋内配線と**直接接続**して施設すること。

ヘ 電気機械器具に電気を供給する電路には、専用の**開閉器**及び**過電流遮断器**を施設すること。ただし、過電流遮断器が開閉機能を有するものである場合は、**過電流遮断器**のみとすることができる。

ト　電気機械器具に電気を供給する電路には、**電路に地絡が生じたときに自動的に電路を遮断する装置を施設すること**。ただし、次に適合する場合は、この限りでない。

（イ）電気機械器具に電気を供給する電路の電源側に、定格容量 3kVA 以下の絶縁変圧器（1 次電圧は低圧であり、かつ、2 次電圧は 300V 以下）を施設すること。

（ロ）（イ）の変圧器には、簡易接触防護措置を施すこと。

（ハ）（イ）の変圧器の負荷側の電路は、非接地であること。

二　当該住宅以外の場所に電気を供給するための屋内配線を次により施設する場合

イ　屋内配線の**対地電圧**は 300V 以下であること。

ロ　**人が触れるおそれがない隠ぺい場所**に合成樹脂管工事、金属管工事または**ケーブル工事**により施設すること。

三　太陽電池モジュールに接続する負荷側の屋内配線（複数の太陽電池モジュールを施設する場合にあっては、その集合体に接続する負荷側の配線）を次により施設する場合

イ　屋内配線の**対地電圧**は、**直流 450V 以下**であること。

ロ　電路に**地絡が生じたときに**自動的に電路を遮断する装置を施設すること。ただし、次に適合する場合は、この限りでない。

（イ）直流電路が、非接地であること。

（ロ）直流電路に接続する逆変換装置の交流側に絶縁変圧器を施設すること。

（ハ）太陽電池モジュールの合計出力が、20kW 未満であること。ただし、屋内電路の対地電圧が 300V を超える場合にあっては、太陽電池モジュールの合計出力は 10kW 以下とし、かつ、直流電路に機械器具を施設しないこと。

ハ　屋内配線は、次のいずれかによること。

（イ）**人が触れるおそれのない隠ぺい場所**に、合成樹脂管工事、金属管工事または**ケーブル工事**により施設すること。

（ロ）**ケーブル工事**により施設し、電線に接触防護措置を施すこと。

3-1
幹線・屋内配線等

2 電路の保護

(1) 過電流からの低圧幹線等の保護措置（電技省令 63 条 1 項）

　低圧の幹線、低圧の幹線から分岐して電気機械器具に至る低圧の電路及び引込口から低圧の幹線を経ないで電気機械器具に至る低圧の電路には、適切な箇所に開閉器を施設するとともに、過電流が生じた場合に当該幹線などを保護できるよう、過電流遮断器を施設しなければならない。ただし、当該幹線等における短絡事故により**過電流が生じるおそれがない場合**はこの限りでない。

(2) 地絡に対する保護措置（電技省令 64 条）

　ロードヒーティングなどの電熱装置、プール用水中照明灯、その他の一般公衆の立ち入るおそれがある場所または絶縁体に損傷を与えるおそれがある場所に施設するものに電気を供給する電路には、地絡が生じた場合に、感電または火災のおそれがないよう、地絡遮断器の施設その他の適切な措置を講じなければならない。

(3) 地絡遮断装置を省略できる場合（電技解釈 36 条）

①機械器具を発電所または変電所、開閉所に施設する場合

②機械器具を乾燥した場所に施設する場合

③**対地電圧**が 150V 以下の機械器具を水気のある場所以外の場所に施設する場合

④機械器具に施された C 種接地工事または D 種接地工事の**接地抵抗値**が 3 Ω以下の場合

⑤二重絶縁構造の機械器具を施設する場合

(4) 電動機の過負荷保護（電技省令 65 条）

　屋内に施設する電動機（出力 0.2kW 以下のものを除く。）には、過電流による当該電動機の焼損により火災が発生するおそれがないよう、過電流遮断器の施設その他の適切な措置を講じなければならない。ただし、電動機の構造上または負荷の性質上、**電動機を焼損するおそれがある過電流が生じる**

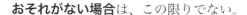
おそれがない場合は、この限りでない。

（5）低圧電路に施設する過電流遮断器の性能等
①低圧電路に施設するヒューズの性能（電技解釈33条2項）

　過電流遮断器として低圧電路に施設する**ヒューズ**（電気用品安全法の適用を受けるものを除く。）は、**水平に取り付けた場合**（板状ヒューズにあっては、板面を水平に取り付けた場合）において、次の各号に適合するものであること。

　　①定格電流の 1.1 倍の電流に耐えること。

　　②定格電流の区分に応じ、定格電流の 1.6 倍及び 2 倍の電流を通じた場合において、それぞれの規定の時間内に溶断すること。

②低圧電路に施設する配線用遮断器の性能（電技解釈33条3項）

　過電流遮断器として低圧電路に施設する**配線用遮断器**（電気用品安全法の適用を受けるものを除く。）は、次の各号に適合するものであること。

　　①定格電流の 1 倍の電流で**自動的に動作しない**こと。

　　②定格電流の区分に応じ、定格電流の 1.25 倍及び 2 倍の電流を通じた場合において、それぞれの規定の時間内に**自動的に動作する**こと。

3　低圧幹線

（1）低圧幹線の施設（電技解釈148条）
①電線の許容電流

　電線の許容電流は、低圧幹線の各部分ごとに、その部分を通じて供給される**電気使用機械器具の定格電流の合計値以上**であること。

　また、次ページの図に示すような低圧幹線に接続する負荷のうち、電動機またはこれに類する**起動電流が大きい電気機械器具**（以下この条において「**電動機等**」という。）の定格電流の合計が、**他の電気使用機械器具**の定格電流の合計より**大きい場合**は、他の電気使用機械器具の定格電流の合計に次の値を加えた値以上であること。

　　イ　電動機等の定格電流の合計が 50A 以下の場合は、その定格電流の合計の 1.25 倍

ロ 電動機等の定格電流の合計が**50A を超える**場合は、その定格電流の
合計の **1.1 倍**

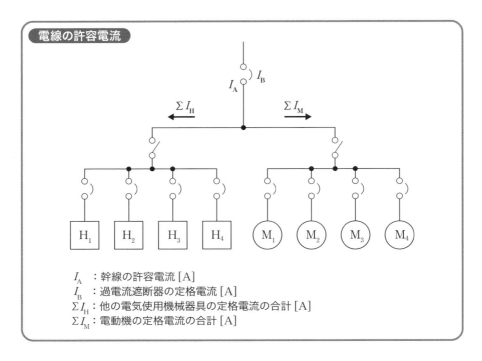

電線の許容電流

I_{A} ：幹線の許容電流 [A]
I_{B} ：過電流遮断器の定格電流 [A]
ΣI_{H} ：他の電気使用機械器具の定格電流の合計 [A]
ΣI_{M} ：電動機の定格電流の合計 [A]

$\Sigma I_{\mathrm{H}} \geqq \Sigma I_{\mathrm{M}}$ の場合 $\qquad I_{\mathrm{A}} \geqq \Sigma I_{\mathrm{H}} + \Sigma I_{\mathrm{M}}$

$\Sigma I_{\mathrm{H}} < \Sigma I_{\mathrm{M}}$ 、かつ、$\Sigma I_{\mathrm{M}} \leqq 50\mathrm{A}$ の場合 $\quad I_{\mathrm{A}} \geqq \Sigma I_{\mathrm{H}} + 1.25 \Sigma I_{\mathrm{M}}$

$\Sigma I_{\mathrm{H}} < \Sigma I_{\mathrm{M}}$ 、かつ、$\Sigma I_{\mathrm{M}} > 50\mathrm{A}$ の場合 $\quad I_{\mathrm{A}} \geqq \Sigma I_{\mathrm{H}} + 1.1 \Sigma I_{\mathrm{M}}$

②過電流遮断器の定格電流

　低圧幹線を保護する**過電流遮断器**は、**その定格電流**が、当該**低圧幹線の許容電流以下**のものであること。ただし、低圧幹線に電動機等が接続される場合の定格電流は、次のいずれかによることができる。

　イ **電動機等**の定格電流の合計の **3 倍**に、他の電気使用機械器具の定格電流の合計を**加えた値以下**であること。

　ロ **イ**の規定による値が当該**低圧幹線の許容電流**を **2.5 倍**した値を**超える**場合は、その許容電流を **2.5 倍**した値**以下**であること。

　ハ 当該**低圧幹線の許容電流**が **100A を超える**場合であって、**イ**または

160

ロの規定による値が過電流遮断器の**標準定格に該当しない**ときは、**イ**または**ロ**の規定による値の直近上位の標準定格であること。

原則 $I_B \leq I_A$

電動機を含む場合 $I_B \leq \Sigma I_H + 3\ \Sigma I_M$、かつ、$I_B \leq 2.5 I_A$

③過電流遮断器の施設

低圧幹線の電源側電路には、当該低圧幹線を保護する**過電流遮断器**を施設すること。ただし、次のいずれかに該当する場合は、この限りでない。

イ **低圧幹線の許容電流**が、当該低圧幹線の電源側に接続する他の低圧幹線を保護する**過電流遮断器の定格電流**の 55% 以上である場合

ロ 過電流遮断器に直接接続する低圧幹線または**イ**に掲げる低圧幹線に接続する**長さ 8m 以下**の低圧幹線であって、当該**低圧幹線の許容電流**が、当該低圧幹線の電源側に接続する他の低圧幹線を保護する**過電流遮断器の定格電流**の 35% 以上である場合

ハ 過電流遮断器に直接接続する低圧幹線または**イ**もしくは**ロ**に掲げる低圧幹線に接続する**長さ 3m 以下**の低圧幹線であって、当該低圧幹線の負荷側に他の低圧幹線を**接続しない**場合

ニ 低圧幹線に電気を供給する電源が**太陽電池のみ**であって、当該**低圧幹線の許容電流**が、当該低圧幹線を通過する**最大短絡電流以上**である場合

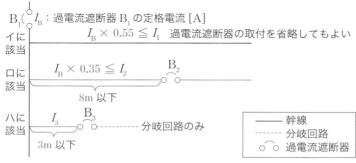

(2) 低圧分岐回路等の施設（電技解釈149条）
①低圧分岐回路の過電流遮断器及び開閉器の施設

　規定により施設する**過電流遮断器**は、**各極（多線式電路の中性極を除く。）**に施設すること。ただし、次に該当する電線の極については、この限りでない。

イ　**対地電圧**が**150V以下**の低圧電路の接地側電線以外の電線に施設した過電流遮断器が動作した場合において、**各極が同時に遮断される**ときは、当該電路の**接地側電線**

②低圧分岐回路の施設

①**低圧分岐回路**は、次の各号により施設すること。

イ　規定により施設する過電流遮断器の**定格電流**は、**50A以下**であること。

ロ　電線は、太さが下表の中欄に規定する値の**軟銅線**もしくはこれと同等以上の許容電流のあるものまたは太さが同表の右欄に規定する値以上の**MIケーブル**であること。

分岐回路を保護する過電流遮断器の種類	軟銅線の太さ	MIケーブルの太さ
定格電流が15A以下のもの	**直径**1.6mm	断面積1mm^2
定格電流が15Aを超え20A以下の配線用遮断器		
定格電流が15Aを超え20A以下のもの（配線用遮断器を除く）	**直径**2.0mm	断面積1.5mm^2
定格電流が20Aを超え30A以下のもの	**直径**2.6mm	断面積2.5mm^2
定格電流が30Aを超え40A以下のもの	**断面積**8mm^2	断面積6mm^2
定格電流が40Aを超え50A以下のもの	**断面積**14mm^2	断面積10mm^2

②低圧分岐回路に接続する**コンセント**または**ねじ込み接続器**もしくは**ソケット**は、次ページの表に規定するものであること。

分岐回路を保護する 過電流遮断器の種類	コンセント	ねじ込み接続器 またはソケット
定格電流が 15A 以下のもの	定格電流が 15A 以下のもの	ねじ込み型のソケットであって、公称直径が 39mm 以下のもの、もしくはねじ込み型以外のソケット、または公称直径が 39mm 以下のねじ込み接続器
定格電流が 15A を超え 20A 以下の配線用遮断器	定格電流が 20A 以下のもの	
定格電流が 15A を超え 20A 以下のもの（配線用遮断器を除く）	定格電流が 20A のもの（定格電流が 20A 未満の差込みプラグが接続できるものを除く）	ハロゲン電球用のソケット、もしくはハロゲン電球用以外の白熱電灯用もしくは放電灯用のソケットであって、公称直径が 39mm のものまたは公称直径が 39mm のねじ込み接続器
定格電流が 20A を超え 30A 以下のもの	定格電流が 20A 以上 30A 以下のもの（定格電流が 20A 未満の差込みプラグが接続できるものを除く）	
定格電流が 30A を超え 40A 以下のもの	定格電流が 30A 以上 40A 以下のもの	
定格電流が 40A を超え 50A 以下のもの	定格電流が 40A 以上 50A 以下のもの	

③電動機またはこれに類する**起動電流が大きい電気機械器具**のみに至る低圧分岐回路は、次によること。

イ　規定により施設する過電流遮断器の定格電流は、その過電流遮断器に直接接続する負荷側の電線の許容電流を **2.5 倍**した値（当該電線の許容電流が**100A を超える**場合であって、その値が過電流遮断器の標準定格に該当しないときは、その値の**直近上位の標準定格**）以下であること。

ロ　電線の許容電流は、間欠使用その他の特殊な使用方法による場合を除き、その部分を通じて供給される電動機等の定格電流の合計を **1.25**

倍（当該電動機等の定格電流の合計が 50A を超える場合は、1.1 倍）
した値以上であること。

④定格電流が 50A を超える **1 の電気使用機械器具**に至る低圧分岐回路は、
次によること。

イ 低圧分岐回路には、**当該電気使用機械器具以外の負荷を接続しない**こ
と。

ロ 規定により施設する**過電流遮断器の定格電流**は、当該電気使用機械器
具の**定格電流を** 1.3 倍した値以下であること。

ハ **電線の許容電流**は、当該電気使用機械器具及び規定により施設する**過
電流遮断器の**定格電流以上であること。

③住宅の屋内の施設

住宅の屋内には、次のいずれかに該当する場合を除き、中性線を有する低
圧分岐回路を施設しないこと。

①1 の電気機械器具に至る**専用の低圧配線**として施設する場合
②低圧配線の**中性線が欠損**した場合において、当該低圧配線の中性線に接
続される電気機械器具に**異常電圧が加わらないように施設**する場合
③低圧配線の**中性線が欠損**した場合において、当該電路を**自動的に、かつ、
確実に遮断**する装置を施設する場合

(3) 低圧電路に施設する過電流遮断器の性能等（電技解釈 33 条 1 項）

低圧電路に施設する**過電流遮断器**は、これを施設する箇所を通過する**短絡
電流を遮断する能力**を有するものであること。ただし、当該箇所を通過す
る**最大短絡電流が** 10,000A を超える場合において、過電流遮断器として
10,000A 以上の短絡電流を遮断する能力を有する配線用遮断器を施設し、**当
該箇所より**電源側の電路に当該配線用遮断器の短絡電流を遮断する能力を超
え、当該最大短絡電流以下の短絡電流を当該配線用遮断器より**早く、または
同時に遮断**する能力を有する過電流遮断器を施設するときは、**この限りでな
い。**

4　低圧屋内配線

（1）低圧屋内配線の施設場所による工事の種類（電技解釈 156 条）

　低圧屋内配線は、次の各号に掲げるものを除き、下表に規定する工事のいずれかにより施設すること。

　①ショウウィンドー、ショウケース内

　②粉じんの多い場所、可燃性ガス等が存在する場所、危険物等が存在する
　　場所、火薬庫の電気設備に施設するもの

施設場所の区分		使用電圧の区分	工事の種類											
			がいし引き工事	合成樹脂管工事	金属管工事	金属可とう電線管工事	金属線ぴ工事	金属ダクト工事	バスダクト工事	ケーブル工事	フロアダクト工事	セルラダクト工事	ライティングダクト工事	平形保護層工事
展開した場所	乾燥した場所	300V 以下	○	○	○	○	○	○	○	○			○	
		300V 超過	○	○	○	○		○	○	○				
	湿気の多い場所または水気のある場所	300V 以下	○	○	○	○			○	○				
		300V 超過	○	○	○	○				○				
点検できる隠ぺい場所	乾燥した場所	300V 以下	○	○	○	○	○	○	○	○		○	○	○
		300V 超過	○	○	○	○		○	○	○				
	湿気の多い場所または水気のある場所	―		○	○	○				○				
点検できない隠ぺい場所	乾燥した場所	300V 以下		○	○	○				○	○	○		
		300V 超過		○	○	○				○				
	湿気の多い場所または水気のある場所	―		○	○	○				○				

（備考）○は、使用できることを示す。

(2) 合成樹脂管工事（電技解釈 158 条・内線規程 3115 節）

合成樹脂管工事による低圧屋内配線の電線等は、次によること。

①絶縁電線（屋外用ビニル絶縁電線を除く。）であること。

②管内では、電線に接続点を設けないこと。

③管の支持点間の距離は 1.5m 以下とし、かつ、その支持点は、管端、管とボックスとの接続点及び管相互の接続点のそれぞれの近くの箇所に設けること。

④管の曲げ半径は、管内径の 6 倍とし、曲げ角度は 90 度を超えてはならない。また、1 区間の屈曲箇所は 4 ヵ所以内とし、曲げ角度の合計は 270 度を超えてはならない。

⑤ CD 管は、次のいずれかにより施設すること。

　イ　直接コンクリートに埋め込んで施設すること。

　ロ　専用の不燃性または自消性のある難燃性の管またはダクトに収めて施設すること。

⑥合成樹脂製可とう管相互、CD 管相互及び合成樹脂製可とう管と CD 管とは、直接接続しないこと。

⑦ PF 管が防火区画を貫通する場合は、両側 1m 以上に金属管を使用するか、不燃材の管で保護すること。

(3) 金属管工事（電技解釈 159 条・内線規程 3110 節）

金属管工事による低圧屋内配線の電線等は、次によること。

①絶縁電線（屋外用ビニル絶縁電線を除く。）であること。

②管内では、電線に接続点を設けないこと。

③端口及び内面は、電線の被覆を損傷しないような滑らかなものであること。

④管相互及び管とボックスその他の附属品とは、ねじ接続その他これと同等以上の効力のある方法により、堅ろうに、かつ、電気的に完全に接続すること。

⑤管の曲げ半径は、管内径の 6 倍とし、曲げ角度は 90 度を超えてはならない。また、1 区間の屈曲箇所は 4 ヵ所以内とし、曲げ角度の合計は 270 度を超えてはならない。

⑥低圧屋内配線の使用電圧が 300V 以下の場合は、管には、D 種接地工事

を施すこと。ただし、次のいずれかに該当する場合は、この限りでない。

イ　管の長さ（2本以上の管を接続して使用する場合は、その全長。以下この条において同じ。）が**4m以下**のものを乾燥した場所に施設する場合

ロ　屋内配線の使用電圧が**直流300V**または**交流対地電圧150V以下**の場合において、その電線を収める管の長さが**8m以下**のものに**簡易接触防護措置**（金属製のものであって、防護措置を施す管と電気的に接続するおそれがあるもので防護する方法を除く。）を施すときまたは乾燥した場所に施設するとき

⑦低圧屋内配線の使用電圧が300Vを超える場合は、管には、**C種接地工事**を施すこと。ただし、**接触防護措置**（金属製のものであって、防護措置を施す管と電気的に接続するおそれがあるもので防護する方法を除く。）を施す場合は、**D種接地工事**によることができる。

(4) 金属可とう電線管工事（電技解釈160条）

金属可とう電線管工事による低圧屋内配線の電線等は、次によること。

①**絶縁電線**（屋外用ビニル絶縁電線を除く。）であること。

②電線管内では、電線に**接続点を設けない**こと。

③管相互及び管とボックスその他の附属品とは、**堅ろうに、かつ、電気的に完全に接続**すること。

④管の端口は、電線の被覆を損傷しないような構造であること。

⑤低圧屋内配線の使用電圧が**300V以下の場合**は、電線管には、D種接地工事を施すこと。ただし、管の長さが**4m以下**のものを施設する場合は、この限りでない。

⑥低圧屋内配線の使用電圧が**300Vを超える場合**は、電線管には、**C種接地工事**を施すこと。ただし、**接触防護措置**（金属製のものであって、防護措置を施す管と電気的に接続するおそれがあるもので防護する方法を除く。）を施す場合は、**D種接地工事**によることができる。

(5) 金属線ぴ工事（電技解釈161条）

金属線ぴ工事による低圧屋内配線の電線等は、次によること。

①**絶縁電線**（屋外用ビニル絶縁電線を除く。）であること。

②線ぴ内では、電線に接続点を設けないこと。ただし、次に適合する場合は、この限りでない。

イ 電線を分岐する場合であること。

ロ 線ぴは、電気用品安全法の適用を受ける2種金属製線ぴであること。

ハ 接続点を容易に点検できるように施設すること。

ニ 線ぴにはただし書の規定にかかわらず、D種接地工事を施すこと。

ホ 線ぴ内の電線を外部に引き出す部分は、線ぴの貫通部分で電線が損傷するおそれがないように施設すること。

③線ぴには、D種接地工事を施すこと。ただし、次のいずれかに該当する場合は、この限りでない。

イ 線ぴの長さ（2本以上の線ぴを接続して使用する場合は、その全長をいう。以下この条において同じ。）が4m以下のものを施設する場合

ロ 屋内配線の使用電圧が**直流**300Vまたは**交流対地電圧が**150V以下の場合において、その電線を収める線ぴの長さが8m以下のものに簡易接触防護措置（金属製のものであって、防護措置を施す線ぴと電気的に接続するおそれがあるもので防護する方法を除く。）を施すときまたは乾燥した場所に施設するとき

(6) 金属ダクト工事（電技解釈162条他）

金属ダクト工事による低圧屋内配線の電線等は、次によること。

①絶縁電線（屋外用ビニル絶縁電線を除く。）であること。

②ダクトに収める電線の断面積（絶縁被覆の断面積を含む。）の総和は、ダクトの内部断面積の20%以下であること。ただし、電光サイン装置、出退表示灯その他これらに類する装置または制御回路等の配線のみを収める場合は、50%以下とすることができる。

③ダクト内では、電線に接続点を設けないこと。ただし、電線を分岐する場合において、その接続点が容易に点検できるときは、この限りでない。

④ダクト相互は、堅ろうに、かつ、電気的に完全に接続すること。

⑤ダクトを造営材に取り付ける場合は、ダクトの支持点間の距離を3m（取扱者以外の者が出入りできないように措置した場所において、垂直に取り付ける場合は、6m）以下とし、堅ろうに取り付けること。

⑥ダクトの**ふた**は、容易に外れないように施設すること。

⑦ダクトの**終端部**は、閉そくすること。

⑧ダクトの内部に**じんあい**が侵入し難いようにすること。

⑨ダクトは、**水のたまるような低い部分**を設けないように施設すること。

⑩低圧屋内配線の使用電圧が300V以下の場合は、ダクトには、**D種接地工事**を施すこと。

⑪低圧屋内配線の使用電圧が300Vを超える場合は、ダクトには、**C種接地工事**を施すこと。ただし、**接触防護措置**（金属製のものであって、防護措置を施すダクトと電気的に接続するおそれがあるもので防護する方法を除く。）を施す場合は、**D種接地工事**によることができる。

⑫金属ダクトの**防火区画貫通部**の施工方法は、**国土交通大臣の認定**を受けた工法とすること。

(7) バスダクト工事（電技解釈163条他）

バスダクト工事による低圧屋内配線は、次によること。

①ダクト相互及び電線相互は、**堅ろうに、かつ、電気的に完全に接続する**こと。

②ダクトを造営材に取り付ける場合は、ダクトの支持点間の距離を **3m**（取扱者以外の者が出入りできないように措置した場所において、**垂直**に取り付ける場合は、**6m**）以下とし、堅ろうに取り付けること。

③ダクト（換気型のものを除く。）の**終端部**は、閉そくすること。

④ダクト（換気型のものを除く。）の内部に**じんあい**が侵入し難いようにすること。

⑤湿気の多い場所または水気のある場所に施設する場合は、屋外用バスダクトを使用し、バスダクト内部に**水が浸入してたまらないように**すること。

⑥低圧屋内配線の使用電圧が300V以下の場合は、ダクトには、**D種接地工事**を施すこと。

⑦低圧屋内配線の使用電圧が300Vを超える場合は、ダクトには、**C種接地工事**を施すこと。ただし、**接触防護措置**（金属製のものであって、防護措置を施すダクトと電気的に接続するおそれがあるもので防護する方法を除く。）を施す場合は、**D種接地工事**によることができる。

⑧バスダクトの**防火区画貫通部**の施工方法は、**国土交通大臣の認定**を受けた工法とすること。

(8) ケーブル工事（電技解釈164条・内線規程3165節）

ケーブル工事による低圧屋内配線は、次によること。

①電線は、下表に規定するものであること。

■ケーブル工事■

電線の種類		区分	
		使用電圧が300V以下のものを展開した場所または点検できる隠ぺい場所に施設する場合	その他の場合
ケーブル		○	○
2種	キャブタイヤケーブル	○	
3種		○	○
4種		○	○
2種	クロロプレンキャブタイヤケーブル	○	
3種		○	○
4種		○	○
2種	クロロスルホン化ポリエチレンキャブタイヤケーブル	○	
3種		○	○
4種		○	○
2種	耐燃性エチレンゴムキャブタイヤケーブル	○	
3種		○	○
ビニルキャブタイヤケーブル		○	
耐燃性ポリオレフィンキャブタイヤケーブル		○	

（備考）○は、使用できることを示す。

②電線を造営材の下面または側面に沿って取り付ける場合は、電線の支持点間の距離をケーブルにあっては**2m**（接触防護措置を施した場所において**垂直**に取り付ける場合は、6m）以下、**キャブタイヤケーブル**にあっては**1m**以下とし、かつ、その被覆を損傷しないように取り付けること。

③支持点間の距離が**2m**を超える場合には、**15m**以下の径間のメッセンジャーワイヤで、**ちょう架**すること。

④露出場所で造営材に沿って施設する場合、ケーブル相互、ケーブルとボックスの接続箇所の支持点間の距離は、**接続箇所から 0.3m** 以下とすること。

⑤低圧屋内配線の使用電圧が 300V 以下の場合は、管その他の電線を収める防護装置の金属製部分、金属製の電線接続箱及び電線の被覆に使用する金属体には、**D 種接地工事**を施すこと。ただし、次のいずれかに該当する場合は、管その他の電線を収める防護装置の金属製部分については、この限りでない。

　　イ　防護装置の金属製部分の長さが **4m 以下**のものを乾燥した場所に施設する場合

　　ロ　屋内配線の使用電圧が**直流 300V** または**交流対地電圧 150V 以下**の場合において、防護装置の金属製部分の長さが **8m 以下**のものに**簡易接触防護措置**（金属製のものであって、防護措置を施す設備と電気的に接続するおそれがあるもので防護する方法を除く。）を施すときまたは乾燥した場所に施設するとき

⑥ケーブルが**防火区画を貫通**する箇所の施工方法は、**国土交通大臣の認定**を受けた工法とすること。

(9) ケーブルラック配線（公共建築工事標準仕様書（電気設備工事編））

ケーブルラックへの配線工事は、次によること。

①ケーブルラックの支持間隔は次のとおりとすること。

　　イ　水平支持間隔は、**鋼製ラック 2m 以下**、その他のラックは **1.5m 以下**とする。

　　ロ　**垂直支持間隔**は、**3m 以下**とする。配線室などは **6m** 以下の範囲で各階支持とできる。

②ケーブルは、整然と並べ、原則として**水平部では** 3m 以下、**垂直部では** 1.5m 以下の間隔ごとに固定する。

③ケーブルを垂直に敷設する場合は、特定の子げたに**荷重が集中しない**ようにする。

④原則として、**高圧及び低圧ケーブルを**同一ラックに敷設してはならない。

⑤電力ケーブルの敷設は、高圧及び低圧**幹線**ケーブルについては**一段**、低圧動力、計装、制御ケーブルは**二段積み以下**とすること。

(10) ライティングダクト工事（電技解釈165条3項）

ライティングダクト工事による低圧屋内配線は、次によること。

①ダクト及び附属品は、**電気用品安全法の適用を受けるもの**であること。

②ダクト相互及び電線相互は、**堅ろうに、かつ、電気的に完全に接続する**こと。

③ダクトは、**造営材に堅ろうに取り付ける**こと。

④ダクトの支持点間の距離は、**2m以下**とすること。

⑤ダクトの**終端部**は、閉そくすること。

⑥ダクトの開口部は、**下に向けて施設する**こと。ただし、次のいずれかに該当する場合は、横に向けて施設することができる。

  イ 簡易接触防護措置を施し、かつ、ダクトの内部にじんあいが侵入し難いように施設する場合

  ロ 日本産業規格に適合するライティングダクトを使用する場合

⑦ダクトは、**造営材を貫通しない**こと。

⑧ダクトには、**D種接地工事**を施すこと。ただし、次のいずれかに該当する場合は、この限りでない。

  イ 合成樹脂その他の**絶縁物で金属製部分を被覆**したダクトを使用する場合

  ロ **対地電圧が150V以下**で、かつ、ダクトの長さ（2本以上のダクトを接続して使用する場合は、その全長をいう。）が**4m以下**の場合

⑨ダクトの導体に電気を供給する電路には、当該電路に**地絡を生じたときに自動的に電路を遮断する装置を施設**すること。ただし、ダクトに**簡易接触防護措置**（金属製のものであって、ダクトの金属製部分と電気的に接続するおそれがあるもので防護する方法を除く。）を施す場合は、この限りでない。

(11) 平形保護層工事（電技解釈165条4項）

平形保護層工事による低圧屋内配線は、次によること。

①住宅以外の場所においては、次によること。

  イ **次に掲げる以外の場所に施設する**こと。

    （イ）旅館、ホテルまたは宿泊所等の**宿泊室**

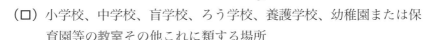

（ロ）小学校、中学校、盲学校、ろう学校、養護学校、幼稚園または保育園等の**教室**その他これに類する場所

（ハ）病院または診療所等の**病室**

（ニ）フロアヒーティング等**発熱線を施設した床面**

ロ　造営物の床面または壁面に施設し、**造営材を貫通しない**こと。

ハ　電線は、**電気用品安全法の適用**を受ける平形導体合成樹脂絶縁電線であって、**20A 用**または **30A 用**のもので、かつ、**アース線を有する**ものであること。

ニ　平形保護層内の電線を外部に引き出す部分は、ジョイントボックスを使用すること。

ホ　平形導体合成樹脂絶縁電線相互を接続する場合は、次によること。

（イ）電線の**引張強さを** 20% 以上減少させないこと。

（ロ）接続部分には、**接続器**を使用すること。

ヘ　平形保護層内には、電線の被覆を損傷するおそれがあるものを収めないこと。

ト　電線に電気を供給する電路は、次に適合するものであること。

（イ）電路の**対地電圧は、**150V 以下であること。

（ロ）定格電流が **30A 以下**の**過電流遮断器で保護される分岐回路**であること。

（ハ）電路に**地絡を生じたときに**自動的に電路を遮断する装置を施設すること。

②住宅においては、JESC E6004（コンクリート直天井面における平形保護層工事）または JESC E6005（石膏ボード等の天井面・壁面における平形保護層工事）のいずれかに規定されている要件により、施設すること。

(12) フロアヒーティング等の電熱装置の施設（発熱線を道路または造営材に固定して施設する場合）（電技解釈 195 条 1 項）

①発熱線に電気を供給する電路の**対地電圧は、**300V 以下であること。

②発熱線は、MI ケーブルまたは JIS C 3651（2014）「ヒーティング施設の施工方法」の「附属書 A（規定）　発熱線等」に**適合する**ものであること。

③発熱線に直接接続する電線は、**MI ケーブル、クロロプレン外装ケーブル**（絶縁体がブチルゴム混合物またはエチレンプロピレンゴム混合物のものに限る。）であること。

④発熱線の施設方法

　イ　人が触れるおそれがなく、かつ、損傷を受けるおそれがないようにコンクリートその他の堅ろうで耐熱性**のあるものの中に施設**すること。

　ロ　発熱線の温度は、80℃を超えないように施設すること。ただし、**道路、横断歩道橋または屋外駐車場に**金属被覆を有する発熱線を施設する場合は、発熱線の温度を 120℃以下とすることができる。

　ハ　他の電気設備、弱電流電線等または水管、ガス管もしくはこれらに類するものに電気的、磁気的または熱的な障害**を及ぼさない**ように施設すること。

⑤発熱線相互または発熱線と電線とを接続する場合は、電流による**接続部分の温度上昇が接続部分以外の温度上昇より**高くならないようにするとともに、次によること。

　イ　接続部分には、接続管その他の器具を使用し、またはろう付けし、かつ、その部分を発熱線の絶縁物と同等以上の絶縁効力のあるもので十分被覆すること。

　ロ　発熱線または発熱線に直接接続する電線の被覆に使用する金属体相互を接続する場合は、その接続部分の金属体を**電気的に完全に接続**すること。

⑥発熱線または発熱線に直接接続する電線の被覆に使用する金属体には、使用電圧が**300V 以下**のものにあっては D 種接地工事、使用電圧が**300V を超える**ものにあっては C 種接地工事を施すこと。

⑦発熱線に電気を供給する電路に設ける開閉器及び過電流遮断器**の施設**

　イ　専用の開閉器及び過電流遮断器を各極（過電流遮断器にあっては、多線式電路の中性極を除く。）**に施設**すること。ただし、過電流遮断器が開閉機能を有するものである場合は、過電流遮断器のみとすることができる。

　ロ　電路に**地絡を生じたときに自動的に**電路を遮断する装置を施設すること。

(13) フロアヒーティング等の電熱装置の施設（電熱ボードまたは電熱シートを造営材に施設する場合）（電技解釈 195 条 3 項）

① 電熱ボードまたは電熱シートに電気を供給する電路の**対地電圧は、**150V 以下であること。

② 電熱ボードまたは電熱シートは**電気用品安全法の適用**を受けるものであること。

③ 電熱ボードの金属製外箱または電熱シートの金属被覆には、**D 種接地工事**を施すこと。

3-1
幹線・屋内配線等

(14) 小勢力回路（電技解釈 181 条）

電磁開閉器の操作回路または呼鈴もしくは警報ベル等に接続する電路であって、最大使用電圧が 60V 以下のもの（小勢力回路）は、次によること。

① 小勢力回路に電気を供給する電路には、次に適合する変圧器を施設する。

イ 絶縁変圧器であること。

ロ 1 次側の**対地電圧は、**300V 以下であること。

② 小勢力回路の電線を造営材に取り付けて施設する場合は、電線は、**コード、キャブタイヤケーブル、ケーブル、絶縁電線、通信用ケーブル**であること。

③ 電線を、損傷を受けるおそれがある箇所に施設する場合は、適当な**防護装置**を施すこと。

④ 小勢力回路の電線を地中に施設する場合は、次によること。

イ 電線を車両その他の重量物の圧力に耐える堅ろうな管、トラフその他の防護装置に収めて施設すること。

ロ 埋設深さを 30cm（車両その他の重量物の圧力を受けるおそれがある場所に施設する場合にあっては 1.2m）以上として施設し、規定する性能を満足するがい装を有するケーブルを使用する場合を除き、電線の上部を堅ろうな板またはといで覆い損傷を防止すること。

ポイント
接触防護措置
施設高さ：屋内床上 **2.3m** 以上、屋外地表上 **2.5m** 以上。
簡易接触防護措置
施設高さ：屋内床上 **1.8m** 以上、屋外地表上 **2m** 以上。

（1）高圧屋内配線の施設（電技解釈 168 条 1 項）

高圧屋内配線は、次によること。

① **高圧屋内配線**は、次に掲げる工事のいずれかにより施設すること。

イ **がいし引き工事**（乾燥した場所であって展開した場所に限る。）

ロ **ケーブル工事**

②がいし引き工事による高圧屋内配線は、次によること。

イ 接触防護措置を施すこと。

ロ 電線は、直径 2.6mm の軟銅線と同等以上の強さ及び太さの、高
圧絶縁電線、特別高圧絶縁電線または引下げ用高圧絶縁電線である
こと。

ハ 電線の**支持点間の距離**は、6m 以下であること。ただし、電線を造
営材の面に沿って取り付ける場合は、2m 以下とすること。

ニ **電線相互の間隔は** 8cm 以上、**電線と造営材との離隔距離は** 5cm
以上であること。

ホ がいしは、絶縁性、難燃性及び耐水性のあるものであること。

ヘ **高圧屋内配線**は、低圧屋内配線と容易に区別できるように施設する
こと。

ト 電線が造営材を貫通する場合は、その貫通する部分の電線を電線ご
とにそれぞれ別個の難燃性及び耐水性のある堅ろうな物で絶縁する
こと。

③ケーブル工事による高圧屋内配線は、次によること。

管その他のケーブルを収める防護装置の金属製部分、金属製の電線接続
箱及びケーブルの被覆に使用する金属体には、A 種接地工事を施すこと。
ただし、接触防護措置を施す場合は、D 種接地工事によることができる。

（2）高圧屋内配線と他の高圧屋内配線、弱電流電線等との接近または交差
（電技解釈 168 条 2 項）

高圧屋内配線が、他の高圧屋内配線、低圧屋内電線、管灯回路の配線、弱
電流電線等または水管、ガス管若しくはこれらに類するものと接近または交

差する場合は、次の各号のいずれかによること。

①高圧屋内配線と**他の屋内電線等との離隔距離は、**15cm（がいし引き工事により施設する低圧屋内電線が裸電線である場合は、30cm）以上であること。

②高圧屋内配線をケーブル工事により施設する場合においては、次のいずれかによること。

　イ　ケーブルと他の屋内電線等との間に**耐火性のある堅ろうな隔壁**を設けること。

　ロ　ケーブルを**耐火性のある堅ろうな**管に収めること。

　ハ　他の高圧屋内配線の電線が**ケーブル**であること。

電技解釈は条文のまま出題されるので、条文に慣れておこう。

1問1答

問 　**1.** 単相3線式200Vの対地電圧は200Vである。

　2. 過電流遮断器として低圧電路に施設する配線用遮断器は、定格電流の1倍の電流で自動的に動作しないこと。

　3. 合成樹脂管の支持点間の距離は2.0m以下とすること。

　4. 使用電圧300Vを超える金属管工事において、接触防護措置を施す場合は、接地工事を省略することができる。

　5. 金属ダクトに収める電線の断面積の総和は、ダクトの内部断面積の20%以下であること。

　6. 平形保護層工事は、宿泊室、教室、病室などに施設される。

　7. 小勢力回路の最大使用電圧は36V以下である。

答 　**1** ✖ → p.155　　**2** ◯ → p.159　　**3** ✖ → p.166　　**4** ✖ → p.167

　5 ◯ → p.168　　**6** ✖ → p.172〜173　　**7** ✖ → p.175

電灯とコンセント 一次

Point!　　　　　　　　　　　　　　重要度 💡🔦🔦

ここでは、照明方式等を学習する。タスク・アンビエントなどの
カタカナ用語を覚えておこう。

1 照明設備

（1）照明方式

　照明方式は、照明器具の配置により以下のような方式がある。

①全般照明方式

　天井全体に照明器具をほぼ均一に配置し、部屋全体の作業面が**ほぼ均一な**
照度となるような照明方式で、一般的な照明として、**事務所**、**学校**、**工場**な
どで用いられている。

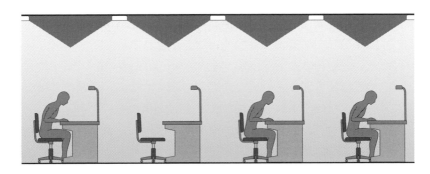

②局部照明方式

　比較的狭い範囲だけ個別の照明を配置し、**作業に必要な範囲のみ**に所要照
度を得る照明方式である。

③全般局部併用照明方式（タスク・アンビエント照明）

　全般局部併用照明方式は**タスク・アンビエント照明**とも呼ばれ、次の図の

ように、全般照明と局部照明を組み合わせた照明方式である。**アンビエント（周囲環境）の全般照明**で全体照度を確保し、**タスク（作業）の局部照明**で必要な場所に高照度を得る方式である。床面積に比較して在籍者の少ない場合や、**精密工場**、**研究所**、**ショウウインドウ**など、局所的に高照度が求められる用途に用いられている。

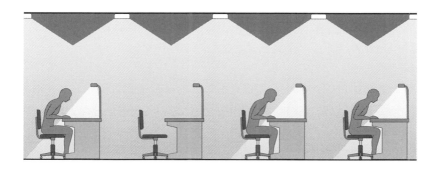

3-2
電灯とコンセント

（2）照明器具の配光方式

照明器具の配光方式には、下図のように大別して**直接照明**、**半直接照明**、**全般拡散照明**、**半間接照明**、**間接照明**がある。

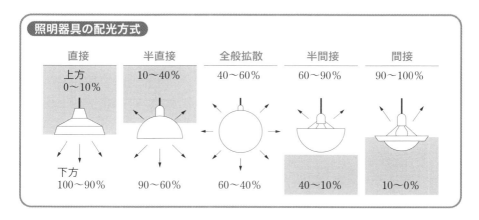

照明器具の配光方式

直接	半直接	全般拡散	半間接	間接
上方 0～10％	10～40％	40～60％	60～90％	90～100％
下方 100～90％	90～60％	60～40％	40～10％	10～0％

①直接照明方式

光源の光束のほとんどを、直接光として被照面を照らす配光方式である。**照明率が最も高い**が、強い影ができるのが欠点である。スポットライト、ダウンライトなどが該当する。

②半直接照明方式

光源の光束の一部が、半透明の傘を通過して反射面を照らす方式で、直接照明でできる影をやわらげることができる。

③全般拡散照明方式

光源を半透明のガラス、布、紙などで覆った方式で、光がやわらかく、まぶしさを抑えることができる。

④半間接照明方式

光源の光束の一部が、直接照射面を照らす方式である。

⑤間接照明方式

光源の光束のほとんどを、間接光として反射面を照らす配光方式である。照明率が最も低いが、光の反射・拡散効果によって影をほとんど作らない。

(3) Hf 蛍光ランプ

高周波点灯方式蛍光ランプのことで、蛍光ランプを数十 kHz の高周波で点灯する方式である。半導体素子による商用周波－高周波変換を行ってランプを適正に点灯させる方式で、即時点灯し、ちらつきがなく高効率である。

(4) グレア（まぶしさ）

グレアとは、視野内に高い輝度の光源がある場合、その高い輝度のまぶしさにより生じる障害（不快の程度）をいう。照明器具はグレアにより、V、G0、G1a、G1b、G2、G3 の 6 つに分類されている。

> グレアとは、英語の glare のことで、まぶしい光やギラギラした光をいう。物の見えづらさや不快感を生じさせるような「まぶしさ」のことだ。グレアは、目の機能を生理的に損なう「不能グレア」「減能グレア」と、不快感を起こす「不快グレア」に分類されるぞ。

（5）照度基準

　照度は、主として視作業面における水平照度を示し、視作業面は特に指定がない場合は、**床上 85cm**、**座業の場合は床上 40cm**、**廊下などは床面**となる。照度は、下表のように、室の用途により **JIS** で**基準**が示されている。

領域、作業または活動の種類	推奨照度	照度範囲
設計、製図	750	1000 ～ 500
キーボード操作、計算	500	750 ～ 300
事務室	750	1000 ～ 500
電子計算機室	500	750 ～ 300
集中監視室、制御室	500	750 ～ 300
受付	300	500 ～ 200
会議室、集会室	500	750 ～ 300
宿直室	300	500 ～ 200
食堂	300	500 ～ 200
書庫	200	300 ～ 150
倉庫	100	150 ～ 75
更衣室	200	300 ～ 150
便所、洗面所	200	300 ～ 150
電気室、機械室、電気・機械室などの配電盤及び計器盤	200	300 ～ 150
階段	150	200 ～ 100
廊下、エレベータ	100	150 ～ 75
玄関ホール（昼間）	750	1000 ～ 500
玄関ホール（夜間）、玄関（車寄せ）	100	150 ～ 75

3-2
電灯とコンセント

（1）コンセントの極配置

代表的なコンセントの極配置を下表に示す。

単相 100V	一般	125V 15A	125V 20A	
	接地極付	125V 15A	125V 20A	
単相 200V	一般	250V 15A	250V 20A	250V 30A
	接地極付	250V 15A	250V 20A	250V 30A
三相 200V	一般	250V 15A	250V 20A	250V 30A
	接地極付	250V 15A	250V 20A	250V 30A

（2）分岐回路とコンセント

分岐回路の種類と電線の太さ、コンセントの関係は次のとおり。

分岐回路の種類	電線の太さ	コンセント
15A	1.6mm 以上	15A 以下
20A 配線用遮断器	1.6mm 以上	20A 以下
20A ヒューズ	2.0mm 以上	20A
30A	2.6mm (5.5mm^2) 以上	20A 〜 30A
40A	8mm^2 以上	30A 〜 40A
50A	14mm^2 以上	40A 〜 50A

3 電灯コンセント設備の施工

電灯コンセント設備の施工上の主な留意点は次のとおり。

①点滅器は、電路の電圧側（非接地線側）に施設する。単相3線200V方式の場合は、2線とも非接地線であるので、両切点滅器とする。

②点滅器の取付け高さは、床上1.3m程度（**身障者用は**1.1m）。

③コンセントの取付け高さは、床上30cm程度（**水気のある場所は**0.5～1.3m程度）。

④配線を器具の端子送りとする場合は、端子に数台分の電流が流れるので、過熱防止対策が必要である。

⑤システム天井への照明器具の取付けは、Tバーに落下防止金具を確実に固定する。

⑥外壁ブラケットの器具と外壁の間にはパッキンを入れる。

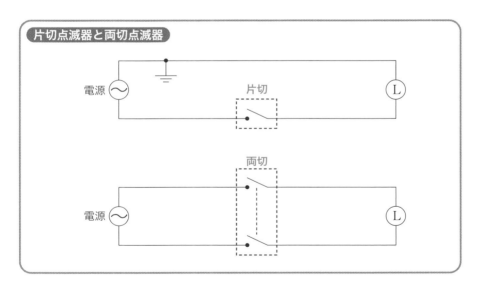

片切点滅器と両切点滅器

電源　片切　L

電源　両切　L

片切点滅器は非接地側電線に設ける。接地側電線に設けると、片切点滅器を開放しても、照明器具には対地電圧を有している非接地側電線が接続されており、誤って人が触れると感電の危険があるからだ。

3-2
電灯とコンセント

3-3 動 力 設 備 一次 二次

Point!　　　　　　　　　　　　　　　　　重要度

三相誘導電動機と単相誘導電動機は、始動装置が異なるので、それぞれの始動装置を整理して理解しておこう。

1 電動機

（1）電動機の種類

電動機は、**交流電動機**と**直流電動機**に大別される。下図に電動機の種類を示す。

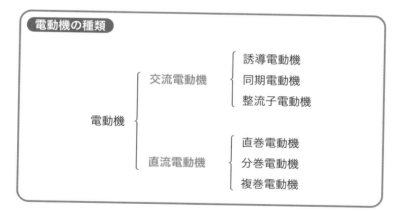

電動機の種類

電動機
- 交流電動機
  - 誘導電動機
  - 同期電動機
  - 整流子電動機
- 直流電動機
  - 直巻電動機
  - 分巻電動機
  - 複巻電動機

（2）誘導電動機の種類

ビルや工場などの建築設備の用途の電動機には、一般的に誘導電動機が多く用いられている。誘導電動機は、**堅牢で構造が簡単で価格が安く**扱いやすいという長所の反面、**力率が低い**という短所もある。誘導電動機は、三相誘導電動機と単相誘導電動機に大別される。次ページの図に誘導電動機の種類を示す。

誘導電動機の種類

誘導電動機
- 三相電動機
  - かご形電動機
    - 普通かご形電動機
    - 特殊かご形電動機
      - 二重かご形電動機
      - 深溝かご形電動機
  - 巻線形電動機
- 単相電動機
  - 分相始動式電動機
  - コンデンサ始動式電動機
  - 反発始動式電動機
  - くま取りコイル式電動機

3-3

動力設備

（3）誘導電動機の始動装置

①単相誘導電動機

単相誘導電動機は、固定子の主巻線だけでは始動回転力が発生しないので、始動の際に必要な回転磁界を作るため、**分相始動式**、**コンデンサ始動式**、**反発始動式**、**くま取りコイル式**などの方法が用いられている。右図にコンデンサ始動式の回路図を示す。

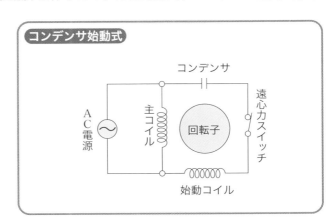

コンデンサ始動式

②三相誘導電動機（かご形）

三相誘導電動機は、三相交流による回転磁界により始動回転力を生じ、始動自体に特別な機構は必要ではない。しかし、出力の大きなものは、定格電圧を印加して始動すると始動電流が**全負荷電流の 5 ～ 8 倍程度**流れ、電圧降下や他の機器に悪影響を与える。このため、始動電流を減少させ、始動トルクを増大させるために、次ページの表のような**始動装置**が用いられている。

全電圧（直入れ）始動	減圧始動			
	スターデルタ始動	コンドルファ始動	リアクトル始動	一次抵抗始動
直入れ始動ともいう。電動機巻線に直接全電圧を加える。	始動時固定子巻線をスター結線とし、始動後デルタ結線で運転。全電圧始動に比べ、**始動電流、トルクとも** 1/3。	単巻変圧器を使用して、印加電圧を低減して始動する。	電源と電動機の間に**リアクトル**を挿入し、リアクトルの電圧降下分により電圧を低減して始動する。	電源と電動機の間に抵抗器を挿入して始動する。

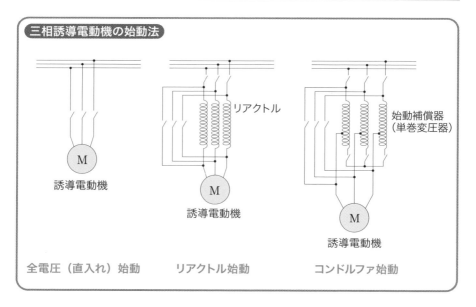

三相誘導電動機の始動法

リアクトル

誘導電動機

始動補償器
（単巻変圧器）

誘導電動機

誘導電動機

全電圧（直入れ）始動　　リアクトル始動　　コンドルファ始動

（4）誘導電動機の速度制御（インバータ制御方式）

　インバータ制御（VVVF[Variable Voltage Variable Frequency]：可変電圧可変周波数制御）は、インバータにより電動機電源の電圧と周波数を変化させる制御方式である。本来は定速特性を有し、構造が簡単で堅ろうなかご形誘導電動機を用いて速度制御が可能であるため、広く用いられている。インバータ制御の特徴は、次のとおりである。

①連続的に変速できる。

②**始動電流が**小さい。

③電源周波数に左右されず変速できる。

④**既設電動機を**変速できる。

⑤**電動機が**小型化、高速化できる。

⑥かご形電動機を使用できるので保守が簡単である。

⑦**防爆構造が**小型で安価に作れる。

(5) 電動機の保護

①電動機の過負荷保護装置の施設（電技解釈 153 条）

　屋内に施設する電動機には、電動機が焼損するおそれがある過電流を生じた場合に自動的にこれを阻止し、またはこれを警報する装置を設けること。ただし、次の各号のいずれかに該当する場合はこの限りでない。

一　電動機を運転中、常時、取扱者が監視できる位置に施設する場合

二　電動機の構造上または負荷の性質上、その電動機の巻線に当該電動機を焼損する過電流を生じるおそれがない場合

三　電動機が単相のものであって、その電源側電路に施設する**過電流遮断器の定格電流が** 15A（配線用遮断器にあっては 20A）以下の場合

四　電動機の出力が0.2kW 以下の場合

②電動機の保護協調

　回路に事故が発生した場合、直ちに事故回路を電源から切り離し、事故の拡大を防止するため、**事故回路の遮断器のみが動作し、他の回路の遮断器などが動作しないよう**動作特性曲線を調整することを保護協調という。

　過電流が生じた際に電線を保護するためには、電線の許容電流よりも過電流遮断器の動作電流値が小さいことが必要である。電動機に対しては、**始動電流では過電流遮断器が**動作しないことが必要となる一方で、**電動機の許容電流以上の過負荷が生じた場合には**動作する必要がある。次ページの図に電動機回路の保護協調曲線を示す。

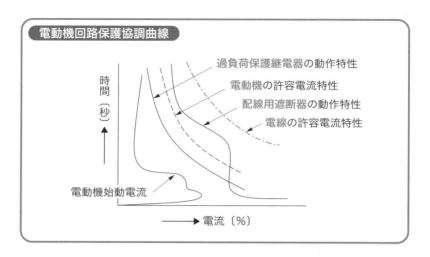

2 電動機の分岐回路

（1）分岐回路の施設（内線規程3705節）

　電動機は、1台ごとに専用の分岐回路を設けて施設しなければならない。ただし、次のいずれかに該当する場合は、この限りでない。

　①15Aの分岐回路または20A配線用遮断器において使用する場合

　②2台以上の電動機で、そのおのおのに過負荷保護装置を設けてある場合

　③工作機械、クレーン、ホイストなどに2台以上の電動機を1組の装置として施設し、これを自動制御または取扱者が制御して運転する場合または2台以上の電動機の出力軸が機械的に相互に接続され単独で運転できない場合

（2）始動装置の設置（内線規程3305節）

　定格出力が3.7kWを超える三相誘導電動機には始動装置を使用する。ただし、以下の場合は省略が可能である。

　①特殊かご形で11kW未満のもの

　②特殊かご形で11kW以上のもので、著しい電圧変動を生じないもの

（3）手元開閉器の設置（内線規程3302節）

①電動機には操作しやすい位置に手元開閉器を設置する。

②電動機が見やすい位置に設置する。

③電磁開閉器の場合は、操作ボタンを操作しやすい位置に設置する。

④カバー付きナイフスイッチは、対地電圧150V以下で0.4kW以下の電動機に限って使用可能。

⑤頻繁に開閉するものは、電磁開閉器の採用が望ましい。

⑥定格出力0.2kW以下の電動機をコンセントから使用する場合は、手元開閉器を省略できる。

（4）低圧コンデンサの施設（内線規程3335節）

低圧コンデンサの施設は次による。

①コンデンサの容量は負荷の無効分より大きくしない。

②コンデンサは電動機の手元開閉器より負荷側に取り付ける。

③本線から分岐しコンデンサに至る電路には開閉器を施設しない。

④放電抵抗付きコンデンサを使用する。

低圧コンデンサの手元開閉器の施設

コンデンサを手元開閉器の電源側に取り付けると、
手元開閉器が開放されたとき、
コンデンサのみの回路が形成されてしまうので、負荷側に設ける。

3-3

動力設備

3 電気機器の防爆構造

(1) 耐圧防爆構造（JIS C 60079-1）

電気機器の内部で爆発が起こった場合、容器が**爆発圧力**に耐え、容器の外部の爆発性雰囲気への火災伝搬を防止する構造。

(2) 内圧防爆構造（JIS C 60079-2）

電気機器の内部に保護ガスを送入または封入し、その**圧力を周囲の圧力より高く保持**することによって、通電中に周囲の爆発性雰囲気が容器の内部に侵入するのを防止する。または容器の内部に可燃性ガスもしくは蒸気の放出源がある場合、それを希釈する構造。

(3) 安全増防爆構造（JIS C 60079-7）

正常な使用状態では、爆発性雰囲気の点火源となり得るアークまたは火花の発生がなく、**高温またはアーク・火花の発生の可能性**に対して安全性を高めた電気機器の構造。

(4) 本質安全防爆構造（JIS C 60079-11）

正常状態及び特定の故障状態において、電気回路に発生するアークまたは火花が規定された試験条件で所定の試験ガスに点火せず、かつ、高温によって爆発性雰囲気に**点火するおそれがない**ようにした構造。

1問 1答

問 **1.** 単相誘導電動機の始動方法には、分相始動式、コンドルファ始動式などがある。

2. インバータ制御方式は、電圧と周波数を変化させる制御方式で、始動電流が小さい。

答 **1 ✕** → p.185　　**2 ◯** → p.186 ～ 187

3-4 受　変　電　設　備 一次

Point! 重要度 💡💡💡

受電方式の系統図やキュービクル内機器の結線図は、記述問題でも出題されるので、よく見て理解しておこう。

1 受変電設備

（1）受電設備計画

受変電設備は、**需要率**から各負荷の最大需要電力を求め、さらに**不等率**により各負荷を合成した最大需要電力を求めて、受電設備容量の決定を行う。

①負荷設備容量［kW］

$$負荷設備容量＝負荷密度 [W/m^2] × 延べ面積 [m^2] × \frac{1}{1,000}$$

②需要率

$$需要率＝\frac{最大需要電力 [kW]}{負荷設備容量 [kW]} ×100[\%]$$

③負荷率

$$負荷率＝\frac{平均需要電力 [kW]}{最大需要電力 [kW]} ×100[\%]$$

④不等率

$$不等率＝\frac{最大需要電力の総和 [kW]}{合成最大需要電力 [kW]}$$

⑤設備不平衡率

$$設備不平衡率＝\frac{各単相変圧器容量 [kVA] の最大と最小の差}{総変圧器容量 [kVA]×1/3} ×100[\%]$$

下図において、最大需要電力の総和は 400＋200 ＝ 600kW、合成最大需要電力は 500kW となり、不等率は 600/500 ＝ 1.2 となる。

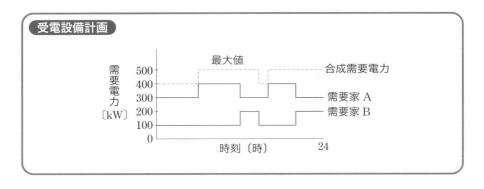

(2) 受電方式
① 1回線受電方式

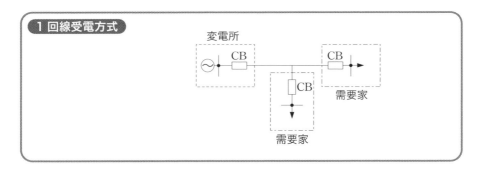

　1回線で受電するシンプルで経済的な受電方式である。ただし、1回線で事故が発生すると、需要家は**停電**してしまうため、**供給信頼度の低い**受電方式である。主に 6,600V の高圧系統に用いられている。

②常用・予備受電方式

　2回線で受電する方式で、常時は常用から受電しているが、常用が事故などで停電した場合、受電用遮断器を予備側に切り替えて、受電することができる方式である。**切替時に短時間の停電が発生**するが、1回線受電方式よりも**供給信頼度**は高い。常用と予備をそれぞれ異なる変電所から受電することにより、さらに信頼性を高めることも可能である。

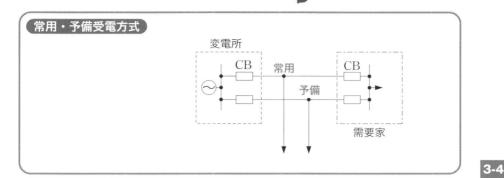

常用・予備受電方式

③ループ受電方式

　常時2回線で受電するため、**一方の1回線が故障しても**、故障回線を切り離すことにより、**もう一方の回線から受電を継続できる**方式である。一方、需要家内の事故が他の需要家に波及する可能性があるため、**保護システムが複雑**になり、需要家の受電用遮断器がループの電流を流すため、**大型**になる欠点がある。主に、22〜66kVの**特別高圧系統**で用いられている。

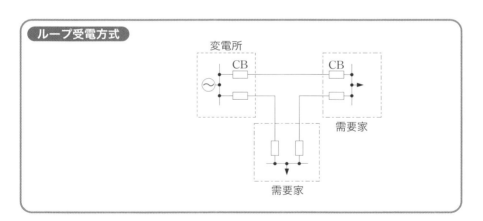

ループ受電方式

④スポットネットワーク受電方式

　複数の配電線からT分岐線で引き込み、受電用断路器を経てネットワーク変圧器に接続し、その二次側には**ネットワークプロテクタ**（プロテクタヒューズとプロテクタ遮断器）を設置して、ネットワーク母線を介して負荷に供給する方式である。**供給信頼度が高く**、主に、**都市部**の22kV系統の**特別高圧系統**に用いられている（p.144の図参照）。

（1）受電室の施設（高圧受電設備規程1130-1）

①変圧器、配電盤など受電設備の主要部分は、保守点検に必要な空間及び防火上有効な空間を保持するため、下表の値以上の**保有距離**を有する必要がある。

■受電設備に使用する配電盤などの最小保有距離■［単位：m］

部位別／機器別	前面または操作面	背面または点検面	列相互間（点検を行う面*）	その他の面
高圧配電盤	1.0	0.6	1.2	－
低圧配電盤	1.0	0.6	1.2	－
変圧器など	0.6	0.6	1.2	0.2

＊機器類を2列以上設ける場合

②保守点検に必要な**通路**は、**幅**0.8m以上、**高さ**1.8m以上とし、変圧器などの**充電部**とは、0.2m以上の保有距離を確保する。

③配電盤の計器面で300lx、その他の部分で70lx以上の照度を確保する。

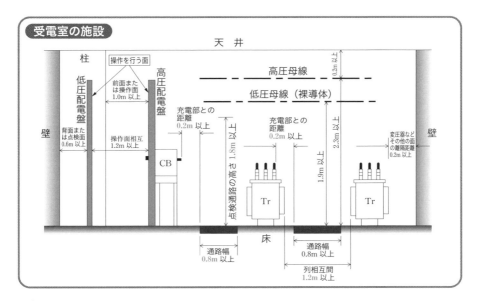

受電室の施設

④発熱で室温が上昇するおそれがある場合は、**通気口**、**換気装置**、**冷房装置**などを設ける。

⑤自動火災報知設備の**感知器**は、点検時に**充電部に接近しない**ような位置に設ける。

⑥受電室に、水管、蒸気管、ガス管などを通過させない。

（2）屋外受電設備の施設（高圧受電設備規程1130-2）

受電設備（キュービクルを除く）を屋外に施設する場合、前項の受電室の施設に準ずるほか、次のとおりである。

①機械器具の周囲に人が触れるおそれがないように適当なさく、へい等を設け、さく、へい等の高さとさく、へい等から充電部分までの距離との和を **5m以上**、かつ、さく、へい等の高さを **1.5m以上** とする。

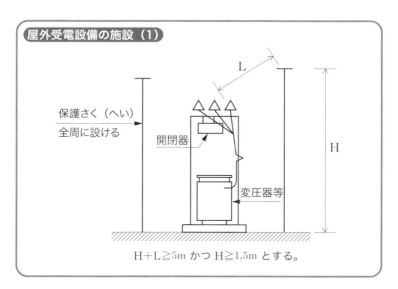

屋外受電設備の施設（1）

保護さく（へい）
全周に設ける

開閉器

変圧器等

L

H

H＋L≧5m かつ H≧1.5m とする。

②さく、へい等には危険である旨の**表示**を行う。

③**建築物から 3m以上** の距離を保つこと。ただし、不燃材料で造りまたは覆われた建築物、開口部に防火戸等の防火設備が設けてある建築物の場合は、この限りでない。

3-4

受変電設備

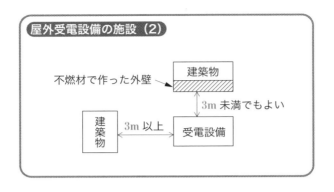

屋外受電設備の施設（2）

不燃材で作った外壁 → 建築物

3m 未満でもよい

建築物 ── 3m 以上 → 受電設備

（3）屋内キュービクルの施設（高圧受電設備規程 1130-3）

　キュービクルを屋内に設置する場合の周囲との保有距離は、**点検**を行う面は 0.6m 以上、**操作**を行う面は 1.0m ＋保安上有効な距離以上、溶接などの構造で**換気口**がある面は 0.2m 以上である。下図に、屋内に施設するキュービクルの保有距離を示す。

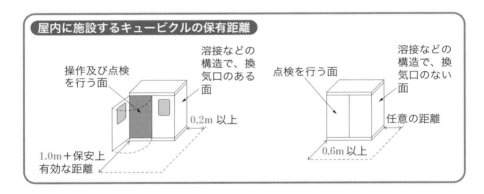

屋内に施設するキュービクルの保有距離

操作及び点検を行う面

溶接などの構造で、換気口のある面

0.2m 以上

1.0m＋保安上有効な距離

点検を行う面

溶接などの構造で、換気口のない面

任意の距離

0.6m 以上

（4）屋外キュービクルの施設（高圧受電設備規程 1130-4）

　キュービクルを屋外に設置する場合の離隔距離、保有距離、点検通路は、次のとおりである。

　　①屋外に設けるキュービクル式受電設備は、**建築物から 3m 以上**の距離を保つこと。ただし、不燃材料で造り、開口部のない外壁におおわれている場合は、この限りでない。

　　②金属箱の**周囲の保有距離は、1m ＋保安上有効な距離以上**とする。ただし、隣接する建築物等の部分が不燃材料で造られ、開口部に防火戸等の

防火設備が設けてある場合は、屋内の設置基準に準じる。

③屋上に設置する場合、キュービクルに至る保守、点検のための通路には**垂直はしごを避ける**など、保守員の安全が確保できる構造・状態とする。**2m 以上の垂直はしご**が設置されているときは、**墜落防止装置**を設ける。

④保守、点検のための通路としては、保守員がキュービクルまで安全に到達できるように**幅 0.8m** の通路を全面にわたり確保でき、**2m 以上の高所においては手すり**などを施す。

⑤キュービクル前面には基礎に**足場スペース**が設けられているか、設けられていない場合は代替できる**点検用の台**等を設ける。

⑥キュービクルを高所の開放された場所に施設する場合は、周囲の保有距離が3m を超える場合を除き、**高さ 1.1m 以上のさく**を設けるなどの墜落防止措置を施し、保守、点検が安全にできるようにする。

⑦下駄基礎の場合など、基礎開口部からキュービクル内部に異物が侵入するおそれがある場合、小動物が侵入するおそれがある場合には、**開口部に網**などを設けること。

⑧幼稚園、学校、スーパーマーケット等で**幼児**が容易に金属箱に触れるおそれのある場所にキュービクルを設置する場合は、**さく**等を設ける。

3-4

受変電設備

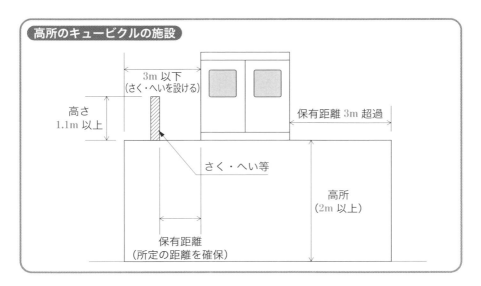

高所のキュービクルの施設

3m 以下
（さく・へいを設ける）

高さ
1.1m 以上

保有距離 3m 超過

さく・へい等

高所
(2m 以上)

保有距離
（所定の距離を確保）

（1）変圧器の保護

①比率差動継電器

機器の内部故障を検出する継電器で、平常時や外部事故では動作せず、内部故障時に差動回路の電流により動作するものである。

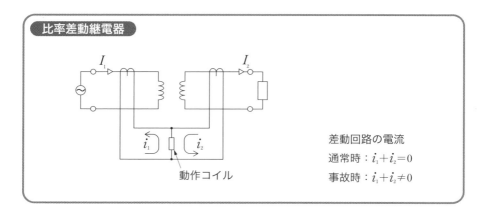

比率差動継電器

I_1 I_2

i_1 i_2

動作コイル

差動回路の電流

通常時：$i_1 + i_2 = 0$

事故時：$i_1 + i_2 \neq 0$

②ブッフホルツ継電器

油入変圧器の内部故障時に発生する油流やガスを、フロート（浮き球）などで機械的に検出して動作する継電器である。

（2）コンデンサの保護

①内部故障に対し、ケース膨張を機械的に検出する。

②外部異常及び内部異常による過電流を検出し、遮断器・限流ヒューズにより遮断する。

③系統異常過電圧には、過電圧継電器により保護する。

④停電からの復電時に過渡過電圧防止のため、不足電圧継電器で保護する。

⑤アーク炉などの高調波発生源がある場合、容量リアクタンスの減少による電流の増加や線路リアクタンスと直列共振が起こるため、直列リアクトルにより保護する。

4　キュービクル式高圧受電設備（JIS）

（1）キュービクル式高圧受電設備（JIS）

　高圧の受電設備として使用する機器一式を一つの外箱に収めたもので、公称電圧 6.6kV、周波数 50Hz または 60Hz で系統短絡電流 12.5kA 以下、**受電設備容量 4,000kVA 以下**の受変電設備に用いることができる。

（2）用語の定義

①遮断器形（CB 形）

　主遮断装置として**遮断器（CB）**を用いる形式のもの。

②高圧限流ヒューズ・高圧交流負荷開閉器形（PF・S 形）

　主遮断装置として**高圧限流ヒューズ（PF）**（以下、限流ヒューズという。）と**高圧交流負荷開閉器（LBS）**とを組み合わせて用いる形式のもの。

③受電設備容量

　受電電圧で使用する変圧器、電動機、高圧引出し部分などの合計容量（kVA）。なお、高圧電動機は、定格出力（kW）をもって機器容量（kVA）とし、**高圧進相コンデンサ**は、受電設備容量には含めない。

（3）キュービクルの種類

① CB 形

　主遮断装置として高圧交流遮断器(CB)を用いた**受電設備容量 4,000kVA 以下**のキュービクル。主遮断器は真空遮断器等が用いられ、過電流継電器、地絡継電器と組み合わせて、過負荷保護・短絡保護及び地絡保護を行う。保守点検時の安全を確保するため、主遮断器の電源側に断路器を設ける。

② PF・S 形

　主遮断装置として高圧限流ヒューズ（PF）と高圧交流負荷開閉器（LBS）とを組み合わせて用いる。**受電設備容量 300kVA 以下**に適用される。**短絡電流**は高圧限流ヒューズにより保護し、**過負荷及び地絡事故**は高圧負荷開閉器と保護継電器の組み合わせで保護している。

3-4

受変電設備

CB 形結線図

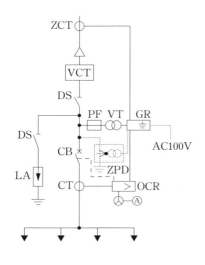

注）記号の名称は表のとおりである。

ZCT	零相変流器
VCT	電力需給用計器用変成器
DS	断路器
LA	避雷器
PF	高圧限流ヒューズ
VT	計器用変圧器
CT	変流器
ZPD	零相基準入力装置
GR	地絡継電装置
CB	高圧交流遮断器
OCR	過電流継電器
A	電流計

PF・S 形結線図

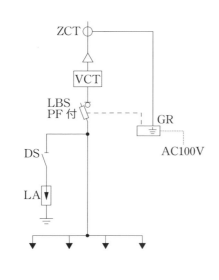

注）記号の名称は表のとおりである。

ZCT	零相変流器
VCT	電力需給用計器用変成器
DS	断路器
LA	避雷器
LBS	高圧交流負荷開閉器
PF	高圧限流ヒューズ
GR	地絡継電装置

（4）キュービクルの構造

キュービクルは、次の事項に適合しなければならない。

①**受電箱と配電箱とに区分**する。ただし、PF・S形にあっては、区分しない構造であってもよい。

②PF・S形の主遮断装置に用いる高圧交流負荷開閉器で高圧充電露出部がある場合には、前面に透明な隔壁を設け、赤字で危険表示をする。また、その相間及び側面に絶縁バリアを設ける。

③遮断器（引出し形は除く。）、変圧器、高圧進相コンデンサ及び直列リアクトルの高圧端子には**絶縁性保護カバー**を取り付ける。

④高圧進相コンデンサ及び直列リアクトルを受電箱に収納する場合には、これらの機器を受電箱の下部に取り付け、上部及び周囲に保守点検に必要な空間を設ける。

⑤外箱正面の内部で作業のしやすい位置に、高圧回路に用いる変流器、計器用変圧器、零相変流器などの試験用端子を設ける。ただし、専用の電気室に設置する屋内用の場合には、試験用端子は外箱の扉に設けてもよい。

⑥PF・S形の主遮断装置の電源側は、短絡接地器具などで容易、かつ、確実に接地できるものとする。

⑦断路器、高圧交流負荷開閉器などの操作に必要な**フック棒**を受電箱内に備え、かつ、扉表面には、フック棒を備えていることの**表示**をする。ただし、受電箱においてフック棒を使用しない場合は、配電箱に備えてもよい。

（5）収納機器の取付け

収納機器の取付けは、次の事項に適合しなければならない。

①CB形においては、保守点検時の安全を確保するため、主遮断器の**電源側に断路器**を設けるものとする。

②避雷器は、主遮断装置の電源側に設けた**断路器の直後から分岐**し、避雷器専用の断路器を設ける。ただし、PF・S形では、主遮断装置の負荷側の直後から分岐し、避雷器専用の断路器を省略することができる。

③CB形の主遮断装置は、**遮断器と過電流継電器**とを組み合わせたもの、または一体としたものとし、**必要に応じ地絡継電装置**とを組み合わせた

ものとする。

④ PF・S 形は、高圧交流負荷開閉器と限流ヒューズとを組み合わせたもの、または一体としたものとし、必要に応じ地絡継電装置を組み合わせたものとする。

⑤変圧器 1 台の容量は、500kVA 以下とする。

⑥変圧器の接続は、できる限り各相の容量が平衡になるようにする。不平衡の限度は、単相変圧器から計算し、設備不平衡率 30% 以下とするのがよい。ただし、各線間に接続される単相変圧器容量の最大と最小との差が 100kVA 以下の場合は、この限りでない。

⑦変圧器に開閉装置を設ける場合は、遮断器、高圧交流負荷開閉器、またはこれらと同等以上の開閉性能をもつものを用いる。ただし、変圧器容量が 300kVA 以下の場合は、高圧カットアウトを使用することができる。

⑧変圧器などの保護のために必要がある場合には、電力ヒューズ、高圧カットアウト（ヒューズ付）などを用いてもよい。この場合、非限流ヒューズのガスの放出口の方向において配線、機器、金属板などから 600mm 以上離して取り付ける。

⑨進相コンデンサには専用の開閉装置を取り付ける。

⑩高圧進相コンデンサの開閉装置は、コンデンサ電流を開閉できる高圧交流負荷開閉器またはこれと同等以上の開閉性能をもつものとする。

⑪高圧進相コンデンサには、限流ヒューズなどの保護装置を取り付ける。

⑫一つの開閉装置に接続する高圧進相コンデンサの設備容量は、300kvar 以下とする。ただし、自動力率調整を行う開閉装置は、設備容量を 200kvar 以下とする。

⑬直列リアクトルは、警報接点付とし、過熱時に警報を発することができるものとするとともに、自動的に開路できるものとする。

⑭低圧進相コンデンサを設ける場合は、高圧進相コンデンサを省略することができる。

⑮変圧器二次側の低圧主回路には、そこを通過する短絡電流を確実に遮断し、かつ、過負荷による過電流から配線を保護することができる配線用遮断器などを設ける。

⑯300V を超える引出し回路には、地絡遮断装置を設けるものとする。ただし、防災用、保安用電源などは、警報装置に代えることができる。

⑰変圧器二次側の低圧主回路に直接接続される補助回路には、定格遮断電流が 5kA 以上の配線用遮断器などを設ける。

⑱高圧引出口には、断路器及び遮断器または限流ヒューズ付高圧交流負荷開閉器を設ける。ただし、遮断器に引出形遮断器を使用する場合は、断路器を省略することができる。

⑲高圧引出口に地絡継電装置を設け、地絡保護ができるものとする。ただし、屋内用であって同一電気室内に引き出す場合にあっては、この限りではない。

3-4

受変電設備

（6）配線及び機器の接続

高圧側の配線は、次による。

①使用する電線は、JIS C 3611 に規定する絶縁電線（以下、高圧用絶縁電線という。）とし、太さは、次による。

　イ　**CB 形**の高圧用絶縁電線は、導体の公称断面積が **38 mm² 以上**のものを使用する。ただし、変圧器、計器用変圧器、避雷器、高圧進相コンデンサなどの**分岐配線**には、導体の公称断面積が **14 mm² 以上**の高圧用絶縁電線を使用することができる。

　ロ　**PF・S 形**の高圧用絶縁電線は、導体の公称断面積が **14 mm² 以上**のものを使用する。

②高圧用絶縁電線を支持する場合は、次による。

接続部には支持がいしを用い、非接続部は電線支持物またはこれと同等以上の絶縁性能及び機械的強度をもつ支持物を用いて固定する。なお、固定する場合は、**三相を一括として支持するものではなく**、**各相単独に固定**する。

（7）接地

キュービクル内の接地は、次の事項によらなければならない。

①接地電線及び接地母線は、**低圧絶縁電線**を使用する。ただし、**接地母線**には、**銅帯**を使用することができる。

②機器などの接地は、A 種接地工事、B 種接地工事、C 種接地工事及び D 種接地工事に区分して接地端子または接地母線まで配線する。

③B 種接地工事の接地電線は、**変圧器バンク**ごとに、それぞれ接地端子

まで配線する。ただし、配線の途中で変圧器バンクごとに漏れ電流が安全に測定できる場合は、接地母線とすることができる。

④接地母線には、接地電線を接続する端子を設ける。

⑤外部の接地工事と接続する接地端子は、**外箱の扉を開いた状態で、漏れ電流を安全に測定**できるように取り付ける。

⑥避雷器用の接地端子及びB種接地工事その他の接地端子を設ける。

⑦銅または黄銅製とし、接地電線が容易、かつ、電気的に確実に接続でき、緩むおそれがないものとする。

⑧B種接地工事の接地端子は、**外箱と絶縁し**、他の接地端子とは**容易に取外しできる**導体で連結できる構造とする。

⑨**避雷器用の接地端子**は、**外箱と絶縁し**、他の接地端子と**離隔**する。

⑩接地端子の近くには、接地の種別を示す表示を行う。

(8) 換気

換気は、次に適合しなければならない。

①換気は、通気孔などによって、**自然換気**ができる構造とする。ただし、収納する**変圧器容量の合計が500 kVA を超える**場合は、**機械換気装置**による換気としてもよい。

②機械換気装置を設ける場合は、次による。

　イ　機械換気装置には、独立した検出装置をもつ故障警報装置を設ける。

　ロ　取替えは安全、かつ、容易に行えることとする。

　ハ　換気扇の羽根は、排気熱に耐え得る耐熱性、難燃性及び十分な機械的強度をもつ材質のものとする。

　ニ　屋外用の換気口には、防雨用のフード、自動シャッタ、ガラリなどを設ける。

屋外のキュービクルの換気口は空気の流動を確保しつつ、その他のものが侵入しないようにする必要がある。雨、雪のほか、鳥、ヘビ、ネズミなどの鳥獣の侵入も、ガラリなどで防止する必要があるぞ。

3-5 自家発電設備

Point!　重要度 💡💡💡

原動機に用いられるディーゼル機関とガスタービンの比較やコージェネレーションシステムの特徴等を整理しておこう。

1 発電機と原動機

（1）自家発電設備の構成

　自家発電設備とは、停電時の**予備用**、**非常用**または**常用**の自家用電源として設置する発電設備である。自家発電設備は**発電機と原動機**で構成されている。

（2）発電機

　自家発電設備の発電機の励磁方式としては、静止励磁方式とブラシレス励磁方式などが用いられている。定格出力は、発電機の電機子端における電力をkVA及びkWで表し、定格の種類としては、**連続定格**、**短時間定格**、**反復定格**の3種類が用いられている。力率は0.8（遅れ）程度である。

（3）原動機の種類と特徴

　発電機を駆動する原動機としては、**ディーゼル機関**と**ガスタービン**が多く用いられている。

①ディーゼル機関

　吸入→圧縮→爆発→排気の行程のサイクル機関が使用される。回転速度は、低速 750min^{-1} 以下、中速 $750 \sim 900\text{min}^{-1}$、高速 $1,000 \sim 3,600\text{min}^{-1}$ のものが用いられている。低速は主に**常用**の発電機に、中速・高速は主に**非常用**に用いられる。高速は寸法、重量が小さく費用も安価になるが、燃料や潤滑油の消費量が多くなる。燃料に重油を使う場合、排気ガス中の大気汚染物質を除去する装置が必要となることと、**振動・騒音が大きい**という欠点がある。

また、冷却水が必要であり、ラジエータ式、冷却塔（クーリングタワー）式、水槽循環式、放流式、熱交換器式などが用いられている。

②ガスタービン

下図のように燃焼用空気を圧縮し、これに燃料を加えて燃焼させ、発生した高温、高圧の燃焼ガスをタービン翼に吹き付けて、発電機を駆動する。タービンの数千〜数万 min^{-1}の回転速度を減速装置を用いて1,500 〜 1,800min^{-1} または 3,000 〜 3,600min^{-1} に減速している。構造が簡単で振動が少ない長所がある。その他、冷却水を必要としないが、燃焼用空気を大量に必要とする特徴がある。

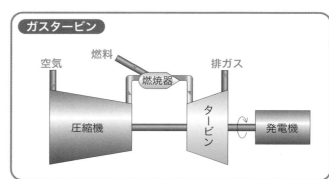

（4）ガスタービンとディーゼル機関の比較

下表にガスタービンとディーゼル機関の比較を示す。

比較項目	ガスタービン	ディーゼル機関
作動原理	燃焼ガスの熱エネルギーを直接タービンにて回転運動に変換	燃焼ガスの熱エネルギーをピストンの往復運動に変換し、クランク軸で回転運動に変換
使用燃料	灯油、軽油、A重油、天然ガス	軽油、重油、灯油
燃焼用空気量	多い	少ない
潤滑油消費量	少ない	多い
始動時間	20 〜 40秒	5 〜 40秒
発電効率 ［%］	20 〜 25	35 〜 40
機器設備の特徴	小型、軽量で振動小	重量が重く、振動大
冷却水	不要	必要
発電特性	速度変動率、電圧変動率小	速度変動率、電圧変動率大

（5）原動機出力の計算式

自家発電装置の原動機の出力は次式で表される。

$$E = R_E \cdot K \ [\mathrm{kW}]$$

E：原動機出力 $[\mathrm{kW}]$
R_E：原動機出力係数 $[\mathrm{kW/kW}]$
K：負荷出力合計 $[\mathrm{kW}]$

原動機出力係数（R_E）は、次の係数を求め、その値の最大値とする。

R_{E_1}：**定常負荷出力係数**／定常時の負荷によって定まる係数

R_{E_2}：**許容回転数変動出力係数**／過渡的に生じる負荷急変に対する回転数変動の許容値によって定まる係数

R_{E_3}：**許容最大出力係数**／過渡的に生じる最大値によって定まる係数

（6）商用電源との切替え

非常用の自家発電装置の場合、商用電源受電用の遮断器と発電機用遮断器間には、**インターロック**を設け、商用電源と発電機電源が電気的に接続されないようにする必要がある。

（7）キュービクル式自家発電設備の基準

キュービクル式自家発電設備の内部の構造は次のとおりである。

①機器及び配線類は、**断熱処理**し、堅固に固定する。

②給油口は、給油の際に**漏油により機能に影響を及ぼさない位置**に取り付ける。

③**遮音措置**を講じる。

④気体燃料を使用する場合、**ガス漏れ検知器及び警報器**を設ける。

（8）燃料配管の施工

燃料配管の施工は次のとおりである。

①**予熱する方式の原動機**との保有距離を **2m 以上**確保する。

②原動機との接続部分には、**可とう管継ぎ手**を用いる。

③バルブ等重量物の前後及び適当な箇所で、**軸直角二方向拘束**など有効に支持する。

④配管の**曲がり部分**、壁貫通部等には**可とう管継ぎ手**を用い、可とう管継

ぎ手と接続する**直管部は三方向拘束支持**とする。

⑤燃料タンクの通気管は、屋外にあっては**地上4m以上**の高さとし、かつ、**開口部から1m以上**離す。

 ## 2 蓄電池

(1) 蓄電池の種類

電池には、一次電池と二次電池があり、**一次電池**は**一度放電すると使用不能**となるのに対し、**二次電池**は**放電後に充電**することにより、繰り返し使用できる電池である。

(2) 鉛蓄電池

陽極に**二酸化鉛**、陰極に**鉛**、電解液に**希硫酸**を用いた電池で、**放電**により硫酸が消耗して濃度が下がり、**電解液の比重が低下**する。自動車用をはじめ様々な用途に用いられている。エネルギー密度はそれほど高くないが、幅広い温度領域で使用が可能であり、コストが比較的安くサイクル反応が良好である。極板方式により、クラッド式、ペースト式などに、構造方式により、**ベント形**、**制御弁式**などに分類される。

ベント形は、防まつ構造をもつ排気栓を用いて、酸霧が脱出しないようにした蓄電池で、使用中**補水を必要**とするもの。**制御弁式**は、二次電池であって通常の条件下では密閉状態にあるが、内圧が規定値を超えた場合、ガスの放出を行うもので、通常電解液を**補水することができない**。

(3) アルカリ蓄電池

正極に**水酸化ニッケル**、負極に**カドミウム**、電解液に**水酸化カリウム水溶**液を使用した蓄電池で、代表的なものに**ニッケル・カドミウム蓄電池**がある。アルカリ蓄電池は、充放電時の電解液濃度変化が少ないため、**低温領域や高率放電時**において**優れた特性**を有している。その他、**堅牢で寿命が長い**という特長を有している。

（4）鉛蓄電池とアルカリ蓄電池の特性比較

下表に鉛蓄電池とアルカリ蓄電池の特性の比較を示す。

種別	鉛蓄電池	アルカリ蓄電池
特　性	・経済的	・寿命が長い ・機械的強度大 ・放置、過放電に耐える ・高率放電特性がよい

（5）蓄電池の容量・特性

　蓄電池の容量は、電流×時間で表され、単位は [Ah]（アンペア時）が用いられる。**蓄電池容量**は、**電流が大きいほど小さくなる**。したがって、蓄電池容量は電流の程度の違いにより、**標準率放電特性（10 時間率）**、**高率放電特性（5 時間率）**、**超高率放電特性（1 時間率）**で表される。また、蓄電池の容量は温度によっても変化し、温度が低くなるほど容量が低下する。

（6）蓄電池の充電方式
①浮動充電

　下図のように、充電器と蓄電池を並列に接続する充電方式で、**常時**は、充電器が蓄電池に電圧をかけて充電しながら負荷にも電力を供給し、停電時には、蓄電池から負荷に電力を供給する方式である。高い信頼性が要求される設備の非常電源などに使用される。

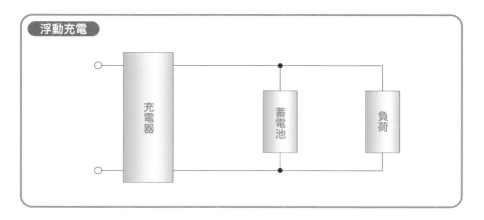

②トリクル充電

常時は、蓄電池の**自己放電に見合う分だけ充電**し、停電時には、蓄電池から負荷に電力を供給する方式である。非常用照明装置、自家発電設備の始動用電源などに使用される。

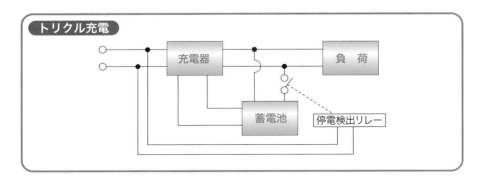

③均等充電

蓄電池を**長時間使用**した場合に、自己放電などで生じる充電状態のばらつきをなくして、均一な充電状態にするために行う充電方式である。

④回復充電

放電した蓄電池を、次の放電に備えて容量を回復させるため、充電電圧を**高めて充電**する方式である。容量が回復すると浮動充電に切り替える。

(7) 無停電電源装置（UPS）

無停電電源装置に関する用語の定義は次のとおりである。

・**無停電電源装置（UPS）**：半導体電力変換装置、スイッチ及びエネルギー蓄積装置（蓄電池など）を組み合わせ、**入力電源異常**のときに**負荷電力の連続性を確保**できるようにした電源装置。

・**保守バイパス**：**保守期間中**、**負荷電力の連続性を維持**するために設ける電力経路。

・**待機冗長UPS**：常用UPSユニットの故障に備えて、1台以上のUPSユニットを**待機**させておくシステム。

・**並列冗長UPS**：複数のUPSユニットが負荷を分担しつつ**並列運転**を行い、1台以上のUPSユニットが故障したとき、残りのUPSユニットで全負荷を負うことができるように構成したシステム。

・**バイパスなし常時インバータ給電方式**：常時、**インバータ経由によって負荷電力の連続性を維持している** UPS。

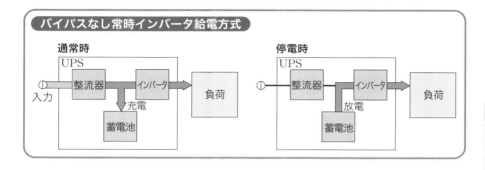

バイパスなし常時インバータ給電方式

・**バイパスあり常時インバータ給電方式**：バイパスなし常時インバータ給電方式 UPS の動作に加え、**バイパス運転状態で給電できる** UPS。
・**常時商用給電方式**：**通常運転状態では**常用電源から負荷へ電力を供給し、常用電源の電圧または周波数が指定された許容範囲から外れる場合、インバータで負荷電力の連続性を維持する UPS。

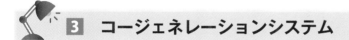

３　コージェネレーションシステム

　熱併給発電装置ともいい、下図のようにエネルギーの有効利用のため、**電気エネルギーを取り出す**発電装置に加え、発電装置から発生する排熱などを回収して利用する装置を併設したものである。

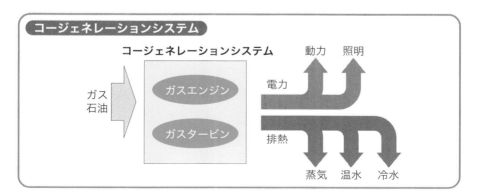

コージェネレーションシステム

(1) コージェネレーションシステムの効率

コージェネレーションシステムの効率は、次式で表される。

①省エネルギー率

従来システムで運用する場合のエネルギー量に対する、コージェネレーションシステム採用の場合の削減率をいい、次式で表される。

$$
省エネルギー率 = \frac{\left(\begin{array}{c}従来システム\\運用の年間\\一次エネルギー消費量\end{array}\right) - \left(\begin{array}{c}コージネレーション\\システム採用の年間\\一次エネルギー消費量\end{array}\right)}{従来システム運用の年間一次エネルギー消費量}
$$

②熱電比

発電出力と回収熱量の比をいい、装置及び施設の熱電比は次のように表される。

$$
装置（コージェネレーションシステム）の熱電比 = \frac{回収熱量}{発電電力}
$$

$$
施設の熱電比 = \frac{施設の熱需要}{施設の電力需要}
$$

③総合エネルギー効率

投入したエネルギーに対する発電エネルギーと回収エネルギーの和の比率で、次式で表される。

$$
総合エネルギー効率 = \frac{（年間発電量）-（年間補機消費量）+（年間回収熱量）}{年間燃料消費量}
$$

(2) コージェネレーションシステムの運転方式

コージェネレーションシステムの運転方式には、電力負荷に合わせて発電する電主熱従運転と、熱負荷に合わせて発電する熱主電従運転とがある。また、需要電力のベース電力を対象に運転するベース運転方式と、需要電力のピーク電力に対応するため運転するピーク運転方式がある。

3-6　防　災　設　備

一次　二次

Point!　　　　　　　　　　　　　　　　重要度 💡💡💡

構内電気設備の選択問題のうち、2問程度がこの分野から出題される。火災感知器の名称と定義を覚えておこう。

1　消防法・建築基準法による防災設備

（1）消防法及び建築基準法上の防災設備

消防法及び建築基準法による防災設備を下表に示す。

■消防法及び建築基準法に基づく防災設備■

消防法	消防の用に供する設備	消火設備	・消火器及び簡易消火用具 ・屋内消火栓設備 ・スプリンクラー設備 ・水噴霧消火設備 ・泡消火設備 ・不活性ガス消火設備 ・ハロゲン化物消火設備 ・粉末消火設備 ・屋外消火栓設備 ・動力消防ポンプ設備
		警報設備	・自動火災報知設備 ・漏電火災警報機 ・消防機関へ通報する火災報知設備 ・非常警報器具または非常警報設備 ・ガス漏れ火災警報設備
		避難設備	・すべり台、避難はしご、救助袋、緩降機ほか ・誘導灯及び誘導標識
	消防用水		・防火水槽またはこれに代わる貯水池その他の用水

消防法	消火活動上必要な施設	・排煙設備 ・連結散水設備 ・連結送水管 ・非常コンセント設備 ・無線通信補助設備
建築基準法	防火防煙設備	・防火戸及び防火シャッター ・防火ダンパ及び防煙たれ壁 ・排煙設備
	非常用照明	・非常用の照明装置
	避難設備	・非常用エレベーター
	警報設備	・ガス漏れ警報設備

(2) 防災設備の電源容量

　消防法では**非常電源**、建築基準法では**予備電源**といい、火災などの災害時に、常時供給する常用電源が断たれたとき、直ちに電力を自動的に供給し、所定の時間以上その機能を確保する必要がある。消防法による防災電源の容量を下表に示す。

■防災電源と運転時間■

防災電源 / 防災設備	容量（以上）	防災電源 / 防災設備	容量（以上）
屋内消火栓設備	30分間	自動火災報知設備	10分間
スプリンクラー設備	30分間	ガス漏れ火災警報設備	10分間
水噴霧消火設備	30分間	非常警報設備	10分間
泡消火設備	30分間	誘導灯	20分間
不活性ガス消火設備	60分間	排煙設備	30分間
ハロゲン化物消火設備	60分間	連結送水管	120分間
粉末消火設備	60分間	非常コンセント設備	30分間
屋外消火栓設備	30分間	無線通信補助設備	30分間

2　自動火災報知設備

自動火災報知設備の構成を下図に示す。

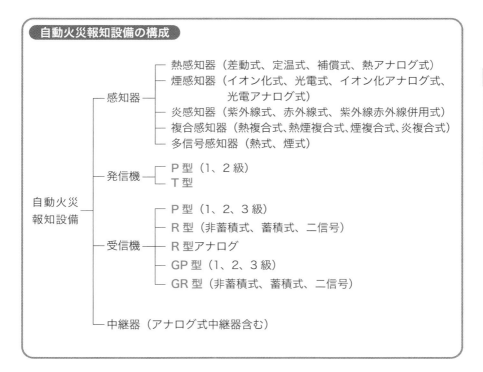

自動火災報知設備の構成

3-6

防災設備

（1）警戒区域

自動火災報知設備の警戒区域は、次によるものとする。

①防火対象物の **2 以上の階にわたらないもの**とすること。

②一の警戒区域の面積は、**600m² 以下**とし、その一辺の長さは、**50m 以下**（光電式分離型感知器を設置する場合は 100m 以下）とすること。ただし、当該防火対象物の主要な出入口からその内部を**見通すことができる場合には** 1,000m² 以下とすることができる。

（2）火災感知器

自動火災報知設備に用いられる火災感知器には、次のものがある。

①差動式スポット型

周囲温度の温度上昇率が一定率以上になったときに火災信号を発信するもので、局所の熱源に動作する熱感知器。

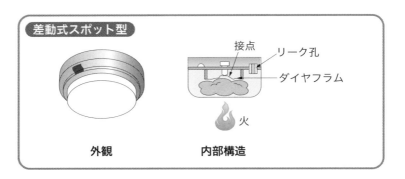

②差動式分布型

周囲温度の温度上昇率が一定率以上になったときに火災信号を発信するもので、広範囲の熱源に動作する熱感知器。

③定温式スポット型

周囲温度が一定の温度以上になったときに火災信号を発信するもので、局所の熱源に動作する熱感知器。

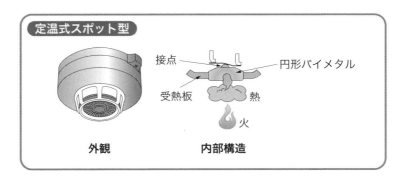

④定温式感知線型

周囲温度が一定の温度以上になったときに火災信号を発信するもので、広範囲の熱源に動作する熱感知器。

⑤補償式スポット型

差動式スポット型と定温式スポット型の両者の性能を併せ持つ熱感知器。

⑥イオン化式スポット型

　周囲空気が一定率以上の濃度の煙になったときに火災信号を発信するもので、**局所の煙**による**イオン電流の変化**により反応する**煙感知器**。

⑦光電式スポット型

　周囲空気が一定率以上の濃度の煙になったときに火災信号を発信するもので、**局所の煙**による**光電素子の受光量の変化**により動作する**煙感知器**。

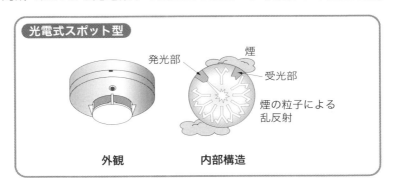

⑧光電式分離型

　周囲の空気が一定率以上の濃度の煙になったときに火災信号を発信するもので、**広範囲**の煙により**光電素子の受光量の変化**により動作する**煙感知器**。

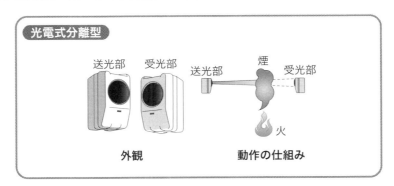

⑨複合式スポット型

　イオン化式スポット型と光電式スポット型の両者の性能を併せ持つ煙感知器。

⑩紫外線式スポット型

　炎から放射される**紫外線の変化**が一定率以上になったときに火災信号を発

信するもので、**局所の紫外線の変化により動作する炎感知器**。

⑪赤外線式スポット型

炎から放射される**赤外線の変化**が一定率以上になったときに火災信号を発信するもので、**局所の赤外線の変化により動作する炎感知器**。

⑫紫外線赤外線併用式スポット型

炎から放射される紫外線及び赤外線の変化が一定率以上になったときに火災信号を発信するもので、局所の紫外線及び赤外線の変化により動作する炎感知器。

（3）発信機

自動火災報知設備の発信機には次のものが用いられている。

① P 型発信機

各発信機の火災信号を手動の押しボタンスイッチにより受信機に発信するもので、発信と同時に**通話ができないもの**をいう。

② T 型発信機

各発信機の火災信号を手動の押しボタンスイッチにより受信機に発信するもので、発信と同時に**通話ができるもの**をいう。

Ｔ型発信機

（4）受信機

自動火災報知設備に用いられる受信機とは、感知器及び発信機からの火災信号を受けて、発報・鳴動するものである。また、消防法施行規則により、火災でない次の事態には、受信機が火災を発報することを禁止している。

・配線の１線に**地絡**が生じたとき

・開閉器の開閉等により、回路の**電圧または電流に変化**が生じたとき

・**振動または衝撃**を受けたとき

自動火災報知設備に用いられる受信機の種類と概要は次ページの表のとおりである。

■各種受信機の主な機能■

機能、構造　受信機の種類	主音響装置の音圧 (dB)	火災表示の保持	回線数の制限	予備電源の接続	火災灯の設置	地区表示灯の設置	地区音響装置の設置	電話連絡装置	導通試験装置
R 型受信機	85	○	なし	○	○	○	○	○	×
P 型 1 級受信機	85	○	なし	○	○	○	○	○	○
P 型 1 級受信機	85	○	1 回線	○	×	×	○	×	×
P 型 2 級受信機	85	○	5回線以下	○	×	○	○	×	×
P 型 2 級受信機	85	○	1 回線	×	×	×	×	×	×
P 型 3 級受信機	70	×	1 回線	×	×	×	×	×	×

備考　○：必要あり　×：必要なし

注）R 型受信機には導通試験装置に代わり外部配線の断線等を検出できる装置を設ける必要がある。

① P 型受信機

　火災信号や火災表示信号を**共通の信号**とし、または設備作動信号を共通もしくは固有の信号として受信し、火災の発生を防火対象物の関係者に報知するものをいう。

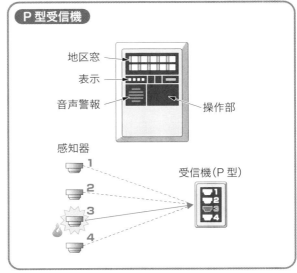

② R 型受信機

　火災信号、火災表示信号もしくは火災情報信号を**固有の信号**とし、または設備作動信号を共通もしくは固有の信号として受信し、火災の発生を防火対象物の関係者に報知するものをいう。

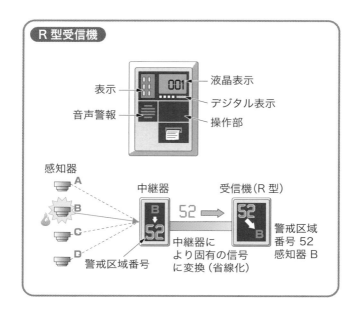

> **中継器**：火災信号、火災表示信号、火災情報信号、ガス漏れ信号または設備作動信号を受信し、これらの信号を種別に応じて、他の中継器、受信機または消火設備等に発信するものをいう。

③ G 型受信機
ガス漏れ信号を受信し、ガス漏れの発生を防火対象物の関係者に報知するものをいう。

④ GP 型受信機
G 型受信機と P 型受信機の両者の機能を併せ持つものをいう。

⑤ GR 型受信機
G 型受信機と R 型受信機の両者の機能を併せ持つものをいう。

（5）感知器の設置
感知器の設置は次のとおりとする必要がある。

①差動式スポット型・定温式スポット型感知器

差動式スポット型・定温式スポット型感知器

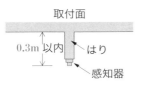

(1) 感知器の下端は取付面の下方 0.3m 以内の位置に設ける。

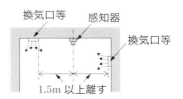

(2) 感知器は換気口等の空気吹出口から 1.5m 以上離れた位置に設ける。

(3) 感知器の取付面を基準に 45°以上傾斜させないように設ける。

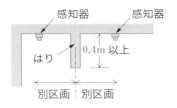

(4) 感知区域は 0.4m 以上のはり等で区画された部分ごとに設ける。

②煙感知器

煙感知器

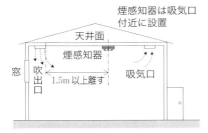

(1) 天井等に吸気口のある居室にあっては、当該吸気口付近に設ける。また、空気吹出口から 1.5m 以上離れた位置に設ける。

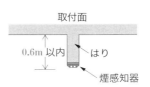

(2) 感知器の下端は取付面の下 0.6m 以内の位置に設ける。

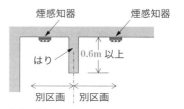

(3) 煙感知器は壁やはりから 0.6m 以上離れた位置に設ける。（廊下の幅が 1.2m 未満で、壁から 0.6m 以上離れた位置に煙感知器を設置できない場合は、廊下の幅の中心天井面に設ける。）

(4) 感知区域は 0.6m 以上のはり等で区画された部分ごとに設ける。

③炎感知器

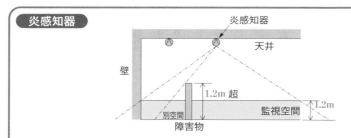

(1) 炎感知器は天井等、または壁に取り付け、床面から高さ 1.2m までの空間（監視空間）の各部分から炎感知器までの距離が、公称監視距離の範囲内となるように設ける。

(2) 監視区域内に 1.2m を超える障害物がある場合は、別に感知器を設置する。

④感知器の設置禁止場所

感知器は次の場所以外の場所に設ける必要がある。

・高さが 20m 以上である場所（炎感知器を除く）

・外部の気流が流通する場所で、感知器によっては火災の発生を有効に感知することができない場所

・天井裏で天井と上階の床との間の距離が 0.5m 未満の場所

（6）機器の取付けと配線

①受信機の操作部は、床からの**高さが 0.8m（椅子に座って操作するものは 0.6m）以上 1.5m 以下**とする。

②地区音響装置は、各階ごとに各部から一の地区音響装置までの**水平距離**が 25m 以下となるように設ける。

③発信機は、床からの**高さが** 0.8m **以上** 1.5m **以下**に、各階ごとに各部からの**歩行距離が** 50m **以下**となるように設ける。

④表示灯は発信機の直近に設け、赤色の灯火で、取付面と 15 度以上の角度となる方向に沿って、10m 離れた所から点灯していることが容易に識別できること。

⑤感知器回路の配線は次のとおりとする。

・容易に導通試験ができるように**送り配線**とする。

・共通線を設ける場合、**1 本につき 7 警戒区域以下**とする。

・**P 型受信機及び GP 型受信機**の感知器回路の抵抗は 50 Ω**以下**とする。

3　非常用照明装置

（1）非常用照明装置の設置基準

非常用照明装置は、下表に示す場所に設置することが建築基準法で義務付けられている。

■非常用の照明装置の設置基準■

対象建築物	対象建築物のうち設置義務のある部分	対象建築物のうち設置義務免除の建築物または部分
1．特殊建築物 (1)劇場、映画館、演芸場、観覧場、公会堂、集会場 (2)病院、診療所、ホテル、旅館、下宿、共同住宅、寄宿舎、その他これらに類するもの (3)博物館、美術館、図書館 (4)百貨店、マーケット、展示場、キャバレー、カフェー、バー、ナイトクラブ、舞踏場、遊技場、公衆浴場、待合、料理店、飲食店、物品販売業を営む店舗	①居室 ②無窓の居室 ③①及び②の居室から地上へ通ずる避難路となる廊下、階段その他の通路 ④①②または③に類する部分。例えば廊下に接するロビー、通り抜け避難に用いられる場所、その他通常照明設備が必要とされる部分	①自力行動の期待できないものまたは特定の少人数が継続使用するもの イ．病院の病室 ロ．下宿の宿泊室 ハ．寄宿舎の寝室 ニ．これらの類似室 ②採光上有効に直接外気に開放された通路や廊下など ③共同住宅、長屋の住戸 ④浴室、洗面所、便所、シャワー室、脱衣室、更衣室、金庫室、物置、倉庫、電気室、機械室など ——以下省略——

2. ［階数 ≧ 3］で［延べ面積 >500m²］の建築物 **［除外］** 一戸建住宅、学校等	［同上］	［同上］
3. ［延べ面積 >1,000m²］の建築物 **［除外］** 一戸建住宅、学校等	［同上］	［同上］
4. 無窓の居室を有する建築物 **［除外］** 学校等	［同上］ 上記の②③及び④、ただし③及び④において①にかかるものを除く	［同上］

(2) 非常用照明装置の照度と点灯時間

非常用照明装置の照度と点灯時間は次のとおりである。

①直接照明で床面における水平照度が 1lx（**蛍光灯**の場合は 2 lx）以上の照度を確保する。地下道の床面においては 10lx 以上の照度を確保する。

②常用電源が断たれた場合、防災電源に自動的に切り替わり即時点灯し 30 分間点灯を継続する。

(3) 非常用照明装置の電源

非常用照明装置の電源に求められる性能は、次のとおりである。

①充電器を持つ蓄電池は、停電後充電を行うことなく 30 分以上の放電に耐えるもの。

②自家発電装置は、停電後 10 秒以内に電圧が確立し、30 分以上の安定供給できるもの。

蓄電池と併用する場合は、停電後 40 秒以内に電圧が確立し、30 分以上の安定供給できるもの。

③予備電源の開閉器には、非常照明装置用である旨を表示する。

(4) 非常用照明装置の配線

非常用照明装置の電気配線は、次の措置が必要である。

①耐熱配線を用い、すべて耐火措置が必要である。

②専用回路とし、他の電気回路と接続しない。

③配線途中に容易に電源を遮断することができる開閉器を設けない。

④照明器具と配線は**直接接続**し、途中にスイッチ、コンセントを設けない。

4　誘導灯

(1) 誘導灯の区分

誘導灯には、避難口誘導灯、通路誘導灯、客席誘導灯の区分があり、それぞれ下表に示すとおりである。

■誘導灯の区分■

区分	設置場所	特徴
避難口誘導灯	避難口	直線距離で 30m 離れたところから識別できるもの
通路誘導灯	廊下、階段、通路、その他の避難上の設備	階段、傾斜路に設けるものは、踏面、表面、踊場の中心線の照度が 1lx 以上となること
客席誘導灯	客席	客席内の通路の床面照度が 0.2lx 以上となるように設けること

(2) 誘導灯の等級

誘導灯には、下表のとおり、A 級、B 級、C 級の等級があり、B 級には BH 形と BL 形がある。

区分	表示面の縦寸法 [m]
A 級	0.4 以上
B 級	0.2 以上 0.4 未満
C 級	0.1 以上 0.2 未満

(3) 誘導灯の設置基準

誘導灯のうち、避難口誘導灯は、次に示す場所に設置する。

①屋内から**直接地上へ通ずる出入口**（附室が設けられている場合にあって

3-6
防災設備

225

は、当該附室の出入口）

②**直通階段の出入口**（附室が設けられている場合にあっては、当該附室の出入口）

③**避難階の廊下及び通路**（①の避難口に通ずるものに限る。）

④**直通階段**

5 その他の防災設備

（1）非常コンセント

非常コンセントの設置基準は次のとおりである。

①非常コンセント設備は、消防法施行令別表第一に掲げる建築物で地階を除く **11 階以上の階の階段室**、防火対象物で延べ面積が **1,000m² 以上**のものに設置する。

②階ごとにその階の各部分から一の非常コンセントまでの水平距離が **50m 以下**となるように、かつ、階段室・非常用エレベーターの乗降ロビーなどの消防隊が有効に消火活動を行える場所に設ける。

③取付高さの基準は床面または階段の踏面から高さが **1m 以上 1.5m 以下**の位置に設ける。

④非常コンセントは、単相用 **125V15A** 2 極で接地極付きのものとすること。

⑤非常コンセントには**非常電源**を附置すること。

（2）無線通信補助設備

無線通信補助設備の設置基準は次のとおりである。

①地下街で延べ面積が **1,000m² 以上**のものに設置する。

②漏洩同軸ケーブル、漏洩同軸ケーブルとこれに接続する空中線、または同軸ケーブルとこれに接続する空中線によるものとする。

③無線を接続する端子は、地上で消防隊が有効に活動できる場所及び守衛室など、常時人がいる場所に設ける。

④端子は床面または地盤面から **0.8m 以上 1.5m 以下**の位置に設ける。

（3）非常警報設備

　非常警報設備の設置基準は次のとおりである。

①音圧は取り付けられた音響装置の中心から 1m 離れた位置で 90dB 以上であること。

②各階ごとに、その階の各部分から一の音響装置までの水平距離が 25m 以下となるように設けること。

③各階ごとに、その階の各部分から一の起動装置までの歩行距離が 50m 以下となるように設ける。

④起動装置は、床面からの高さが 0.8m 以上 1.5m 以下の箇所に設ける。

⑤起動装置の直近に表示灯を設ける。

⑥起動装置の表示灯は、赤色の灯火で、取付面と 15 度以上の角度となる方向に沿って 10m 離れたところから点灯していることが容易に識別できるもの。

3-6

防災設備

1問1答

 1. 不活性ガス消火設備の防災電源の容量は、運転時間 45 分間以上とする。

2. 差動式スポット型感知器は、周囲温度が一定の温度差になったときに火災信号を発信する。

3. 非常用照明装置は、病室、宿泊室などに設置が義務付けられている。

4. 非常コンセントは、床面からの高さが 0.8m 以上 1.5m 以下の位置に設ける。

5. 非常警報設備の起動装置は、各階ごとにその階の各部分から歩行距離が 50m 以下となるように設ける。

 1 ✕ → p.214　　**2** ✕ → p.216　　**3** ✕ → p.223　　**4** ✕ → p.226

5 ◯ → p.227

3-7 構内通信設備

Point!　　　　　　　　　　　　　　　　　重要度 💡💡💡

構内電気設備の選択問題のうち、2 問程度がこの分野から出題される。LAN 設備の名称と定義を覚えておこう。

1 LAN 設備

(1) LAN の方式

　LAN とは、ローカルエリアネットワークのことで、構内情報通信網と訳される。LAN は形状により下表のように分類される。

■ LAN の形状 ■

	バス形	リング形	スター形
形状		制御装置	
特徴	パッシブな障害である限り、部分障害に閉じ込める。	**制御装置及びリング内の他の装置障害により、システムダウン**となる。	**中央の装置が障害を**起こした場合、すべての通信が途絶してしまう弊害がある。

(2) LAN のアクセス方式

　LAN のアクセスの方式のうち、**CSMA/CD**（搬送波感知多重アクセス / 衝突検出方式）方式と**トークンパッシング方式**の概要を、次ページの表に示す。

■アクセス方式の概要■

項目	CSMA/CD	トークンパッシング
概要	（送信） 回線上にデータが流れていないことを確認したうえで送信する。 （受信） 自分宛のデータが流れてきたら取り込む。	（送信） 回線上をトークン（送信権）が流れてきた場合のみ、オーバライドしてデータを送信する。 （受信） 自分宛のデータが流れてきたら取り込む。

3-7
構内通信設備

(3) LAN の伝送方式

LAN の伝送方式のうち、ベースバンド方式とブロードバンド方式の概要を、下表に示す。

■アクセス方式の概要■

項目	ベースバンド方式	ブロードバンド方式
概要	原信号を他周波数帯域に移すことなく伝達する。	いくつかの搬送波を用い複数の信号を各搬送波のチャンネルに対応させ同時に転送する。
伝送距離	ノイズの影響を受けやすく、**長距離伝送に不利**。	**長距離伝送に**適している。

(4) OSI 基本参照モデル

OSI 基本参照モデルは、**ネットワーク構造の設計指針**である「OSI（Open Systems Interconnection：開放型システム間相互接続）」に基づいて、ネットワークの仕組みを7つの層に分類したもので、次のとおりである。

	階層	名称	役割
上位層	第7層	アプリケーション層	ユーザーが直接操作するアプリケーション・ソフトに関する取り決め

上位層	第6層	プレゼンテーション層	通信のためのデータ形式とアプリケーション層でユーザーが取り扱うデータ形式（文字コード、圧縮方式、暗号化方式など）を相互に変換するための取り決め
	第5層	セッション層	アプリケーションごとに、送信者と受信者が互いの存在を確認してからデータを送り合う（セッションの確立）ための取り決め
下位層	第4層	トランスポート層	ネットワーク層以下の層で伝送されるデータが、確実に受信者に届いていることを保証するための取り決め
	第3層	ネットワーク層	中継装置（ルータ）を経由して、データを最終的に目的地まで伝送するための取り決め
	第2層	データリンク層	同じ種類の通信媒体（電線、光ケーブル、無線など）で直接つながっているコンピュータ同士でデータを伝送する際の取り決め
	第1層	物理層	通信媒体に応じた信号の種類・内容やデータの伝送方法に関する取り決め

（5）LAN の構成

LAN の構成例を下図に示す。

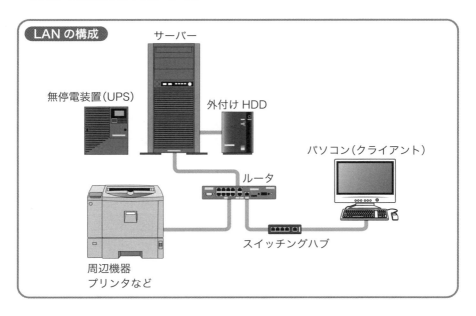

（6）LAN の構成機器

① HUB（ハブ）

スター形 LAN で使用される**集線装置**。

②スイッチングハブ

レイヤー2スイッチともいう。接続されているコンピュータの情報（MAC アドレス）を記憶しておき、**パケットの宛先に応じてポートを選択して送り出す**ハブ。

③ルータ

第3レイヤー（ネットワーク層）、第4レイヤー（トランスポート層）のアドレスを見て、どの経路を通して転送すべきかを判断する**経路選択機能を持つ中継器**。

④リピータ

LAN ケーブル上を流れる信号を**増幅**し、伝送距離を延長する第1レイヤー（物理層）の中継器。

⑤ VLAN（バーチャル LAN）

スイッチングハブに接続した端末を、物理的な接続にとらわれずに**仮想的にグループ化**する機能。

（7）UTP ケーブルの施工

UTP ケーブルの施工は次のとおりである。

①ねじれ、**キンク**など極端な**曲げを加えない**。

②許容曲げ半径は、幹線配線はケーブル径の **10 倍以上**、水平配線は **4 倍以上**確保する。

③水平配線で、フロア配線盤からフロア内の**端末機器**までの距離の物理長は、**100m を超えない**こと。

④水平配線で、フロア配線盤から**通信アウトレット**までの距離の物理長は、**90m を超えない**こと。

⑤成端点のケーブル心線のより戻しは、**カテゴリ 5e** ケーブルで成端点から **13mm 以下**、**カテゴリ 6** ケーブルで **6mm 以下**を維持する。

2 光ファイバケーブル

　光ファイバケーブルは、デジタル電気信号を光信号に変換して伝送するものである。光ファイバは、石英ガラスやプラスチックで形成される細い繊維状の物質で、下図のように**中心部のコア**と、その周辺部の**クラッド**の二層構造になっている。**コアはクラッドより屈折率が高く**、光はコア内に閉じこめられた状態で伝搬する。

①光ファイバケーブルの特徴

　光ファイバケーブルの特徴は、次に示すとおりである。

・広帯域の信号伝送が可能
・軽量
・電磁的影響を受けない
・損失が少ない

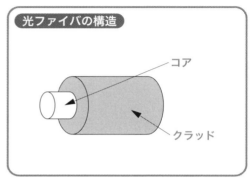

光ファイバの構造

コア

クラッド

②光ファイバケーブルの分類

　光ファイバは、光の伝搬するモードの数によって**マルチモード**と**シングルモード**に分類される。さらにマルチモードは、コアの屈折率分布によって、**ステップインデックス**と**グレーデッドインデックス**に分類される。

シングルモード	ステップインデックス・マルチモード	グレーデッドインデックス・マルチモード
屈折率分布	屈折率分布	屈折率分布
●伝送損失が低く、長距離伝送が可能。 ●高価で折り曲げに弱く、接続性がよくない。	●長距離・広帯域の伝送に向かない。 ●構造が簡単で安価で接続性がよい。	●伝送波形が崩れにくいため、中距離・高速の伝送に適している。 ●構造が複雑で高価。

③接続

　光ファイバの接続には、**融着接続とコネクタ接続**があり、固定接続は、確実な接続である融着接続により施工される。コネクタ接続は、ファイバ端面を研磨して突き合わせて接続するので、端面の取扱いに注意が必要である。

④接続損失

　軸ズレ、角度ズレ、間隔不良、端面欠損、研磨不良などにより、**接続部に発生する損失**。

⑤レイリー散乱

　コアの密度や組成の不均一による屈折率のゆらぎによって生じる光の散乱現象。散乱光の一部が入射端に戻ってくる**後方散乱光**が発生する。

⑥フレネル反射

　コネクタ接続点やファイバ破断点などのコアと空気の**境界面で生じる反射**現象。フレネル反射光を観測することで**破断位置を推定**することができる。

⑦布設張力

　光ファイバケーブルには**許容布設張力**があり、これを超えると伝送特性や長期信頼性が損なわれる。

⑧光ファイバケーブル布設時の留意事項

・曲げ内側半径は、仕上り外径の **20 倍以上**（固定時は **10 倍以上**）とする。
・支持、固定するときに**外圧・張力**がかからないようにする。
・外圧、衝撃を受けるおそれがある部分は、適切な**防護措置**をする。
・**許容張力、許容側圧**を超えないように施工する。
・光ファイバケーブル先端に**プーリングアイ**等の引っ張り端末を取り付け、テンションメンバに延線用**より戻し金具**を取り付け、**一定の速度**で布設する。

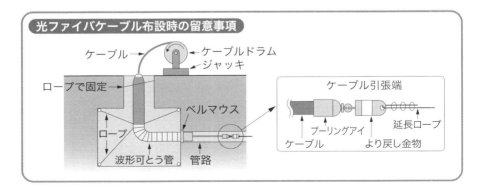

光ファイバケーブル布設時の留意事項

⑨誘導対策

光ファイバ心線は導体ではないため誘導されないが、補強材のテンションメンバやシースなどの金属導体には誘導障害が発生する。誘導対策として、テンションメンバやシースにも樹脂を用いた、**ノンメタリックケーブル**を採用する。

3 拡声設備

拡声設備は放送設備とも呼ばれ、増幅器、マイクロホン、スピーカ及び配線で構成されている。

（1）増幅器

増幅器の定格出力は、スピーカの定格出力の合計に余裕を見込んで選定する。基準を満たせば、一般放送用と非常放送用を兼用することが可能である。

（2）マイクロホン

マイクロホンは指向性により次のように分類される。

①全指向性

・残響の多い室では、**ハウリングが起きやすく不適当**。

・騒音レベルの大きい所は、目的外の音を吸音するので不適当。

・周囲の音を吸音するときに採用。

②単一指向性

・残響の多い室では、**ハウリングが起きにくい**。

・目的外の音を吸音したくないときに採用（一般には用途が広い）。

③両指向性

・残響の多い室では、ハウリングが起きやすく不適当。

・前後の音のみ吸音するときに採用。

■マイクロホン指向性の特定曲線■

全指向性	単一指向性	両指向性

(3) スピーカ

　スピーカには、**コーン型スピーカ**とホーン型スピーカがある。コーン型スピーカは壁掛け形、天井吊り形、天井埋込形など様々な形式があり、主として屋内に使用される。**ホーン型スピーカは、屋外など大出力を必要とする場合に使用される。**

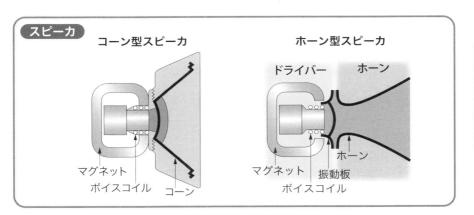

①コーン型スピーカ

　円錐状の振動板（コーン）が振動して音を放射するもので、周波数特性が良く、音質も良いため、**音響用**として用いられている。

②ホーン型スピーカ

　トランペットスピーカとも呼ばれ、効率が高く、**大出力**が得られる。また、**指向性が高く**、耐水性があるので、**音質は良くないが**屋外での**拡声用**に用いられる。

(4) アッテネータ（音量調節器または減衰器）

　アッテネータは内部にある抵抗によって、信号レベルを減衰させるもので、スピーカに接続し、音量の調節や「切」にするために設けられる。

(5) インピーダンス回路
①ハイインピーダンス回路

　スピーカにマッチングトランスを内蔵し、入力インピーダンスを大きくして接続する方式で、多くのスピーカを並列に接続し**一般放送用**に用いられる。

線路損失が小さく、長距離接続が可能である。

②ローインピーダンス回路

　スピーカを直接増幅器に接続する方式である。**音質は良いが線路損失が大きい**ため、線路を長くできない。主に**オーディオ放送用**に用いられる。

（6）ハウリング

　スピーカの音をマイクロホンが拾うと、**共鳴・発振**し、発振音が生じる。防止策には、単一指向性マイクロホンの使用や、内装の吸音処理などがある。

 4　テレビ共同受信設備

（1）テレビ共同受信設備の概要

　共同アンテナなどを設け、同軸ケーブルによって各部屋に分配し、テレビ放送などを受信可能にする設備である。

（2）アンテナ

　テレビ共同受信設備のアンテナには次のものがある。
　①全帯域アンテナ
　②広帯域アンテナ
　③専用帯域アンテナ

（3）増幅器

　ブースタともいい、伝送機器や分岐機器の損失を補完し、信号の強さを共同受信システムに必要なレベルまで増幅する機器。

（4）混合（分波）器

　VHF、UHF、BS の各信号を干渉することなく**混合**するものを混合器という。混合器への信号を逆に接続すると、**混合した信号**を VHF、UHF、BS 信号に**分波**することができ、これを分波器という。

（5）分配器

幹線から各出力端子に信号を**均等に分配**するものである。

（6）分岐器

幹線から信号の**一部を取り出す**方向性結合器である。

（7）直列ユニット

テレビに接続するための信号を取り出す端子で、同軸ケーブルに直列に接続される。

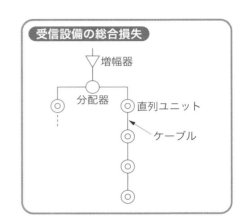

受信設備の総合損失

増幅器
分配器
直列ユニット
ケーブル

（8）総合損失

右図のような受信設備において、増幅器から末端までの総合損失は次式で求められる。

増幅器から末端までの総合損失

＝各機器の損失の総和＋ケーブルの損失の総和

5　駐車場車路管制設備

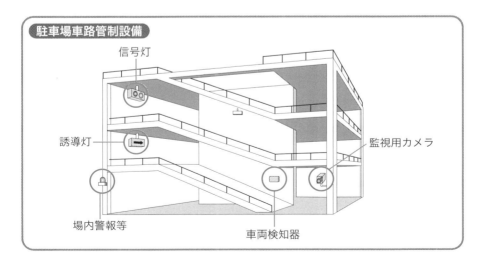

駐車場車路管制設備

信号灯
誘導灯
場内警報等
車両検知器
監視用カメラ

（1）車両検知器

　車両検知器には、光線式検知器とループコイル式検知器がある。

①光線式検知器

　赤外線発光部と受光部を車路の両壁に向かい合わせに設置し、発光部から投射された赤外線を受光部との間で車両が遮ることで、車両の通過を検知する方式である。発光部と受光部が1組の場合、人間の通過でも検知してしまうため、1.5〜2m程度離して2組設け、車両により2組とも遮光したときに検知するようにしている。

②ループコイル式検知器

　車路にあらかじめループコイルを埋め込んでおき、車両が通過するときのインダクタンスの変化を検出して、車両を検知する方式である。車路のできるだけ浅い部分に埋設したほうが感度はよいが、路面のひび割れなどを考慮して5cm程度の深さに埋設される。また、コンクリート内の鉄筋等の金属体からはできるだけ離隔（5cm以上）する必要がある。

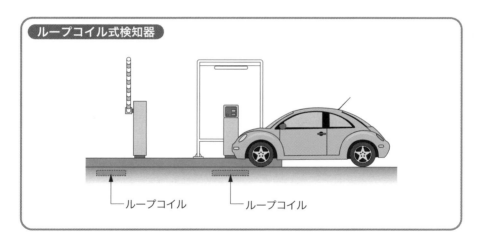

ループコイル式検知器

ループコイル　　ループコイル

（2）信号灯

　信号灯は車路の入口と出口に設け、車路部分に設ける場合は、車路面から高さ2.3m以上に設置する。

3-8 接地・保護・避雷設備 一次

Point!　重要度 💡💡💡

A、B、C、D 各種接地工事の種類と内容、接地極まわりの接地工事の施工方法がよく出題されるので、覚えておこう。

1 接地工事

（1）電気設備の接地

　電気設備には、感電、火災、損傷を与えるおそれがないように、接地などの適切な措置を講じなければならない。

（2）接地工事の種類（電技解釈 17 条）

　接地工事の種類と抵抗値を下表に示す。

接地工事の種類	接地抵抗値 ［Ω］	
A 種接地工事 高圧または特別高圧	10 Ω以下	
B 種接地工事 高圧または特別高圧 電路と低圧を結合す る変圧器の低圧側	注）I_g は、当該変圧器の高圧側または特別高圧側の電路の 1 線地絡電流（単位：A）	$(150/I_g)$ Ω以下
	当該変圧器の高圧側または特別高圧側の電路と低圧側の電路との混触により、低圧電路の対地電圧が 150V を超えた場合に、自動的に高圧または特別高圧の電路を遮断する装置を設ける場合の遮断時間が、1 秒を超え 2 秒以下	$(300/I_g)$ Ω以下
	同上、1 秒以下	$(600/I_g)$ Ω以下
C 種接地工事 300V を超える低圧	10 Ω以下（低圧電路において地絡を生じた場合に、0.5 秒以内に当該電路を自動的に遮断する装置を施設するときは 500 Ω以下）	
D 種接地工事 300V 以下の低圧	100 Ω以下（低圧電路において地絡を生じた場合に、0.5 秒以内に当該電路を自動的に遮断する装置を施設するときは 500 Ω以下）	

(3) 接地線の種類（電技解釈 17 条）

接地線の種類を下表に示す。

接地工事の種類	接地線の種類
A 種接地工事	引張強さ 1.04kN 以上の金属線または直径 2.6mm 以上の軟銅線
B 種接地工事	引張強さ 2.46kN 以上の金属線または直径 4mm 以上の軟銅線 （変圧器が高圧または 15,000V 以下の特別高圧と低圧を結合する 場合は、引張強さ 1.04kN 以上の金属線または直径 2.6mm 以上 の軟銅線）
C 種、D 種接地工事	引張強さ 0.39kN 以上の金属線または直径 1.6mm 以上の軟銅線

(4) 接地工事の施工方法（電技解釈 17 条）

① A 種接地工事、B 種接地工事の接地極、接地線は、人が触れるおそれ
がある場所に施設する場合は、次のとおりとする。

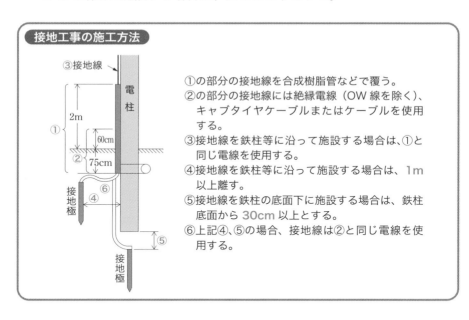

② A 種接地工事及び B 種接地工事に使用する接地線は、**避雷針用地線**を
施設してある支持物に施設しないこと。

③金属体と大地との間の電気抵抗値が **10 Ω以下である場合は** C 種接地
工事を施したものと、**100 Ω以下である場合は** D 種接地工事を施した

ものとみなす。

（5）工作物の金属体を利用した接地工事（電技解釈 18 条）

　建物の鉄骨または鉄筋その他の金属体を接地極に使用する場合には、建物の鉄骨または鉄筋コンクリートの一部を地中に埋設するとともに、**人が触れるおそれがある範囲にあるすべての導電性部分を**共用の接地極に接続して、等電位ボンディングを施すこと。

2　保護協調

（1）過電流保護協調

　過電流事故が発生したとき、需要家側の事故が電力会社側に影響を与えないようにする必要がある。そのため、**受電側の**過電流保護装置と、**電力会社側の**過電流保護装置との動作は、下図のような**動作時限差**による協調が図られている。

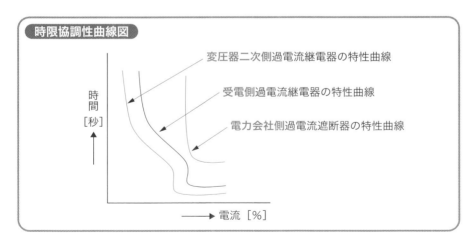

時限協調性曲線図

変圧器二次側過電流継電器の特性曲線

受電側過電流継電器の特性曲線

電力会社側過電流遮断器の特性曲線

時間
［秒］

電流［％］

（2）地絡保護協調

　地絡事故が発生したとき、需要家側の事故が電力会社側に影響を与えないようにする必要がある。一方、電力会社側の事故が需要家側に影響を与えないようにする必要もある。このため、受電用遮断器から負荷側の高圧電路に

おける対地静電容量が大きい場合には、**方向性地絡継電器**を使用する。また、**零相変流器（ZCT）**を使用する場合は、ケーブル**シールド接地線**を下図のように接続する必要がある。

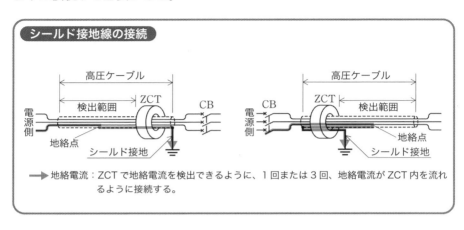

シールド接地線の接続

地絡電流：ZCT で地絡電流を検出できるように、1 回または 3 回、地絡電流が ZCT 内を流れるように接続する。

3 避雷設備

（1）避雷設備の設置を要する場所

①**高さ 20m** を超える建築物（建築基準法施行令 129 条の 14）

②**指定数量の 10 倍以上の危険物**を取り扱う貯蔵所、屋外タンク貯蔵所（危険物政令 10 条 1 項 14 号、11 条 1 項 14 号）

③地上に設置する**一級火薬庫及び二級火薬庫**（火薬類取締法施行規則 30条）

（2）外部雷保護システム

外部雷保護システムは、避雷針を含めた**受雷部システム、引下げ導線システム**および**接地システム**から構成されている。

①受雷部システム

受雷部システムは、**突針、水平導体、メッシュ導体**で構成されている。また、受雷部システムの配置は、**保護角法、回転球体法、メッシュ法**を個別にまたは組み合わせて設計される。

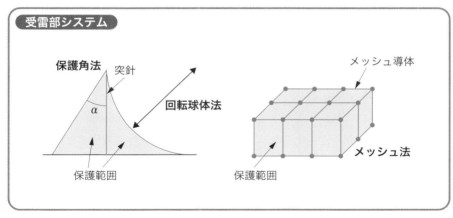

②引下げ導線システム

雷撃点から大地までの雷電流の経路である。

③接地システム

① A 型接地極

放射状接地極、垂直接地極または板状接地極から構成されている。板状接地極の表面積は片面 0.35m² 以上とする。

② B 型接地極

環状接地極、基礎接地極または網状接地極から構成されている。

③接地極の施工

接地極は、被保護物の外側に 0.5m 以上の深さに施設し、外周環状接地極においては、0.5m 以上の深さで壁から 1m 以上離して埋設する。

④外部雷保護システムの材料及び寸法

システムの材料及び最小寸法は下表のとおりである。

材料	受雷部（mm²）	引下げ導線（mm²）	接地極（mm²）
銅	35	16	50
アルミニウム	70	25	—
鉄	50	50	80

3-9 地中電線路

一次 二次

Point!　　　　　　　　　　　　　　　　重要度

地中電線路同士、地中電線路と弱電流電線路、地中電線路とガス
管等と交差・接近する場合について、整理しておこう。

1 地中電線路

(1) 地中電線路の施設（電技解釈120条、JIS C3653）

地中電線路の電線はケーブルを使用し、次の方式により施設する。

①管路式

管路式の施設は、次のように規定されている。

①掘削及び埋戻し　地盤の掘削及び埋戻しは、次による。

　イ　掘削した底盤は、十分に突き固めて平滑にする。

　ロ　埋戻しのための土砂は、管路材などに損傷を与えるような小石、砕
　　石などを含まず、かつ、管周辺部の埋戻し土砂は、管路材などに腐
　　食を生じさせないものを使用する。

　ハ　管周辺部の埋戻し土砂は、すき間がないように十分に突き固める。

　ニ　複数の管路を接近させ、かつ、並行して施設する場合は、管相互間（特
　　に管底側部）の埋戻し土砂はすき間のないように十分に突き固める。

　ホ　軟弱地盤などに施設する場合は、その地盤の履歴及び状況を十分に
　　把握した上で、管路に損傷を与えない方策を講じる。

②電線を収める管は、これに加わる車両その他の重量物の圧力に耐えるも
　のであること。金属製の管及びその接続部には、防食テープ巻き、ライ
　ニングなどの防食処理を施す。

③管路は、ケーブルの布設に支障が生じる曲げ、蛇行などがないように施
　設する。

④管相互の接続は、専用の附属品がある場合は、それを使用して堅ろうに

244

行い、かつ、水が容易に管路内部に浸入しにくいように施設する。

⑤管路は、内面、接続部及び端部にケーブルの被覆を損傷するような突起が生じないように施設する。

⑥管路と地中箱または建物との接続部分は、耐久性をもつシーリング材、モルタルなどを充てんして、水が容易に地中箱または建物内に浸入しにくいようにする。

⑦地中から建物内部または必要に応じて地中箱内部に引き込まれた管路（予備管を含む。）の管口部分には、防水処理を施す。

⑧1管路には、1回線のケーブルを収めることが望ましい。

⑨管内に布設するケーブルが1条の場合の管の内径は、ケーブル仕上がり外径の1.5倍以上、管内に布設するケーブルが2条以上の場合の管の内径は、ケーブルを集合した場合の外接円の直径の1.5倍以上とすることが望ましい。

⑩高圧または特別高圧の地中電線路には、次により表示を施すこと。ただし、需要場所に施設する高圧地中電線路であって、その長さが15m以下のものにあってはこの限りでない。

イ 物件の名称、管理者名及び電圧（需要場所に施設する場合にあっては、物件の名称及び管理者名を除く。）を表示すること。

ロ おおむね2mの間隔で表示すること。ただし、他人が立ち入らない場所または当該電線路の位置が十分に認知できる場合は、この限りでない。

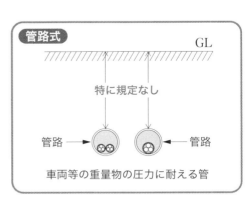

②直接埋設式（直埋式）

直接埋設式（直埋式）の施設は、次のように規定されている。

①地中電線の埋設深さは、車両その他の重量物の圧力を受けるおそれがある場所においては1.2m以上、その他の場所においては0.6m以上であること。

②地中電線を衝撃から防護するため、次のいずれかにより施設すること。

イ 地中電線を、堅ろうな**トラフ**その他の防護物に収めること。

ロ 低圧または高圧の地中電線を、車両その他の重量物の圧力を受けるおそれがない場所に施設する場合は、地中電線の上部を堅ろうな**板またはとい**で覆うこと。

ハ 地中電線に、**がい装を有するケーブル**を使用すること。さらに、地中電線の使用電圧が特別高圧である場合は、堅ろうな**板またはとい**で地中電線の上部及び側部を覆うこと。

ニ 地中電線に、**パイプ型圧力ケーブル**を使用し、かつ、地中電線の上部を堅ろうな**板またはとい**で覆うこと。

③埋設表示

管路式の規定に準じて、表示を施すこと。

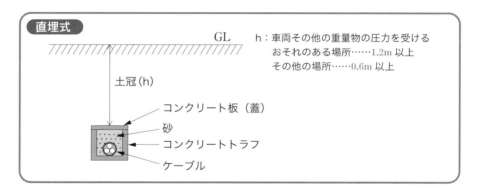

③暗きょ式

暗きょ式の施設は、次のように規定されている。

①暗きょは、車両その他の重量物の圧力に耐えるものであること。

②次のいずれかにより、防火措置を施すこと。

イ 地中電線に**耐燃措置**を施すこと。

□　暗きょ内に**自動消火設備**を施設すること。

（2）地中箱の施設（電技解釈121条）

地中箱の施設は、次のように規定されている。

①地中箱は、車両その他の重量物の圧力に耐える構造であること。

②爆発性または燃焼性のガスが侵入
し、爆発または燃焼するおそれが
ある場所に設ける地中箱で、その
大きさが**1m³以上**のものには、**通
風装置**その他ガスを放散させるた
めの適当な装置を設けること。

③地中箱のふたは、**取扱者以外の者**
が容易に開けることができないよ
うに施設すること。

（3）地中電線と他の地中電線等との接近または交差（電技解釈125条）

①低圧、高圧、特別高圧の地中電線の接近または交差

低圧、高圧、特別高圧地中電線とが接近または交差する場合の施設は、次
のように規定されている。

①地中電線相互の離隔距離が、次に規定する値以上であること。

　　イ　低圧地中電線と高圧地中電線との離隔距離は、**15cm**

　　ロ　低圧または高圧の地中電線と特別高圧地中電線との離隔距離は、
　　　　30cm

②地中電線相互の間に堅ろうな**耐火性の隔壁**を設けること。

③**いずれかの地中電線**が、次のいずれかに該当するものであること。

　　イ　**不燃性**の被覆を有すること。

　　ロ　堅ろうな**不燃性**の管に収められていること。

④**それぞれの地中電線**が、次のいずれかに該当するものであること。

　　イ　**自消性のある難燃性の被覆**を有すること。

　　ロ　堅ろうな**自消性のある難燃性**の管に収められていること。

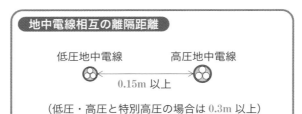

②地中電線と地中弱電流電線等の接近または交差

地中電線と地中弱電流電線等が接近または交差する場合の施設は、間に堅ろうな**耐火性の隔壁**を設けるか、離隔距離を下表の値以上であることと規定されている。

■地中電線と地中弱電流電線等との離隔距離■

地中電線の使用電圧の区分	離隔距離
低圧または高圧	0.3m
特別高圧	0.6m

地中電線と地中弱電流電線等の接近または交差

低圧または高圧
の地中電線　　　　　地中弱電流電線

離隔 0.3m 以上

（特別高圧では 0.6m 以上）

③特別高圧地中電線と可燃性もしくは有毒性の流体の配管との接近または交差

特別高圧地中電線が、ガス管等と接近または交差する場合の施設は、次のいずれかによるよう規定されている。

①地中電線とガス管等との離隔距離が、**1m 以上**であること。

②地中電線とガス管等との間に堅ろうな**耐火性の隔壁**を設けること。

③地中電線を堅ろうな**不燃性**の管または**自消性のある難燃性**の管に収め、当該管がガス管等と**直接接触しない**ように施設すること。

特別高圧地中電線と可燃性もしくは有毒性の流体の配管との接近または交差

特別高圧地中電線　　可燃性または有毒性の管

離隔 1m 以上

④特別高圧地中電線と水道管等（ガス管等以外の管）との接近または交差

　特別高圧地中電線が、水道管等（ガス管等以外の管）と接近または交差する場合の施設は、次のいずれかによるように規定されている。

①地中電線と水道管等との離隔距離が、**0.3m 以上**であること。

②地中電線と水道管等との間に堅ろうな**耐火性の隔壁**を設けること。

③地中電線を堅ろうな**不燃性の管**または**自消性のある難燃性の管**に収めて施設すること。

④水道管等が**不燃性の管**または**不燃性の被覆**を有する管であること。

 1問1答

問 **1.** 直接埋設式の地中電線路の埋設深さは、車両などの重量物の圧力を受ける場合は、0.8m 以上とする。

2. 暗きょ内には自動火災報知設備を施設すること。

3. 1m³ 以上の大きさの地中箱には通風装置を設けること。

4. 低圧・高圧・特別高圧の地中電線とが接近・交差する場合は、いずれかの地中電線が、難燃性の被覆を有すること。

答 **1** ✕ → p.245　**2** ✕ → p.246 〜 247　**3** ◯ → p.247　**4** ✕ → p.247

コージェネレーションシステム（CGS）の~~省エネルギー率~~とは、発電電力量と回収した熱エネルギーの合計を投入エネルギー量で除した値である。

コージェネレーションシステム（CGS）の**総合エネルギー効率**とは、発電電力量と回収した熱エネルギーの合計を**投入エネルギー量**で除した値である。

客席誘導灯は、客席内の通路の床面における水平面の照度が~~0.1~~lx 以上になるように設ける。

客席誘導灯は、客席内の通路の床面における**水平面**の照度が **0.2**lx 以上になるように設ける。

施設用蛍光灯器具のグレアに関して、グレア分類 ~~G3~~ の照明器具は、不快グレアを厳しく制限した器具である。

施設用蛍光灯器具のグレアに関して、グレア分類 **G0** の照明器具は、**不快グレア**を厳しく制限した器具である。

無停電電源装置（UPS）の常時商用給電方式は、~~通常運転状態では~~インバータは蓄電池運転状態となり、負荷電力はインバータを経由して供給される給電方式である。

無停電電源装置（UPS）の常時商用給電方式は、**常用電源の電圧または周波数が指定された許容範囲を外れる場合**、インバータは蓄電池運転状態となり、負荷電力はインバータを経由して供給される給電方式である。

自家用発電設備におけるガスタービン発電装置と比較したディーゼル発電装置の特徴は、構成部品点数が~~少なく~~、重量も~~軽い~~。

自家用発電設備におけるガスタービン発電装置と比較したディーゼル発電装置の特徴は、構成部品点数が**多く**、重量も**重い**。

光ファイバケーブルのマルチモードは、シングルモードと比べて長距離伝送に~~適している~~。

光ファイバケーブルのマルチモードは、**シングルモード**と比べて長距離伝送に**適していない**。

1回で受かる！
1級電気工事施工管理技術検定合格テキスト

第4章

交　通

電気鉄道

4-1　一次

Point!　　　　　　　　　　　　重要度

電車線として3問、土木関係の軌道として1問出題される。まとめたほうが学習しやすいので、ここでまとめて扱う。

1　電車線

（1）電車線設備の構成

電車線路の構成は、次のとおりである。

①き電線

変電所から**電車線**または**導電レール**へ給電する電線。

②帰線

電車線から変電所までの線路で、一般に**車両走行用レール**を電気的に接続して使用する。

③集電導体

架空単線式では**電車線（トロリ線）**、走行レールと平行に布設した第三レール式では**導電レール**が用いられる。

（2）架空電車線のちょう架方式

代表的な架空電車線のちょう架方式には、以下の方式がある。

①剛体ちょう架方式

トンネルなどの天井から、がいしにより剛体の導体を支持する方式である。低速用に用いられ、鉄道技術基準で**最大速度90km/h以下**と規定されている。

②シンプルカテナリ方式

ちょう架線からトロリ線を吊るした構造の基本的な方式で、幹線鉄道、郊外鉄道などに広く用いられている。トロリ線から支持点までの高さを**架高**と

いう。

③コンパウンドカテナリ方式

ちょう架線とトロリ線の間に**補助ちょう架線**を入れた方式で、集電容量が大きく、速度性能にも優れ、高速、大容量の運転区間などに用いられている。

④き電ちょう架方式

カテナリ式の**ちょう架線**を、電流が流れやすい太い線条として、き電線と兼用させたものを、き電ちょう架（フィーダーメッセンジャー）方式という。

■架空単線式の架線構造■

方式	概要	速度用途	集電容量
剛体ちょう架方式	アルミ架台	低速用	中容量用
シンプルカテナリ方式	支持点　ちょう架線　支持点　トロリ線　ハンガー	中速用	中容量用
コンパウンドカテナリ方式	ちょう架線　補助ちょう架線　ドロッパ　トロリ線　ハンガー	高速用	大容量用

4-1

電気鉄道

（3）架空電車線の支持材・金具

①電柱

電柱には、強度、耐久性に優れた**コンクリート柱**が用いられている。鉄道技術基準にて、破壊荷重に対する**安全率は2以上**と規定されている。また、支持物相互間の距離は、次のように規定されている。

ちょう架方式	径間
直接ちょう架方式	45m以下
シンプルカテナリ方式	60m以下
コンパウンドカテナリ方式	80m以下

②架線金具

・ハンガイヤー

トロリ線をちょう架線より吊るす金具で、**ハンガ間隔は5m**を標準とする、と鉄道技術基準で規定されている。

・ドロッパ

補助ちょう架線をちょう架線に吊るす金具。

・ダブルイヤー

トロリ線とトロリ線を添わせて接続する金具。

・フィードイヤー

き電線よりトロリ線に電力を供給するための金具。

・コネクタ

トロリ線相互、トロリ線とき電線を電気的に接続する金具。**電位差発生防止**のため、コネクタを適当に増設する。

③張力調整装置（テンションバランサ）

カテナリちょう架方式の電車線路に使用されるもので、滑車に重りを吊り下げ、電線の張力を、**重りの上下動**を利用して調整する。

④支線

支線の引っ張り力に対する安全率は、**2.5以上**と鉄道技術基準に規定されている。

（4）架空電車線の高さ

架空単線式の**電車線の高さ**を下表に示す。

■架空電車線の高さ■

設置場所	高さ
普通鉄道	レール面上　5m以上5.4m以下
	高架橋等　4.8m
	トンネル、こ線橋、橋梁及びプラットホームの上家ひさし 集電装置を折りたたんだ高さ＋400mm
新幹線鉄道	レール面上　5mを標準（4.8m以上5.3m以下）

（5）架空電車線の規格

架空単線式の本線における電車線（剛体ちょう架方式を除く）は JIS 規格「みぞ付硬銅トロリ」の規格に適合する公称断面積 85mm² 以上（**新幹線**にあっては、公称断面積 110mm² 以上）の溝付硬銅線またはこれに準ずるものとする。

（6）架空単線式電車線の偏位

架空単線式の電車線の偏位は、集電装置にパンタグラフを使用する区間においては、レール面に垂直の軌道中心面から 250mm 以内（新幹線にあっては、300mm 以内）とする。

（7）架空単線式電車線の勾配

架空単線式の電車線のレール面に対する勾配は、列車が 50km/h を超える速度で走行する区間に、カテナリちょう架方式または剛体ちょう架方式を用いた場合は 5/1,000 以下、その他の場合は 15/1,000 以下（**新幹線**は速度にかかわらず 3/1,000 以下）とすること。ただし、側線における電車線は 20/1,000 以下（**新幹線**は 15/1,000 以下）とする。

（8）電車線（トロリ線）の摩耗発生箇所

トロリ線の摩耗の発生箇所は、次のとおりである。
①トロリ線の勾配変化点
②トロリ線の硬点箇所
③トロリ線の接触面が変形している箇所
④ちょう架線及びトロリ線の張力不適正な箇所

（9）電車線（トロリ線）の摩耗軽減対策

トロリ線の摩耗の軽減策は、次のとおりである。
①トロリ線の勾配と勾配変化を少なくする。
②金具を軽量化し、トロリ線の局部的な硬点を少なくする。
③張力自動調整装置を設け、トロリ線の張力を常に一定にする。
④パンタグラフのすり板を改良し硬度が過大なものを使用しない。
⑤トロリ線に耐摩耗性のものを使用する。

4-1

電気鉄道

(10) パンタグラフの離線防止対策

パンタグラフの離線防止対策は、次のとおりである。

①架線の**ばね定数の不等率を小さく**する。

②架線の**平均ばね定数を大きく**する。

③架線とパンタグラフの**等価質量の和を小さく**する。

④パンタグラフに適当な定数の**ダンパ**を取り付ける。

⑤架線の**共振現象を防止**するため、**ダンパ付ハンガ**を設ける。

(11) 電車線（トロリ線）の温度上昇対策

トロリ線の温度上昇対策は、次のとおりである。

①**き電分岐を増設**する。

②トロリ線を**耐熱性のすず入り銅**トロリ線にする。

③トロリ線の**断面積を大きく**する。

④**ダブルシンプル式**など電流容量の大きい方式を採用する。

⑤**接触抵抗の少ない**すり板を用いる。

 2 き電システム

(1) 直流き電方式と交流き電方式の比較

直流き電方式と交流き電方式の比較は、次のとおりである。

■直流き電方式と交流き電方式の比較■

地上設備	直流き電方式	交流き電方式
変電所	・変電所の建設費が高い。 ・変電所間隔が短く、変電所数が多い。 ・交流－直流の変成機器が必要。	・変電所の建設費が安い。 ・変電所間隔が長く、変電所数が少ない。 ・変圧器だけでよい。
き電電圧	・高電圧が利用できない。	・高電圧が利用できる。
電車線路	・電流が大、所要銅量も大。	・電流が小、所要銅量も少ない。
絶縁離隔	・絶縁離隔は小。	・絶縁離隔は大。
電圧降下対策	・変電所の新設が必要。	・自動電圧調整装置で補償可。

保護設備	・運転電流が大きく、事故電流の遮断が困難。 ・特殊な保護設備を要する。	・運転電流が小さく、事故電流の遮断が容易。 ・保護設備が簡単。
通信誘導障害	・誘導障害が小。	・誘導障害が大。
不平衡	・三相電源不平衡はない。	・三相電源不平衡対策が必要。

（2）直流き電方式

　三相交流を受電し、変圧器により降圧し、シリコン整流器などで直流に変換して電車線路にき電する。**直流き電方式**は**低電圧**、**大電流**であるため、隣接する変電所間で**並列**にき電が行われ、トロリ線と**並列**にき電線が架線されている。

（3）交流き電方式

　交流き電用変電所は、三相交流の送電網から受電し、スコット結線変圧器などの変圧器により単相交流電力を電車線路にき電する。交流き電方式には、次の方式がある。

① BT き電方式

　吸上変圧器を用いた方式で、電車線に**セクション**が必要であり、列車通過時のアークにより、ちょう架線を損傷することがあるという欠点がある。

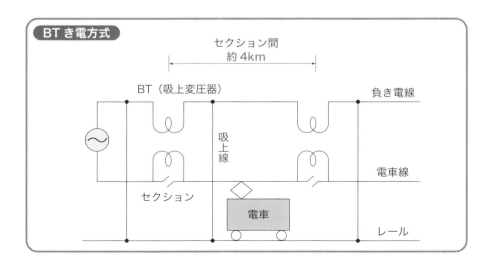

4-1

電気鉄道

② AT き電方式

き電線と電車線の間に**単巻変圧器**を並列に挿入し、中性点はレール及び
AT 保護線に接続される方式である。

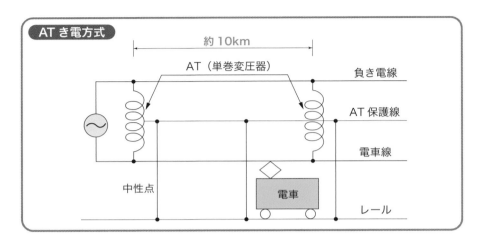

③交流き電用変圧器

交流き電用変圧器は、三相交流を受電し、三相二相変換変圧器により 2 組
の単相回路に変換して、電圧が不平衡にならないように対応している。交流
き電用変圧器の三相二相変換変圧器には、**スコット結線変圧器**、**ルーフ・デ
ルタ結線変圧器**、**変形ウッドブリッジ結線変圧器**が用いられている。

④同軸ケーブルき電方式

トンネル内や建物密集地等で、き電線と工作物間の絶縁離隔距離が確保で
きない場合、内部導体と外部導体の二重構造になった**電力用同軸ケーブル**を
用いたき電方式が採用されている。

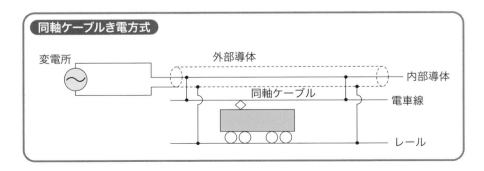

(4) 架空き電線の高さ

架空き電線の高さは下表のとおりである。

■架空き電線の高さ■

設置場所	直流	交流
鉄道または軌道横断（レール面上）	5.5m 以上	
道路（道路面上）	6m 以上	
踏切道（踏切道面上）	5m 以上	
横断歩道橋及びプラットホーム（歩道面上・プラットホーム面上）	4m 以上[*1] 3.5m 以上[*2]	5 m以上 3.5m 以上[*2]
トンネル、こ線橋	3.5m 以上	
上記以外の場所（地上面上）	5m 以上	

注）＊1　直流 1,500V
　　＊2　ケーブルまたは高圧用絶縁電線

(5) 電食対策

電食対策は次のとおりである。

①道床の排水をよくし、絶縁道床などを採用し、漏れ抵抗を大きくする。

②レールボンド、クロスボンド、補助帰線などにより帰線抵抗を小さくする。

③変電所を増設し、き電区間を縮小して、漏れ電流を減少させる。

④路面電車の場合、架空絶縁帰線を設け、レール内の電位の傾きを減少させて、漏れ電流を減少させる。

⑤電線の極性を定期的に転換し、電気化学反応を中和させる。

(6) 電力回生

電力回生とは、電車が減速するときの制動エネルギーを電気エネルギーに変換して、加速している電車や駅舎などに供給して、省エネルギーを図るものである。下り坂で減速している回生車と、登坂のため加速している力行車を組み合わせて、効率よく回生を行う目的で上下一括き電方式が用いられる。

4-1

電気鉄道

（7）電圧降下対策

電圧降下対策は次のとおりである。

①直流式の場合

・き電線・補助帰線を増設して、線路抵抗を減少させる。

・変電所を増設して、き電距離を短くする。

・き電区分して、並列に送電する。

・変電所に直流き電電圧補償装置（DCVR）を設ける。

②交流式の場合

・き電線に直列コンデンサによりリアクタンスを補償する。

・単巻変圧器で昇圧する。

・AT き電方式では自動架線電圧補償装置（ACVR）を用いる。

・電車の力率を改善する。

・変電所に並列にコンデンサを接続し、系統の力率を改善する。

 3　信号保安装置と制御方法

（1）信号装置
①主信号機

主信号装置には次の信号機がある。

・場内信号機：停車場に進入する列車に対する信号機

・出発信号機：停車場から進出する列車に対する信号機

・閉そく信号機：閉そく区間に進入する列車に対する信号機

・誘導信号機：誘導を受けて進入する列車または車両に対する信号機

・入換信号機：入換えをする車両に対する信号機

②従属信号機

従属信号装置には次の信号機がある。

・遠方信号機：場内信号機に従属して、信号現示を予告する信号機

・通過信号機：出発信号機に従属して、信号現示を予告する信号機

・中継信号機：場内信号機、出発信号機または閉そく信号機に従属して、信号現示を中継する信号機

③信号附属機

　主信号機または従属信号機に附属して、その信号機の指示すべき条件を補うために設ける**進路表示機及び進路予告機**をいう。

(2) 閉そく装置

　閉そくとは、一定区間を 1 列車だけの運転に専用させることで、**閉そく方式**とは、1 閉そく区間に、**1 列車だけを運転させ、他の列車を同時に運転させない方式**である。

(3) 転てつ装置

　転てつ装置とは、転てつ器の転換、鎖錠などに用いる装置をいい、**転てつ器**とは、線路を分岐させる部分の軌道構造（ポイント）である。転てつ器と信号機の動作を制御し、**列車が進行中**に転てつ器が動作しないように鎖錠するなど、転てつ器と信号機の動作に一定の順序及び制限の連鎖関係を持たせる保安装置を、**連動装置**という。

(4) 軌道回路装置

　軌道回路とは、**車両を検知するためにレールを用いる**電気回路で、回路には電気車帰線電流と軌道回路の電流とを分離する**インピーダンスボンド**や、帰線電流の平衡を保つため 2 以上の線路を接続する**クロスボンド**が設けられている。軌道回路には、閉電路式軌道回路と開電路式軌道回路がある。

①閉電路式軌道回路

　軌道リレーは**常時励磁**され、車両が進入したとき、リレーが無励磁となる軌道回路。

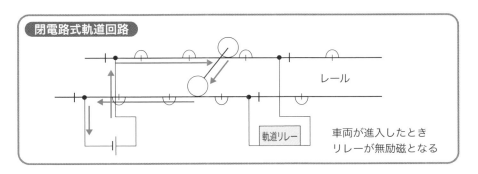

閉電路式軌道回路

レール

軌道リレー

車両が進入したとき
リレーが無励磁となる

②開電路式軌道回路

軌道リレーは常時励磁されないで、列車または車両が進入したとき、リレーが励磁される軌道回路。

(5) 列車制御装置

列車制御装置には、次のものがある。

①自動列車停止装置（ATS）

列車が停止信号に接近すると、列車を自動的に停止させる装置

②自動列車制御装置（ATC）

列車の速度を自動的に制限速度以下に制御する装置

③自動列車運転装置（ATO）

列車の速度制御、停止などの運転操作を自動的に制御する装置

④列車集中制御装置（CTC）

1か所の制御所で制御区間内各駅の信号保安装置を制御するとともに、列車運転を指令する装置

(6) 信号方式

信号方式には進路信号方式と速度信号方式がある。

①進路信号方式

列車が発着する線路ごとに信号機を設け、各列車に対して進路への進入の可否を指示する方式である。線路数が多くなると信号機も多くなり、誤認しやすい。また、進入の可否のみで速度の指示がない。

②速度信号方式

1つの信号機で、発着する線路の各列車に運転速度を表示する方式である。進路に応じた運転速度が指示されるので、主流の信号方式となっている。

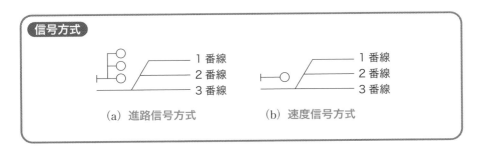

信号方式

(a) 進路信号方式　　　(b) 速度信号方式

1番線　2番線　3番線

4 軌道

（1）レールの軌間

　レールの軌間とは、直線区間における**レール頭部内面間の距離**をいい、次のとおりである。

- **標準軌**　　1,435mm（新幹線、一部の私鉄）
- **馬車軌間**　1,372mm（一部の私鉄）
- **狭軌**　　　1,067mm（JR 在来線、多くの私鉄）

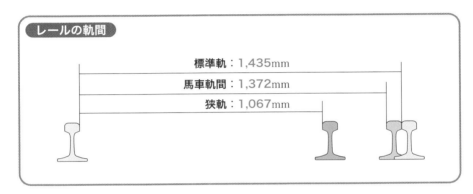

レールの軌間

標準軌：1,435mm

馬車軌間：1,372mm

狭軌：1,067mm

4-1

電気鉄道

（2）線路の構造

①線路の断面

　線路の断面構造は、次のとおりである。

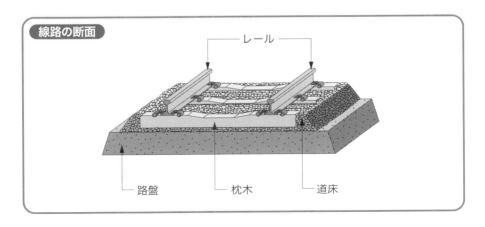

線路の断面

レール

路盤　　枕木　　道床

道床にバラスト（砕石）を敷いた**バラスト軌道**と、道床をコンクリートで構築した**スラブ軌道**がある。

②スラック

　曲線部における軌間の拡大を**スラック**という。

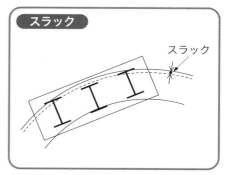

スラック

スラック

③カント

　曲線部における外側と内側の高低差を**カント**という。

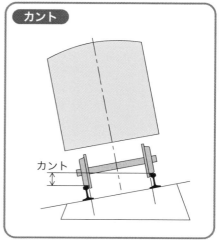

カント

カント

④分岐器

　1つの軌道を2つ以上の軌道に分けるための装置を**分岐器**という。

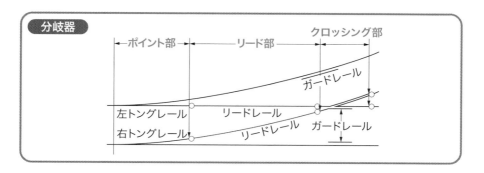

分岐器

ポイント部　　リード部　　クロッシング部
ガードレール
左トングレール　　リードレール
右トングレール　　リードレール　ガードレール

⑤車両限界と建築限界

　車両限界とは、車両が線路上を安全に走行するために車両の幅や高さを制限したもの、**建築限界**とは、線路に近接して建築物を設置してはならない範囲である。

車両限界と建築限界

建築限界

車両限界

（3）軌道に関する用語

　その他の軌道に関する用語は次のとおりである。

①本線と側線

　常用する線路を本線、常用しない線路を側線という。停車場で衝突事故防止のための側線を**安全側線**という。

②緩和曲線

　列車の円滑な走行のため、**直線部から曲線部に移行する部分**に設ける緩やかな曲線。

③縦曲線

　列車の円滑な走行のため、**勾配の変化点**に設ける鉛直方向の曲線。

④反向曲線

　S字カーブのこと。

⑤車止め

　車両が後逸するのを防止するため**軌道の終端**に設ける設備。

⑥レール締結装置

　レールを枕木やスラブに締結する装置。弾性を有している締結装置を**弾性締結装置**といい、列車通過時の応力緩和や振動防止を目的に設置される。

⑦ロングレール

　長さが**200m以上**で、継ぎ目を溶接したレール。

道　路

一次 二次

Point!　　　　　　　　　　　　重要度 💡💡💡

その他の設備の分野として、道路照明、交通信号、交通情報など道路に関する問題が、1問ないし2問出題される。

１　道路照明

（1）道路照明の関係性能

道路照明に関係する性能は、次のとおりである。

①路面輝度

路面上の輝度をいう。輝度とは、発光面からある方向への**光度**をその方向の**投影面積**で割った値である。

②均斉度（きんせいど）

明るさの分布の均一さの程度。輝度の分布が不均一になると、**明るさにむら**が生じる。

③グレア

見え方の低下や、不快感や疲労を生ずる原因となる光の**まぶしさ**のこと。グレアは不快を生じない程度に抑制する必要がある（p.69～70参照）。

④誘導性

道路の線形に沿って適切に配置された照明器具により、運転者に**前方道路**の方向、線形、勾配などに関する**視覚情報**を与えること。道路の曲線部では、**曲線の外側**に照明器具を配列すると誘導性が良好になる。

（2）道路照明光源

道路、トンネル、広場などの照明に使用する光源は、効率、光束、寿命、光色及び使用環境の諸条件などを総合的に判断する必要がある。

①ランプ効率

ランプの効率は、発光原理・構造に由来するもので、各ランプに特有のものとなる。また、ランプの単位消費電力当たりに放射される光束で表され、単位は**ルーメン／ワット** [lm/W] である。ランプ効率は、次のとおりである。

$$\text{ランプ効率} = \frac{\text{ランプ全光束 [lm]}}{\text{ランプ電力 [W]}} \, [\text{lm/W}]$$

また、道路照明に使用される主要なランプの効率は、次のとおりである。

高圧ナトリウムランプ…約 142 lm/W

低圧ナトリウムランプ…約 175 lm/W

メタルハライドランプ…約 100 lm/W

蛍光水銀ランプ…約 55 lm/W

②光束

光源の光束は、所要の輝度・照度・グレアや照明器具の**取付け間隔**、**取付け高さ**、**設備費**などを考慮して決められる（p.66 参照）。

③光色

光源の見かけの色のことをいう。道路照明においては、光色の差を利用して特殊箇所や路線の区分を明示・明瞭にするなど、標識や誘導の目的で用いられる場合がある。

④演色性

光源による**対象物の色の見え方**の効果をいう。道路照明では、障害物は輝度差によって知覚されており、演色性は最重要ではない。

（3）道路照明用光源の種類と特徴

下表に光源の種類と特徴を示す。

■光源の種類と特徴■

項目＼ランプ	高圧ナトリウムランプ	低圧ナトリウムランプ	水銀ランプ	蛍光ランプ
平均寿命	長い	長い	長い	普通
総合効率	高い	高い	普通	普通
光色	橙白色	橙黄色	白色	白色
演色性	普通	悪い	良い	良い
特徴	ほとんどの道路照明に用いられる	自動車専用道路に適している	低温で始動しにくくなる	低温で始動しにくくなる

4-2

道路

（4）照明器具の配光

　照明器具の配光には、カットオフ形、セミカットオフ形、ノンカットオフ形があるが、**道路照明**には**カットオフ形**、**セミカットオフ形**が用いられる。

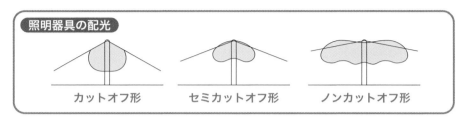

①カットオフ形配光

　水平に近い光を極力カットした配光になっており、運転者に**まぶしさを与えない**。一方、光が横方向に伸びないため、灯具間隔を広く取ると**均斉度**が悪くなる。

②セミカットオフ形配光

　水平に近い光を抑え、運転者の**まぶしさを少なくしつつ**、横方向への光の延びも考慮している配光。カットオフ形器具より照明間隔を広くしても**均斉度の低下をカバーできる**。

③ノンカットオフ形配光

　水平方向の光を**制御していない**器具で、周囲が明るい場所等に使用される。道路照明としては、ほとんど使用されていない。

（5）道路照明方式

①ポール照明方式

　高さ **15m 以下**のポールに照明器具を取り付け、道路に沿ってポールを配置する方法で、最も広く用いられている。**道路に追従して配置**することができる。

②ハイマスト照明方式

　高さ **15 ～ 40m** のマストに照明器具を複数個取り付け、**少ないマストで広範囲を照明**する方法で、**インタチェンジやジャンクション、パーキングエリア**などに用いられている。

③カテナリ照明方式

　道路の中央分離帯に高さ **15 ～ 20m** のポールを **50 ～ 100m** 間隔に配

置し、ポールに**ワイヤーを張って**照明器具を取り付ける方式で、**中央分離帯**のある道路幅の広い道路に適している。

④高欄照明方式

車道両側に**約1m**の高さに道路方向に照明器具を設置する方法で、**車道幅が狭い場合**に用いられる。勾配部や曲線部では**グレア**に注意が必要である。

（6）ポール照明器具

下図にポール照明方式の器具を示す。

オーバハング（O_h）：車道の端と照明器具の光中心までの水平距離
アウトリーチ（O_r）：照明用ポールの中心から照明器具の中心までの水平距離

4-2

道路

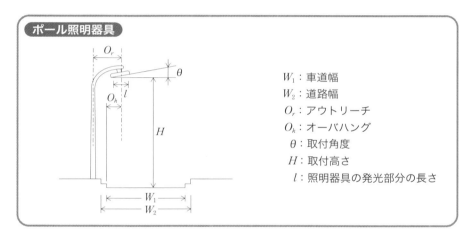

ポール照明器具

W_1：車道幅
W_2：道路幅
O_r：アウトリーチ
O_h：オーバハング
θ：取付角度
H：取付高さ
l：照明器具の発光部分の長さ

（7）道路照明器具の配列

道路照明器具の配列には、**向き合わせ配列、千鳥配列、中央配列、片側配列**がある。平均路面輝度が高いトンネル照明には、均斉度や誘導性が良好な向き合わせ配列が用いられる。

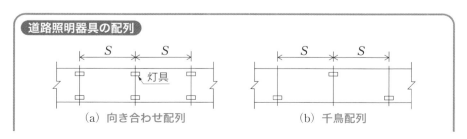

道路照明器具の配列

（a）向き合わせ配列　　　　　（b）千鳥配列

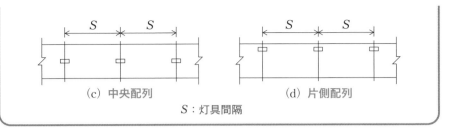

(c) 中央配列　　　　　　　　　(d) 片側配列

S：灯具間隔

（8）トンネル照明の灯具の間隔

灯具の間隔は、次式で求められる。

$$S = \frac{FNUM}{WKL} \, [\mathrm{m}]$$

S：トンネル照明の灯具の間隔 [m]　　　　M：保守率
F：灯具1灯当たりの光源の光束 [lm]　　W：車道幅員 [m]
N：灯具の配列による係数　　　　　　　　K：平均照度換算係数 $[\mathrm{lx/cd/m^2}]$
U：照明率　　　　　　　　　　　　　　　L：基準輝度 $[\mathrm{cd/m^2}]$

 ## 2 トンネル照明

（1）トンネル照明の構成

トンネル照明は、**トンネル内に設ける照明**と、**トンネル前後の接続道路に設ける照明**によって構成される。

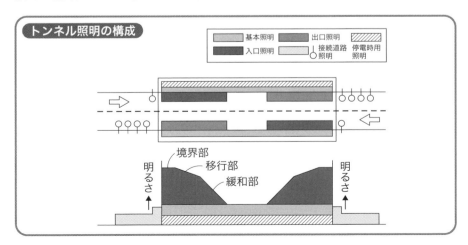

トンネル照明の構成

基本照明　出口照明　入口照明　接続道路照明　停電時用照明

境界部　移行部　緩和部

明るさ

①基本照明

昼夜間、運転者の視認性を確保するため、全長にわたって均一な輝度を確保する照明。

②入口照明

昼間、入口付近における視覚的問題を解決するために、基本照明に付加して設ける照明で、境界部、移行部及び緩和部から構成される。

③出口照明

昼間、出口付近の高い輝度のグレアによって起こる視覚的問題を解決するために、基本照明に付加して設ける照明。

④停電時用照明

トンネル内部における停電時の危険を防止するために設ける照明で、一般的には基本照明の一部でまかなわれる。

⑤入口接続部照明

夜間、トンネル入口付近の状況を運転者が視認できるように、トンネル入口部の接続道路に設ける照明。

⑥出口接続部照明

夜間、明るいトンネルから接続する暗い道路の状況を運転者が視認できるように、トンネル出口部の接続道路に設ける照明。

（2）トンネル照明方式

トンネルの照明方式には、対称照明方式、カウンタービーム照明方式、プロビーム照明方式があり、概要は次のとおりである。

①対称照明方式

隅角部に照明器具を取り付け、道路に対して対称配光する照明方式で、基本照明に用いられる。

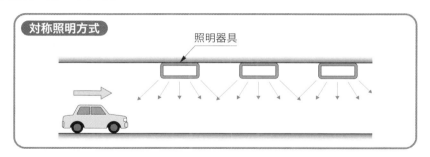

対称照明方式

照明器具

②カウンタービーム照明方式

天井部に照明器具を取り付け、走行する**車両の進行方向と逆方向に照明す**る方式。

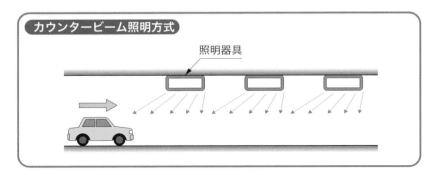

③プロビーム照明方式

天井部に照明器具を取り付け、走行する**車両の進行方向に照明する方式。**

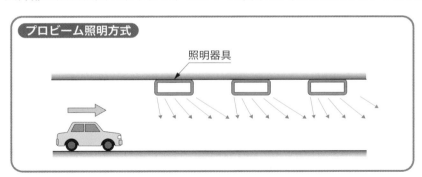

3 交通信号

（1）交通信号に関する用語
①サイクル

一つの信号の表示が、青、黄、赤と一巡するのに要する時間で、周期ともいう。

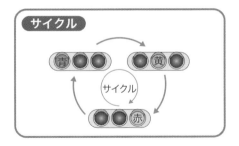

②スプリット

　各方向の交通流に対し、1 サイクルに与えられている**青信号の時間の配分**。

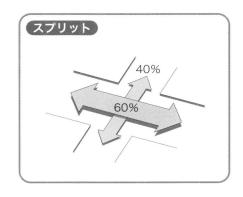

③オフセット

　信号機が連続している道路で、各信号機をスムーズに通過できるよう、隣接する信号機の**青信号開始時間に設ける時差**。オフセットには次のものがある。

4-2

道路

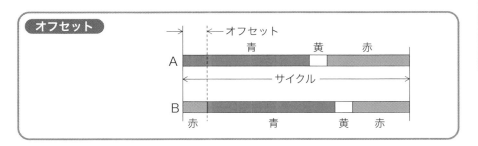

①同時オフセット

　系統のすべての交差点の表示が、同時に青になるオフセット方式である。**信号間隔が短い箇所**において、連続的に車が停止させられることを避けるために用いられる。

②交互式オフセット

　隣接する信号機の表示が、同時に青と赤の異なる表示をするオフセット方式である。各方向に対し理想的な制御が可能である。

③平等オフセット

　両方向（例：上り線と下り線）とも同様の制御となるオフセット方式である。上下の交通量に**差のない場合**に適用される。

④優先オフセット

　どちらか一方向の交通を優先して制御するオフセットである。上下の交

通量に差がある場合に適用される。

（2）交通信号の制御

交通信号の制御には次のようなものがある。

①定周期式制御

あらかじめ設定されたプログラムどおりに信号表示が繰り返される。

②半感応制御

従道路のみに車両感知器を設置し、従道路に車両があった場合に限って、従道路側に青時間を設定する。

③全感応制御

主道路・従道路の両方に車両感知器を設置し、交通量に応じて青時間を変化させる。

（3）道路交通に関する情報システム

道路利用者に対し、道路、気象、交通の状況の情報などを提供するシステムで、次のようなものがある。

①道路気象観測システム

雨、風、気温、路面温度、降雪、積雪及び凍結等の気象データを検知・観測するシステム。

②交通監視システム

道路交通管制の情報収集装置として、監視カメラからモニタテレビまでの設備（CCTV または ITV 設備）が広く使用されている。

③路側通信システム

路側通信（ハイウェイラジオ）システムは、道路に沿ってアンテナを設け、交通情報を提供するシステムである。使用周波数は、中波帯域の専用周波数（1620Hz）を使用している。

④自動料金支払いシステム（ETC）

無線通信によって有料道路の料金所で停車することなく、自動的に料金の支払いを行うシステム。

⑤道路交通情報通信システム（VICS）

道路交通情報を、個々の車両に装備された VICS 対応カーナビ装置を通じて提供するシステム。

（4）マイクロ波無線通信

　一般に 1 〜 100GHz くらいまでの電波を**マイクロ波**といい、この周波数帯を用いた無線通信を**マイクロ波無線通信**と呼んでいる。マイクロ波無線通信の特徴は次のとおりである。

・使用できる**周波数帯域が広い**ため、**多重通信**に適している。

・**反射板や中継器の設置**により、遠距離中継が可能である。

・雑音が少なく、**S／N比（信号対雑音比）**が良好である。

・**電離層反射**が利用できない。

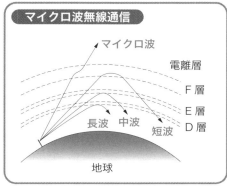

マイクロ波無線通信

マイクロ波
電離層
F 層
E 層
長波　中波　　短波　D 層
地球

4-2

道路

1問 1答

問 **1.** 車道の端と照明器具の光の中心までの水平距離をオーバハングという。

2. 走行する車両の進行方向に照明するトンネル照明の方式を、プロビーム照明方式という。

3. 交通信号において、隣接する信号機の青信号開始時間に設ける時差をスプリットという。

4. マイクロ波無線通信は、電離層反射が利用できない。

答 **1** ○ → p.269　**2** ○ → p.272　**3** ✕ → p.273　**4** ○ → p.275

ドロッパとは、~~トロリ線~~をちょう架線に吊るためのものである。

ドロッパとは、補助ちょう架線をちょう架線に吊るためのものである。

直流き電方式は、交流き電方式に比べて運転電流が~~小さく~~、事故電流との区別が難しい。

直流き電方式は、交流き電方式に比べて運転電流が大きく、事故電流との区別が難しい。

電気鉄道における信号機で、出発信号機とは、停車場~~に進入~~する列車に対する信号機をいう。

電気鉄道における信号機で、出発信号機とは、停車場から出発する列車に対する信号機をいう。

列車の速度制御や停止などの運転操作を自動的に制御する装置を、自動列車~~停止~~装置という。

列車の速度制御や停止などの運転操作を自動的に制御する装置を、自動列車運転装置という。

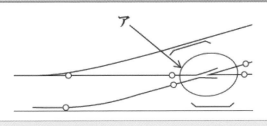

図に示す軌道構造の分岐器において、アの部分の名称は~~サード~~である。

図に示す軌道構造の分岐器において、アの部分の名称はクロッシングである。

道路の照明方式のハイマスト照明方式は、光源が高所にあるので、路面上の輝度均斉度が~~得にくい~~。

道路の照明方式のハイマスト照明方式は、光源が高所にあるので、路面上の輝度均斉度が得やすい。

1回で受かる！

1級電気工事施工管理技術検定合格テキスト

第5章

関 連 分 野

機 械 設 備

一次

Point!　　　　　　　　　　　　　　　重要度

空気調和設備 1 問、給排水衛生設備 1 問が出題される。空調方式、換気方式、給水方式の各方式の特徴を理解しよう。

1　空気調和設備

（1）定風量単一ダクト方式

　単一のダクトで常に**一定の風量**で送風し、給気の温度・湿度を変えることにより、室内の温度・湿度を制御する方式である。**CAV 方式**ともいう。

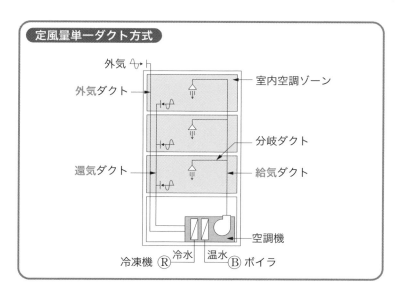

定風量単一ダクト方式

```
外気            室内空調ゾーン
外気ダクト
                分岐ダクト
還気ダクト      給気ダクト
                空調機
冷凍機 R 冷水  温水 B ボイラ
```

　定風量単一ダクト方式は、次の特徴がある。

・換気量が**確保できる**。

・外気冷房が**しやすい**。

・ダクトスペースが**大きい**。

・個別制御が**できない**。

・用途変更への対応が**しにくい**。

・負荷変動に対する応答が**遅い**。

(2) 変風量単一ダクト方式

　単一のダクトで一定温度の送風を行い、各室の端末の変風量ユニット（VAV ユニット）により**風量を変化**させる方式である。**VAV 方式**ともいう。

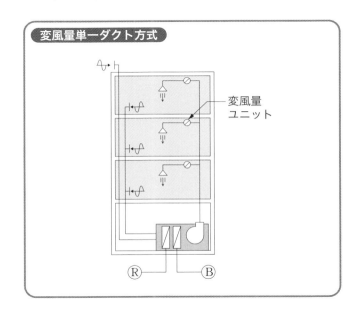

変風量単一ダクト方式

　変風量単一ダクト方式は、次の特徴がある。

・運転費が**節減できる**。

・個別制御が**できる**。

・用途変更への対応が**しやすい**。

・負荷変動に対する応答が**速い**。

・風量低減時、換気量を**確保する必要がある**。

5-1

機械設備

（3）ファンコイルユニット・ダクト併用方式

冷温水コイルとファンを組み合わせた**ファンコイルユニット**とダクトを併用して空調する方式である。

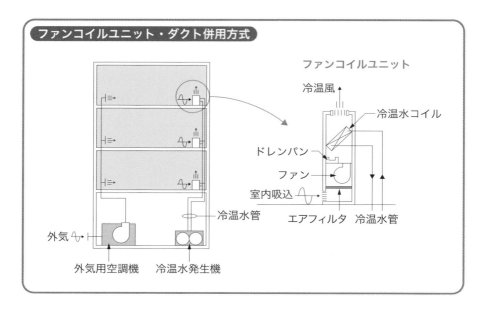

ファンコイルユニット・ダクト併用方式

ファンコイルユニット・ダクト併用方式は、次の特徴がある。

・ファンコイルユニットにて個別制御が**できる**。

・ファンコイルユニットの増設により用途変更への対応が**可能**。

・全ダクト方式に比べて、ダクトスペースが**小さい**。

・各所に分散したファンコイルユニットの保守に**手間がかかる**。

・給気量が少ないので、外気冷房が**しにくい**。

（4）空気熱源ヒートポンプ方式

空気熱源ヒートポンプ方式はパッケージユニット方式のひとつで、冷房とともに、外気を熱源としたヒートポンプによる暖房も、1つのパッケージユニットで行う空調方式である。操作が簡単なため事務所ビルや店舗などに広く採用されているが、冷媒配管の長さに**制限があり**、冷媒配管の長さが**長く**なり、高低差が**大きく**なると、能力が**低下**する。また、ガスエンジンで駆動する**ガスエンジンヒートポンプ**は、暖房能力が**大きい**という特徴がある。

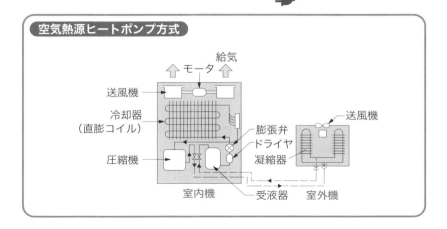

(5) 蓄熱方式

　休日・夜間など空調負荷が軽負荷な時間帯に蓄熱し、ピーク時などの空調負荷の大きな時間帯に使用する方式である。ピークシフトやピークカットにより電力料金の節減をすることができる。蓄熱方式には、水に蓄熱する**水蓄熱システム**と氷に蓄熱する**氷蓄熱システム**等がある。

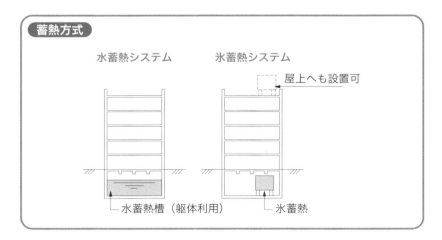

(6) 空調設備の省エネルギー対策

　空調設備における主な省エネルギー対策は、次のとおりである。

①外気量を最適化し、**外気負荷を低減**する。

②**外気冷房**の導入。

5-1

機械設備

③全熱交換器の採用。

④変風量（VAV）方式、変流量（VWV）方式の採用。

⑤熱源機器の群管理。

⑥室内設定温湿度の最適化。

(7) 換気方式

換気方式には、自然換気方式と送風機や換気扇を用いた機械換気方式に大別され、機械換気方式には、次のように第1種～第3種の方式がある。

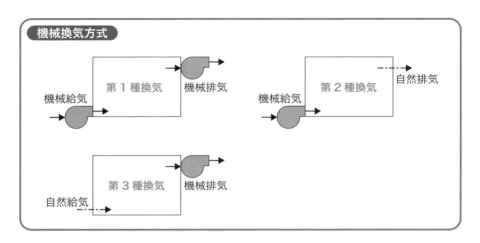

2 給排水衛生設備

(1) 給水方式

給水方式には次の方式があり、各方式の水の流れは以下のとおりである。

①水道直結直圧方式

止水栓→水道メータ→給水栓

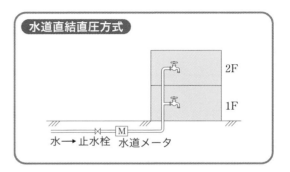

②水道直結増圧方式

止水栓→水道メーター→加圧給水ポンプユニット→給水栓

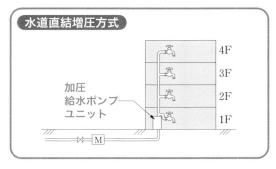

③高置水槽方式

止水栓→水道メーター→受水槽→ポンプ→高置水槽→給水栓

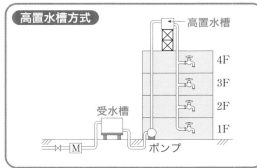

④圧力タンク方式

止水栓→水道メーター→受水槽→ポンプ→圧力タンク→給水栓

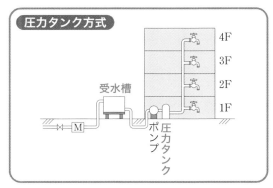

⑤ポンプ直送方式

止水栓→水道メーター→受水槽→ポンプ→給水栓

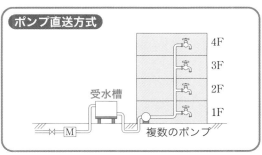

5-1

機械設備

（2）給水設備の汚染防止

　飲料水の確保のため、給水設備は汚染されないようにする必要がある。給水設備の汚染防止は次のとおりである。

　①上水の給水・給湯系統とその他の系統が、配管や装置により直接接続されることを**クロスコネクション**といい、クロスコネクションは絶対に避けなければならない。

　②給水栓など末端から吐き出された水や使用された水などが、給水管内に生じた負圧により吸引されて逆流する現象を、**逆サイホン作用**という。逆サイホン作用を防止するために**吐水口空間**を確保する。大便器の洗浄弁など吐水口空間が確保できない場合は、**負圧破壊装置**である**バキュームブレーカ**を設ける。

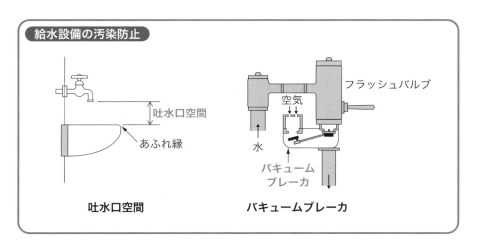

給水設備の汚染防止

吐水口空間　　　　　　　　バキュームブレーカ

（3）排水通気設備
①トラップ

　排水管内の臭気や害虫が室内に侵入するのを防止するため、衛生器具や排水管内に設ける水封部を**トラップ**という。トラップは次のように設ける必要がある。

・封水深は **50mm 以上 100mm 以下**とする。

・汚物が付着、沈殿しない構造とする。

・**容易に清掃**できる構造とする。

・トラップが直列に配置される**二重トラップ**とならないようにする。

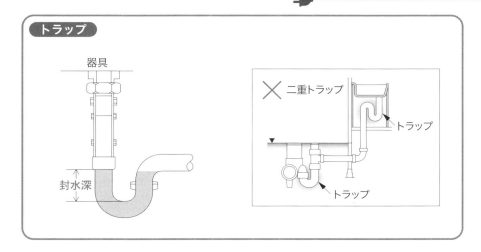

トラップ

器具

封水深

×二重トラップ

トラップ

トラップ

②間接排水

　厨房機器や飲用貯水槽等の排水は、排水管に直結すると汚水が逆流して汚染されるおそれがあるので、大気中でいったん縁を切って、排水口空間を設けて水受け容器等に排水する**間接排水**とする。

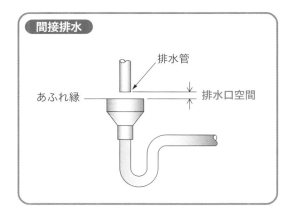

間接排水

排水管

あふれ縁

排水口空間

③通気管

　排水管内の圧力変動を緩和し、**排水トラップの破封（封水が破られること）を防止**するために設けられる。

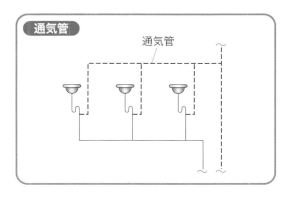

通気管

通気管

5-1

機械設備

3 空調機器・衛生機器

（1）冷凍機

空調用の冷凍機に、遠心式冷凍機、吸収式冷凍機等が使用されているが、それぞれの特徴は次のとおりである。

遠心式冷凍機の特徴	吸収式冷凍機の特徴
● 中・大容量向き。 ● 低温冷却に対応しやすい。 ● 吸収式に比べ装置が小形で軽量。 ● 容量制御が容易。 ● 負荷変動に対する追従性が良い。 ● 騒音が大きい。	● 電力消費量が少ない。 ● 法令上の資格者が不要。 ● 機内が真空で爆発の危険がない。 ● 回転部が少なく騒音・振動が少ない。 ● 低負荷時の効率が良い。 ● 始動時間が長い。 ● 重量が重い。 ● 冷却塔容量が大きい。 ● 低温冷却に不適。

（2）ポンプ

ポンプの特性曲線は、次のとおりである。

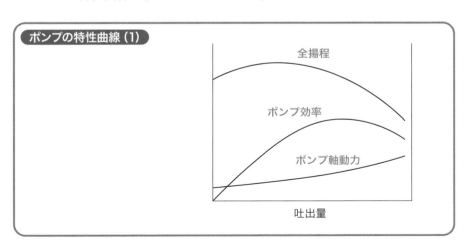

ポンプの特性曲線（1）

全揚程

ポンプ効率

ポンプ軸動力

吐出量

　また、同一特性のポンプを 2 台**直列運転**したときと**並列運転**したときの特性曲線は、それぞれ次のとおりである。

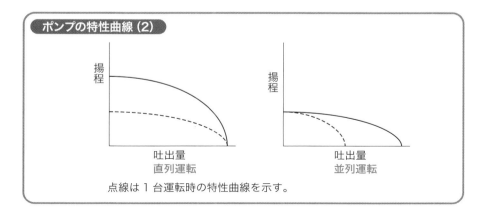

ポンプの特性曲線 (2)

揚程

吐出量
直列運転

揚程

吐出量
並列運転

点線は 1 台運転時の特性曲線を示す。

　2 台直列運転したときは**揚程**が、2 台並列運転したときは**吐出量**が、1 台運転に比べ、増加する。

5-1

機械設備

 1問/1答

 問　**1.** 空気調和設備の省エネルギー対策には、変風量（VAV）方式の採用がある。

2. 第 3 種機械換気方式は、自然給気と機械排気を用いた換気方式である。

3. 上水の給水管と排水管は、クロスコネクションにより配管しなければならない。

4. 排水管の封水を確実にするためには、排水トラップを二重に設ける。

答　**1** ○ → p.281 ～ 282　　**2** ○ → p.282　　**3** ✕ → p.284　　**4** ✕ → p.284

5-2　建 築 工 事　一次

Point!　重要度 💡💡💡

2 問が出題される。鉄筋コンクリート造、鉄骨造、鉄骨鉄筋コンクリート造の各構造形式の特徴を理解しよう。

1 建築構造の形式

（1）ラーメン構造

　柱や梁の接点を剛接合した骨組みで構成したもので、様々な建物に多用されている。

（2）トラス構造

　骨組みの各部材が三角形になるように構成したもので、大空間の建物に多用されている。トラス構造はラーメン構造に比べて部材を節約できるが、加工・組立てに手間がかかる。

2 鉄筋コンクリート造（RC造）

（1）鉄筋コンクリート造の特徴

　鉄筋コンクリート造の特徴は次のとおりである。

・鉄筋が引張応力を、コンクリートが圧縮応力を負担している。
・鉄筋とコンクリートの線膨張係数はほぼ等しい。
・コンクリートはアルカリ性で鉄筋の腐食を防止する効果がある。
・耐久性、耐火性に優れている。
・重量、断面が大きく、工程が複雑で工期がかかる。

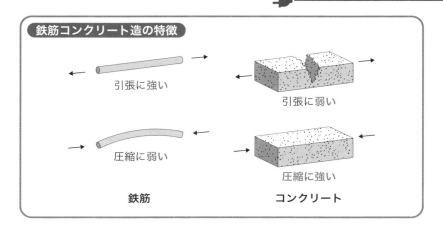

鉄筋コンクリート造の特徴

引張に強い

引張に弱い

圧縮に弱い

圧縮に強い

鉄筋　　　　　**コンクリート**

（2）鉄筋

　鉄筋は、引張力には強いが、圧縮力に対しては**座屈**してしまう。また、火災などの熱に弱く錆びやすい。鉄筋は次のように分類される。

①形状による分類

　鉄筋には、断面が円形の丸鋼と、コンクリートの付着力を向上させるために**突起（リブ）**のついた**異形棒鋼（異形鉄筋）**が使用されている。

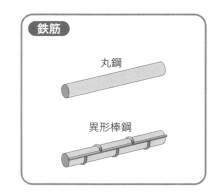

鉄筋

丸鋼

異形棒鋼

5-2

建築工事

②使用場所による分類

　鉄筋の使用場所による分類は次のとおりである。

使用場所	配筋方向	名称	負担応力
柱	軸方向	主筋	曲げ応力
	周方向	帯筋（フープ）	せん断応力
梁	軸方向	主筋	曲げ応力
	周方向	あばら筋（スターラップ）	せん断応力

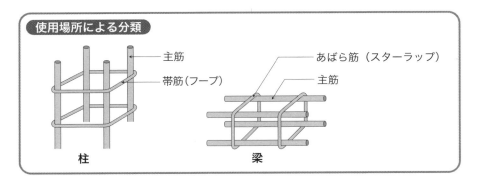

使用場所による分類

主筋
帯筋(フープ)

あばら筋（スターラップ）
主筋

柱　　　　　　　梁

　せん断応力とは、次のように、部材の軸方向に直交する方向に働く、大きさが等しく向きが反対の力である。

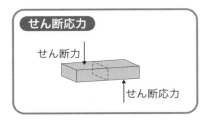

せん断応力

せん断力
せん断応力

(3) コンクリート
①コンクリートの組成
　コンクリートは、**セメント**と砂・砂利などの骨材に**水**を混合して作られている。

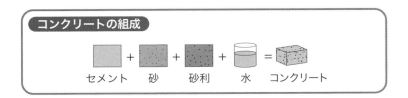

コンクリートの組成

セメント ＋ 砂 ＋ 砂利 ＋ 水 ＝ コンクリート

②骨材
　コンクリートに用いられる砂、砂利、砕石を骨材といい、大きさにより、細骨材と粗骨材に分類される。
③打ち込み
　コンクリートの打ち込みは、分離しないように低い位置から静かに入れ、十分に締め固めて、コンクリートが十分落ち着いてから次のコンクリートを打ち込む。締固めが不十分であると、**じゃんか（豆板）**や**コールドジョイン**

トなどの欠陥の原因となる。また、**打継ぎ**は、できるだけ**せん断応力**の**小さ**いところで行う。コンクリート打設後は、コンクリートは急激に乾燥するとひび割れるので、湿潤状態を保つため**養生**する。

④じゃんか（豆板）とコールドジョイント

じゃんか（豆板）はコンクリート中の**空洞**、コールドジョイントは打継ぎ時に**一体化できなかった継ぎ目**のこと。いずれもコンクリートの欠陥である。

⑤コンクリートの劣化

主なコンクリートの劣化は次のとおりである。

・**塩害**

・**アルカリ骨材反応**

・**凍害**

・**熱劣化**

アルカリ骨材反応とは、骨材の成分がセメント中のアルカリ成分と反応し、ひび割れや剥離などの劣化が生じる現象である。

⑥水セメント比

フレッシュコンクリート（生コン）中の単位セメント重量当たりの水の重量の比を、**水セメント比**といい、次式で表される。

$$水セメント比 = \frac{水の重量\ [kg]}{セメントの重量\ [kg]} \times 100\ [\%]$$

水セメント比が**大きく**なると、後述する**スランプ**が**大きく**なり、**強度**は**低下**する。

⑦スランプ

フレッシュコンクリートの**軟らかさ・流動性**の指標で、スランプコーンにフレッシュコンクリートを詰め、逆さにして台上に置き、引き上げたときの崩れた高さをいう。水っぽく**軟らかいもの**ほど、崩れやすく、スランプが**大きく**なる。

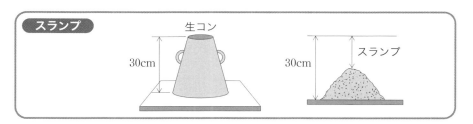

スランプ

生コン

30cm

30cm

スランプ

5-2

建築工事

（4）梁貫通孔

梁貫通孔は次のように施工する。

①梁貫通孔は、梁せいの中心付近とし、径の大きさは、梁せいの **1/3以下** とする。

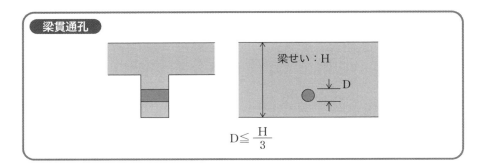

②梁貫通孔が並列する場合の中心間隔は、梁貫通孔の径の平均値の **3倍以上** とする。

③梁貫通孔の中心位置は、柱の面から梁せいの **1.5倍以上** とする。

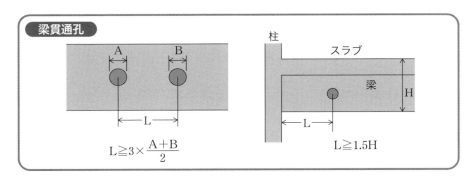

ポイント

水セメント比、スランプ、コンクリート強度の関係は次のとおり。

水セメント比	スランプ	コンクリート強度
大	大	小
小	小	大

3　鉄骨造（S造）

（1）鉄骨造の特徴

鉄骨造の特徴は次のとおりである。

・**変形能力**が大きく、**耐震性**に優れている。
・**軽量**で強度が**大きく、大空間**や**高層建築**に適している。
・鉄に対する**耐火被覆**を要する。
・**プレハブ部分**が多く、現場作業の比率が少ない。

（2）鋼材の部位

鋼材の部位の名称は次のとおりである。

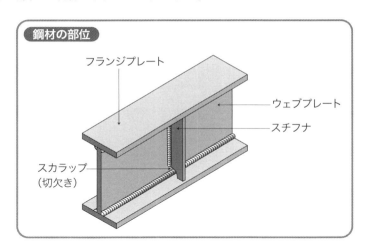

鋼材の部位

フランジプレート

ウェブプレート

スチフナ

スカラップ
（切欠き）

（3）鋼材の接合

鋼材の接合方法には、ボルト接合、溶接接合などがある。主なものは次のとおりである。

接合方法	種別	概要
ボルト接合	普通**ボルト接合**	主にボルトのせん断力で力を伝達する
	高力**ボルト接合**	主に部材間の摩擦力によって力を伝達する
溶接接合	完全溶込み**溶接**	突き合わせる部材の全断面が完全に溶接される
	隅肉**溶接**	母材の隅部のみを溶接する

5-2

建築工事

4 鉄骨鉄筋コンクリート造（SRC造）

　鉄骨鉄筋コンクリート造（SRC造）は、鉄骨の周囲に鉄筋を配筋し、コンクリートを打ち込んで固めた構造である。鉄骨鉄筋コンクリート造の特徴は次のとおりである。

・**じん性**が大きく、**耐震性**に優れている。
・コンクリートにより**耐火性**が補われている。

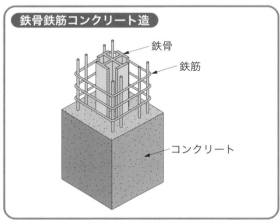

鉄骨鉄筋コンクリート造

鉄骨
鉄筋
コンクリート

1問/1答

問　**1.** 鉄筋の線膨張係数は、コンクリートの線膨張係数より大きい。
　　2. 梁の主筋は、曲げ応力に対抗するために設けられる。
　　3. 並列する梁貫通孔の中心間隔は、梁貫通孔の最大値の3倍以上とする。
　　4. 高力ボルト接合は、主に部材の曲げ応力によって力を伝達する。

答　**1** ✕ → p.288　**2** ○ → p.289　**3** ✕ → p.292　**4** ✕ → p.293

5-3 土 木 工 事 一次

Point!　　　　　　　　　　　　　重要度

土工事、建設機械、測量等から出題される。専門用語が多く出てくるので、概要が答えられるようにしよう。

1 土工事

（1）土質試験

主な土質試験は下表のとおりである。

■主な土質試験■

試験分類	試験名称	試験内容
原位置試験	標準貫入試験	試験体を打ち込むサウンディングにより硬軟を判定
	ベーン試験	ベーンを打ち込み回転させて粘着力を判定
	平板載荷試験	地表面の平板に載荷重し沈下量を測定
	現場CBR試験	ピストンを規定量貫入させるときの荷重による試験
	現場透水試験	地盤に掘った孔により透水係数を測定
土質試験	含水比試験	含水量を求める試験
	土粒子の密度試験	間げき度、飽和度、乾燥密度などを求める試験
	土の粒度試験	透水係数、液状化の判定
力学試験	せん断試験	基礎、斜面、擁壁などの安定度の判定
	圧密試験	粘土層の沈下量の計算
	締固め試験	路盤、盛土などの施工方法の決定

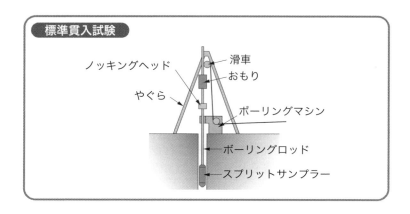

（2）土量の変化率

地山、掘削、締固めの状態における土の体積である**土量の変化率**は次のとおりである。

$$変化率\ L = \frac{\text{ほぐした土量}\ [\mathrm{m}^3]}{\text{地山の土量}\ [\mathrm{m}^3]}$$

$$変化率\ C = \frac{\text{締固め土量}\ [\mathrm{m}^3]}{\text{地山の土量}\ [\mathrm{m}^3]}$$

変化率Lは土の**運搬計画**に、変化率Cは土の**配分計画**に用いられる。

（3）工法

土工事には、土留め工事、支保工、排水、軟弱地盤対策等があり、工法の概要は以下のとおりである。

■**主な土工事の工法**■

工事	工法	特徴
土留め	① 親杭横矢板工法 ② 鋼矢板工法（シートパイル工法） ③ 鋼管矢板工法	止水性がない 止水性がある 止水性がある
支保工	① 水平切ばり工法 ② アイランド工法 ③ トレンチカット工法 ④ アンカー工法	

排水工法	① 釜場排水工法 ② 深井戸工法（ディープウェル）工法 ③ ウェルポイント工法	
軟弱地盤対策	① サンドドレーン工法 ② ペーパードレーン工法 ③ サンドコンパクションパイル工法 ④ バイブロフローテーション工法	

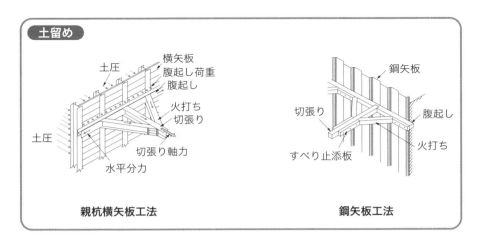

土留め

親杭横矢板工法　　　　　　　　　　鋼矢板工法

（4）掘削工事の異常現象

①ボイリング現象

　地下水位が高い**砂質地盤**において、矢板などの土留め壁を設置した後に、土留め壁の下を地下水が迂回して、根切り面の表面に**水と砂が湧き出すように吹き上げられる現象**。

②ヒービング現象

　粘性土地盤を掘削するとき、土留め壁の背面の土が底部から回り込んで掘削面が**膨れ上がる現象**。

③クイックサンド現象

　地下水などの上向きに浸透する水の圧力により、**砂地盤**が湧き上がり、**液体に似た状態となる現象**。

④パイピング現象

　砂質地盤内で脆弱な部分に浸透水が集中して、**パイプ状の水の通り道**がで

5-3

土木工事

きると、土中の浸透性が高まり、水とともに流動化した土砂が**地盤外へ一気に移動する現象**。

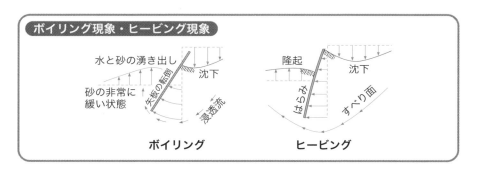

2 鉄塔

（1）鉄塔基礎

主な送電線鉄塔の基礎は次のとおりである。

■主な鉄塔基礎■

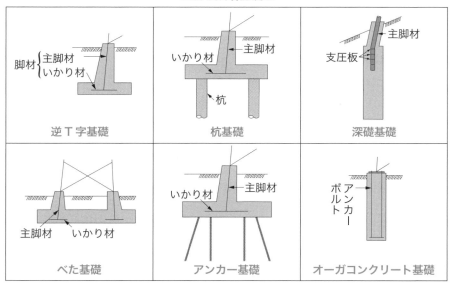

（2）鉄塔の組立工法

主な鉄塔の組立工法には、**地上組立工法**、**移動式クレーン工法**、**地上せり上げデリック工法**がある。このうち、**地上せり上げデリック工法**とは、鉄塔の中心部に鉄柱を立て、継ぎ足しながら順次せり上げ、先端にブームをつけて組み立てる工法である。

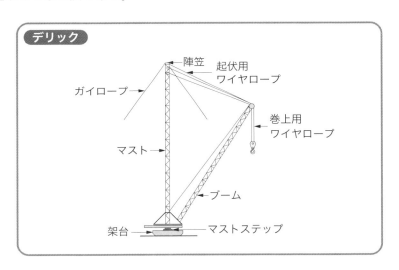

 **3　舗装**

（1）アスファルト舗装とコンクリート舗装

舗装には、用いられる材料によりアスファルト舗装とコンクリート舗装があり、それぞれの特徴は次のとおりである。

■アスファルト舗装とコンクリート舗装の特徴■

舗装	特徴
アスファルト舗装	せん断力に強いが曲げ応力に弱いため、荷重が作用して下層が沈下すると、表層も沈下しやすい。
コンクリート舗装	耐久性に富んでいるが、温度変化により膨張、収縮するので、目地を設ける必要がある。

(2) グルービング工法

　雨天時に自動車などのタイヤに発生する**ハイドロプレーニング現象**やスリップを防止するために、舗装面に溝を設ける工法を**グルービング工法（安全溝設置工）**という。**ハイドロプレーニング現象**とは、自動車などが水の溜まった路面などを走行中に、タイヤと路面の間に水が入り込み、車が水の上を滑るようになってハンドルやブレーキが利かなくなる現象で、**水膜現象**ともいう。

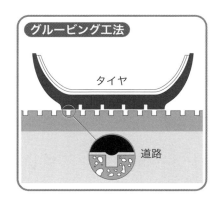

 4　建設機械

　主な建設機械は下表のとおりである。

■主な建設機械■

整地	ブルドーザ、モータグレーダ
掘削	パワーショベル、クラムシェル、ドラグライン、バックホウ
締固め	ロードローラ、タイヤローラ、振動ローラ、タンピングローラ、タンパ、ランマ、振動コンパクタ
その他	ブレーカ（解体）、アースオーガ（穿孔）

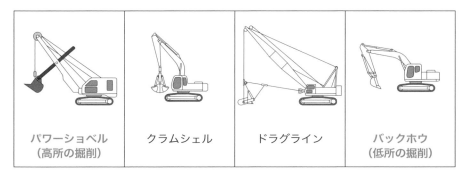

| パワーショベル
（高所の掘削） | クラムシェル | ドラグライン | バックホウ
（低所の掘削） |

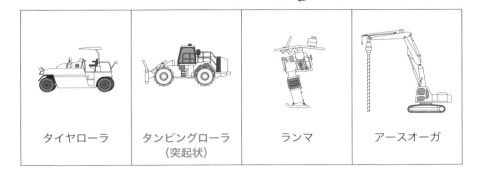

| タイヤローラ | タンピングローラ（突起状） | ランマ | アースオーガ |

5　測量

土木工事にて行われる主な測量の種類は、次のとおりである。

（1）三角測量

地上の平面位置を示す地点の位置を決定するため、3つの点でつくられる三角形の内角を経緯儀（セオドライト）やトランシットではかり、辺のうちの1つをあらかじめ基線測量で長さを決定しておき、その他の辺の長さと各頂点の位置を計算で求める方法。

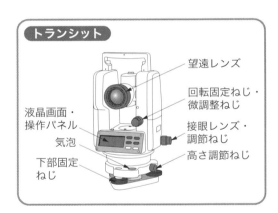

トランシット

望遠レンズ
回転固定ねじ・微調整ねじ
接眼レンズ・調節ねじ
高さ調節ねじ
液晶画面・操作パネル
気泡
下部固定ねじ

5-3

土木工事

（2）トラバース測量

ある一点から順次測定して得られた測点を結合してできる折れ線の各辺の長さと方位角を求めることにより、各点（多角点）の位置を定める測量方法。多角測量、折れ線測量ともいう。

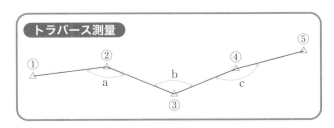

トラバース測量

① ② ③ ④ ⑤
a b c

(3) 水準測量

　任意の地点の高さを求める測量。二地点に標尺を垂直に立て、その中間に水準儀を置いて目盛りを読み、その差から高さを求める。

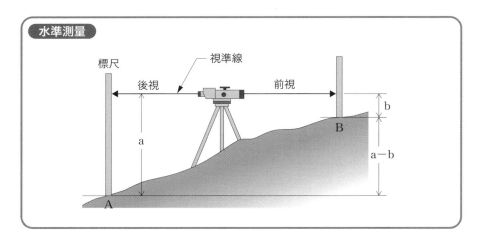

(4) 平板測量

　三脚の台に平板をのせ、コンパス・アリダード・巻尺などを用いて、測量結果をその場で作図していく測量方法。

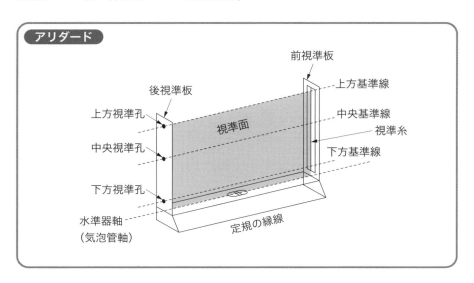

（5）スタジア測量

　トランシットや水準儀の望遠鏡で前方に立てた標尺を視準し、十字線の上下に等間隔に張った2本の**スタジア線**ではさんだ標尺の長さと鉛直角をはかり、スタジア定数を乗じて、**水平距離**、比高を求める測量法。**視距測量**ともいう。

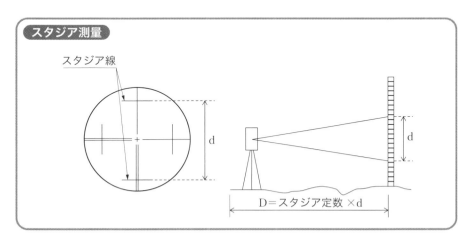

スタジア測量

スタジア線

d

D＝スタジア定数 ×d

5-3

土木工事

（6）測量に関する用語

①標尺

　距離や高さを測定するために用いる目盛りのついた尺のこと。測定点に鉛直に立てて用いる。標尺が鉛直ではなく**傾いて**いると、標尺の読みが正しい値よりも**大きく**なる。

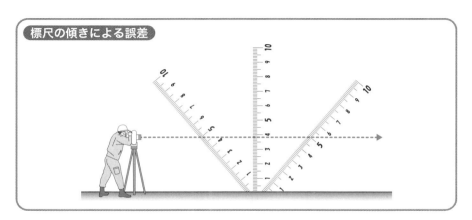

標尺の傾きによる誤差

②誤差

測定値と真値の差を誤差といい、誤差には**定誤差**と**不定誤差**がある。定誤差とは、一定の法則によって大きさが変化する誤差で、**個人誤差**や**器械誤差**は定誤差である。不定誤差は原因が不明な誤差で、**偶然誤差**ともいう。

③水準点

全国的に統一された標高の基準となる点。

④前視と後視

これから測量しようとする点（**未知点**または**求点**）を視準することを**前視**、すでに測量した点（**既知点**）を視準することを**後視**という。

⑤視準線誤差

水準儀の**視準線が水平に対して傾いている**ために生じる誤差を、**視準線誤差**という。視準線誤差は、**前視と後視の距離が等しく**なる**未知点と既知点の中間点**に水準儀を置いて測量することで解消される。

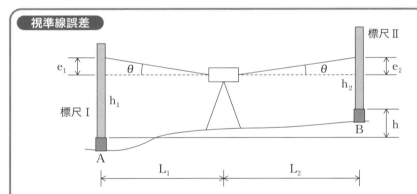

A点とB点の高低差は次のように求められる。

　h＝標尺Ⅰの読み値－標尺Ⅱの読み値…①

また、標尺の読み値には水準儀の視準線誤差が含まれ、それぞれ次式で表される。

　標尺Ⅰの読み値＝$h_1 + e_1$…②
　標尺Ⅱの読み値＝$h_2 + e_2$…③

①に②③を代入すると、次のとおりである。

　$h = (h_1 + e_1) - (h_2 + e_2) = (h_1 - h_2) + (e_1 - e_2)$

ここで、$L_1 = L_2$のときは$e_1 = e_2$であり、$e_1 - e_2 = 0$となり、誤差が解消される。

1問1答

 1. 土留め工事の工法である親杭横矢板工法は、止水性がない。

2. 土工事の土留め工法に、ウェルポイント工法がある。

3. 水と砂が噴き出すボイリング現象は、地下水位が低い砂質地盤において、生じやすい。

4. 左図は杭基礎である。

主脚材

支圧板

5. 鉄塔の組立工法には、地上組立工法、移動式クレーン工法、サンドドレーン工法等がある。

6. アスファルト舗装は、コンクリート舗装に比べ、せん断力に強い。

7. 舗装工事のグルービング工法とは、舗装面を平滑にして、走行時の振動を抑制するために用いられる。

8. 建設機械のバックホウは、主に高所の掘削に用いられる。

9. 振動ローラ、ランマ、振動コンパクタは、地盤の締固めに用いられる建設機械である。

10. 水準測量時に標尺が傾いていると、標尺の読みは正しい値よりも小さくなる。

11. 水準測量におけるレベルの視準線誤差は、後視と前視の距離の差を大きくすれば、無視することができる。

答 **1** ○ → p.296　　**2** ✕ → p.296〜297　　**3** ✕ → p.297　　**4** ✕ → p.298
5 ✕ → p.299　　**6** ○ → p.299　　　**7** ✕ → p.300　　**8** ✕ → p.300
9 ○ → p.300　　**10** ✕ → p.303　　**11** ✕ → p.304

5-3

土木工事

空気調和設備のファンコイルユニット・ダクト併用方式は、ペリメータ部にファンコイルユニットを設置し、~~主に~~湿度制御を行う。

空気調和設備のファンコイルユニット・ダクト併用方式は、ペリメータ部にファンコイルユニットを設置し、温度・湿度制御を行う。

建物内の給水方式のポンプ直送方式は、断水時には受水槽に残っている水を利用~~できない~~。

建物内の給水方式のポンプ直送方式は、断水時には受水槽に残っている水を利用できる。

~~遠心~~冷凍機は、回転部分が少なく運転時の振動や騒音が小さい。

吸収冷凍機は、回転部分が少なく運転時の振動や騒音が小さい。

鉄筋コンクリート構造に関して、水セメント比を大きくすると、コンクリートの圧縮強度は~~大きく~~なる。

鉄筋コンクリート構造に関して、水セメント比を大きくすると、コンクリートの圧縮強度は小さくなる。

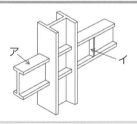

図に示す鉄骨構造において、アは~~ガセット~~プレート、イは~~ラチス~~である。

図に示す鉄骨構造において、アはフランジプレート、イはスチフナである。

勾配の急な山岳地に適用され、鋼板などで孔壁を保護しながら円形に掘削し、コンクリート躯体を孔内に構築する鉄塔の基礎は、~~杭~~基礎である。

勾配の急な山岳地に適用され、鋼板などで孔壁を保護しながら円形に掘削し、コンクリート躯体を孔内に構築する鉄塔の基礎は、深礎基礎である。

1回で受かる！

1級電気工事施工管理技術検定合格テキスト

第6章

施工管理

契 約・設 計

一次 二次

Point!　　　　　　　　　　　　　　重要度

公共工事標準請負契約約款、図記号等が出題される。図記号は記述問題でも出題されるので、基本のものを覚えよう。

1　契約

(1) 契約の原則

請負契約は、対等な立場で発注者と受注者の合意に基づいて契約する。

(2) 契約書の構成

・**設計図書**

設計図面、共通（標準）仕様書、特記仕様書、現場説明書、質問回答書

・**工事請負契約書**

(3) 設計図書の優先順位

①質問回答書

②現場説明書

③特記仕様書

④設計図面

⑤共通（標準）仕様書

2 公共工事標準請負契約約款

公共工事標準請負契約約款とは、ほとんどの官庁の建設工事で使用される標準的な工事請負契約約款である。また、建設業法により公共工事での活用が勧告されている。以下に約款の要点を示す。

（総則）

第一条 発注者及び受注者は、この約款に基づき、設計図書に従い、日本国の法令を遵守し、この契約を履行しなければならない。

2 受注者は、契約書記載の工事を契約書記載の工期内に完成し、工事目的物を発注者に引き渡すものとし、発注者は、その請負代金を支払うものとする。

3 仮設、施工方法その他工事目的物を完成するために必要な一切の手段については、この約款及び設計図書に特別の定めがある場合を除き、受注者がその責任において定める。

4 受注者は、この契約の履行に関して知り得た秘密を漏らしてはならない。

5 この約款に定める催告、請求、通知、報告、申出、承諾及び解除は、書面により行わなければならない。

約款は発注者と受注者の取り決めです。

仮設、施工方法は受注者が決めます。やり取りは書面で行います。

発注者　　受注者

（権利義務の譲渡等）

第五条 受注者は、この契約により生ずる権利又は義務を第三者に譲渡し、又は承継させてはならない。ただし、あらかじめ、発注者の承諾を得た場合は、この限りでない。

6-1

契約・設計

（一括委任又は一括下請負の禁止）

第六条 受注者は、工事の全部若しくはその主たる部分又は他の部分から独立してその機能を発揮する工作物の工事を一括して第三者に委任し、又は請け負わせてはならない。

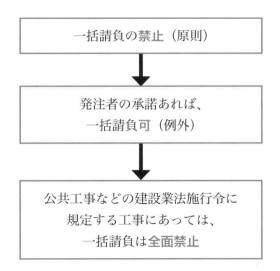

公共工事の入札及び契約の適正化の促進に関する法律の適用を受けない発注者（民間業者）が建設業法施行令に規定する工事以外の工事を発注する場合においては、「ただし、あらかじめ、発注者の承諾を得た場合は、この限りではない。」とのただし書を追記することができる。

```
┌─────────────────────────────┐
│     一括請負の禁止（原則）        │
└─────────────────────────────┘
              ↓
┌─────────────────────────────┐
│     発注者の承諾あれば、          │
│     一括請負可（例外）           │
└─────────────────────────────┘
              ↓
┌─────────────────────────────┐
│  公共工事などの建設業法施行令に      │
│   規定する工事にあっては、         │
│     一括請負は全面禁止           │
└─────────────────────────────┘
```

原則ダメだけど、発注者の私の承諾があればオッケーです。

公共工事じゃないから、一括で下請に出したいんですが。

発注者　　　受注者

（下請負人の通知）

第七条　発注者は、受注者に対して、下請負人の商号又は名称その他必要な事項の通知を請求することができる。

協力会社はどちらにお願いするのですか？

発注者　　受注者

（監督員）

第九条　発注者は、監督員を置いたときは、その氏名を受注者に通知しなければならない。監督員を変更したときも同様とする。

4　第二項の規定に基づく監督員の指示又は承諾は、原則として、書面により行わなければならない。

監督員のＡを置きました。

発注者　　受注者

6-1

契約・設計

（現場代理人及び主任技術者等）

第十条　受注者は、次の各号に掲げる者を定めて工事現場に設置し、設計図書に定めるところにより、その氏名その他必要な事項を発注者に通知しなければならない。これらの者を変更したときも同様とする。
（各号略）

2　現場代理人は、この契約の履行に関し、工事現場に常駐し、その運営、取締りを行うほか、請負代金額の変更、請負代金の請求及び受領、第十二条第一項の請求の受理、同条第三項の決定及び通知並びにこの契約の解除に係る権限を除き、この契約に基づく受注者の一切の権限を行使することができる。

311

5 現場代理人、監理技術者等（監理技術者、監理技術者補佐又は主任技術者をいう。）及び専門技術者は、これを兼ねることができる。

> 現場代理人のＢを置きました。この現場の監理技術者です。お金に関すること以外は彼が権限を行使します。

発注者　　受注者

（工事関係者に関する措置請求）

第十二条　発注者は、現場代理人がその職務（監理技術者等又は専門技術者と兼任する現場代理人にあっては、それらの者の職務を含む。）の執行につき著しく不適当と認められるときは、受注者に対して、その理由を明示した書面により、必要な措置をとるべきことを請求することができる。

4　受注者は、監督員がその職務の執行につき著しく不適当と認められるときは、発注者に対して、その理由を明示した書面により、必要な措置をとるべきことを請求することができる。

（工事材料の品質及び検査等）

第十三条　工事材料の品質については、設計図書に定めるところによる。設計図書にその品質が明示されていない場合にあっては、中等の品質を有するものとする。

> 現場に搬入した材料は、承諾なく持ち出さないでください。

> 品質が明示されていないので、中等のものを使います。

発注者　　受注者

4　受注者は、工事現場内に搬入した工事材料を監督員の承諾を受けないで工事現場外に搬出してはならない。

（設計図書不適合の場合の改造義務及び破壊検査等）

第十七条　受注者は、工事の施工部分が設計図書に適合しない場合において、監督員がその改造を請求したときは、当該請求に従わなければならない。この場合において、当該不適合が監督員の指示によるときその他発注者の責めに帰すべき事由によるときは、発注者は、必要があると認められるときは工期若しくは請負代金額を変更し、又は受注者に損害を及ぼしたときは必要な費用を負担しなければならない。

2　監督員は、受注者が第十三条第二項又は第十四条第一項から第三項までの規定に違反した場合において、必要があると認められるときは、工事の施工部分を破壊して検査することができる。

3　前項に規定するほか、監督員は、工事の施工部分が設計図書に適合しないと認められる相当の理由がある場合において、必要があると認められるときは、当該相当の理由を受注者に通知して、工事の施工部分を最小限度破壊して検査することができる。

4　前二項の場合において、検査及び復旧に直接要する費用は受注者の負担とする。

壊して見せてください。費用負担はそちらです。

適宜、検査受けてくださいよ。

埋め戻したので、検査できないですよ。

監督員　　　受注者

（検査及び引渡し）

第三十二条　受注者は、工事を完成したときは、その旨を発注者に通知しなければならない。

2　発注者は、前項の規定による通知を受けたときは、通知を受けた日から十四日以内に受注者の立会いの上、設計図書に定めるところにより、

6-1

契約・設計

工事の完成を確認するための検査を完了し、当該検査の結果を受注者に通知しなければならない。この場合において、発注者は、必要があると認められるときは、その理由を受注者に通知して、工事目的物を最小限度破壊して検査することができる。

3 前項の場合において、検査又は復旧に直接要する費用は、受注者の負担とする。

検査してもいいよ（14日）。

完成しました。検査よろしくお願いいたします。

発注者　　**受注者**

（請負代金の支払い）

第三十三条　受注者は、前条第二項の検査に合格したときは、請負代金の支払いを請求することができる。

2　発注者は、前項の規定による請求があったときは、請求を受けた日から四十日以内に請負代金を支払わなければならない。

請求、よし、ＯＫ（40日）！

検査合格しましたので、請求いたします。

発注者　　**受注者**

（前金払及び中間前金払）

第三十五条　受注者は、（中略）保証事業会社と保証契約を締結し、その保証証書を発注者に寄託して、（中略）前払金の支払いを発注者に請求することができる。

3　発注者は、第一項の規定による請求があったときは、請求を受けた日から十四日以内に前払金を支払わなければならない。

（前払金の使用等）

第三十七条　受注者は、前払金をこの工事の材料費、労務費、機械器具の賃借料、機械購入費、動力費、支払運賃、修繕費、仮設費、労働者災害補償保険料及び保証料に相当する額として**必要な経費以外の支払いに充当してはならない。**

先に払ってもいいよ（14日）。
でも、工事に使わないとダメですよ。

工期も長く、工費も大きいので、先にいただいてもいいですか？

発注者　　受注者

（部分払）

第三十八条

5　受注者は、第三項の規定による確認があったときは、部分払を請求することができる。この場合においては、発注者は、**当該請求を受けた日から十四日以内に部分払金を支払わなければならない。**

一部、払ってもいいよ（14日）。

一部完成したので、部分払を請求いたします。

発注者　　受注者

（第三者による代理受領）

第四十三条　受注者は、発注者の承諾を得て**請負代金の全部又は一部の受領**につき、第三者を**代理人**とすることができる。

（発注者の催告による解除権）

第四十七条　発注者は、受注者が次の各号のいずれかに該当するときは相当の期間を定めてその履行の催告をし、その期間内に履行がないとき

6-1

契約・設計

はこの契約を解除することができる。

二　正当な理由なく、工事に着手すべき期日を過ぎても工事に着手しないとき。

三　工期内に完成しないとき又は工期経過後相当の期間内に工事を完成する見込みがないと認められるとき。

四　第十条第一項第二号に掲げる者（主任技術者、監理技術者、監理技術者補佐）を設置しなかったとき。

五　正当な理由なく、第四十五条第一項の履行の追完がなされないとき。

六　前各号に掲げる場合のほか、この契約に違反したとき。

着工しないので完成の見込みもないし、主任技術者もおいてくれないので、解約します。

発注者　　　　受注者

（受注者の催告によらない解除権）

第五十二条　受注者は、次の各号のいずれかに該当するときは、直ちにこの契約を解除することができる。

一　第十九条の規定により設計図書を変更したため請負代金額が三分の二以上減少したとき。

身もふたもないので、
（三分の二）
解約いたします。

発注者　　　　受注者

3 設計・図記号

（1）電線

記号	電線の種類
IV	**600V ビニル絶縁電線**
HIV	**600V 二種ビニル絶縁電線**
OW	**屋外用ビニル絶縁電線**
OC	屋外用架橋ポリエチレン絶縁電線
OE	屋外用ポリエチレン絶縁電線
DV	**引込用ビニル絶縁電線**
PDC	高圧引下用架橋ポリエチレン絶縁電線
CV	**架橋ポリエチレン絶縁ビニルシースケーブル**
VVF	**600V ビニル絶縁ビニルシースケーブル（平形）**
VVR	**600V ビニル絶縁ビニルシースケーブル（丸形）**
CVV	制御用ビニル絶縁ビニルシースケーブル
FP	**耐火ケーブル**
HP	**耐熱ケーブル**
EM-CE	600V 架橋ポリエチレン絶縁耐燃性ポリエチレンシースケーブル

（2）電線管

記号	配管の種類
E	**鋼製電線管（ねじなし電線管）**
PF	**合成樹脂製可とう電線管（PF 管）**
CD	**合成樹脂製可とう電線管（CD 管）**
F2	2 種金属製可とう電線管
F	フロアダクト
FC	フロアダクト（コンベックス形）
MM1	1 種金属線ぴ
MM2	2 種金属線ぴ
SGP	**配管用炭素鋼鋼管**
STPG	圧力配管用炭素鋼鋼管
STK	一般構造用炭素鋼鋼管
PEG	ケーブル保護用合成樹脂被覆鋼管
PLP	ポリエチレン被覆鋼管
VE	**硬質塩化ビニル電線管**
VP	**硬質塩化ビニル管**

6-1

契約・設計

(3) 機器など

接地端子	接地極	受電点	電動機
コンデンサ	電熱器	換気扇	天井扇
ルームエアコン	小型変圧器	整流装置	蓄電池
発電機	シーリング	シャンデリア	ダウンライト
引掛シーリング（丸）	引掛シーリング（角）	蛍光灯	コンセント
非常照明（白熱灯）	非常照明（蛍光灯）	誘導灯（白熱灯）	誘導灯（蛍光灯）
点滅器	開閉器	配線用遮断器	漏電遮断器
押しボタンスイッチ	圧力スイッチ	フロートスイッチ	フロートレススイッチ
タイムスイッチ	配電盤	分電盤	制御盤
内線電話	ベル	ブザー	チャイム
親時計	子時計	スピーカー	ジャック
差動スポット感知器	定温スポット感知器	煙感知器	受信機

（4）電気用図記号

①開閉器類

ケーブルヘッド(CH)	避雷器（LA）	断路器（DS）	変流器（CT）
遮断器（CB）	ヒューズ（F）	高圧負荷開閉器 (LBS)	高圧カットアウト (PC)
電磁接触器（MC）	開閉器（S）	高圧零相変流器（ZCT）	計器用変圧器（VT）
整流器（RF）	単相変圧器（T）	コンデンサ（SC）	リアクトル（SR）

②保護継電器類

過電流継電器 (OCR)	地絡過電流継電器（OCGR）	過電圧継電器 (OVR)	地絡過電圧継電器（OVGR）
比率差動継電器（PDFR）	地絡方向継電器（DGR）	短絡方向継電器（DSR）	不足電圧継電器（UVR）

③計器類

電流計（AM）	電圧計（VM）	電力計（WM）	電力量計（WHM）
力率計（PFM）	周波数計（FM）	回転計（NM）	無効電力計（VARM）

6-1

契約・設計

319

④制御器具番号

器具番号	器具名称	器具番号	器具名称	器具番号	器具名称
3	操作スイッチ	43	制御回路切替スイッチ、接触器または継電器	72	直流遮断器または接触器
5	停止スイッチまたは継電器	51	交流過電流継電器または地絡過電流継電器	73	短絡用遮断器または接触器
27	交流不足電圧継電器	52	交流遮断器または接触器	76	直流過電流継電器
28	警報装置	55	自動力率調整器または力率継電器	80	直流不足電圧継電器
29	消火装置	57	自動電流調整器または電流継電器	84	電圧継電器
30	機器の状態または故障表示	59	交流過電圧継電器	87	差動継電器
37	不足電流継電器	64	地絡過電圧継電器	89	断路器または負荷開閉器
42	運転遮断器、スイッチまたは接触器	67	交流電力方向継電器または地絡方向継電器	90	自動電圧調整器または自動電圧調整継電器

暗記のヒント

制御器具番号には特に規則性はなく、暗記するしかないので、工夫して覚えよう。例えば、

停電にな（27）ると、電圧が不足して、不足電圧継電器が作動する。

施 工 計 画

一次 二次

Point! 重要度 🔆🔆🔆

3問出題される。官庁の申請・届出はよく出題されるので、暗記する。他は常識で解答できるので、全問正解を目指そう。

1 施工計画の内容

(1) 施工の流れ

　一般的な施工の流れは、次のとおりである。内容は、着工前に行うものと、着工後に行うものに大別される。

契約内容・設計図書の把握
　↓
現場状況の確認
　↓
施工計画書・総合工程表・官庁届出書の作成
　↓
仮設計画・実行予算書の作成
　↓
着工
　↓
施工図・施工要領書の作成
　↓
部分工程表の作成
　↓
検査・取扱い説明書の作成
　↓
引渡し

（2）設計図書

設計図書に相違がある場合の優先順位は、一般的には次のとおりである。

①質問回答書
②現場説明書
③特記仕様書
④設計図面
⑤標準仕様書

高い

低い

（3）現場状況の確認

現場状況の確認では、主に、次の状況について確認する。

①敷地の寸法・高低等
②各種設備の引込位置・容量
③敷地内障害物
④敷地周辺の障害物
⑤周辺の道路・交通状況
⑥近隣施設の状況
⑦電波障害の影響など
⑧近隣への説明
⑨屋外工事との敷地境界

（4）着工準備

着工準備にあたっての、主な検討事項は次のとおりである。

①施工管理組織・安全管理組織の編成
②官公庁の手続き
③設計図書と現場状況の確認
④総合工程表の作成
⑤総合仮設計画の作成
⑥関連仮設計画の作成
⑦実行予算の編成
⑧下請業者の選定
⑨使用材料及びメーカーの選定
⑩近隣対策

（5）下請業者の選定

下請業者は、以下の要素を重点に選定する。

①建設業許可

②施工能力・施工実績

③経営管理能力

④雇用管理・安全衛生管理状況

⑤社会保険の加入

⑥関連企業との取引実績

（6）施工計画の留意事項

施工計画にあたっては、次の事項に留意して行う。

①過去の経験を活かすとともに、**新しい技術も積極的に採用**する。

②現場担当者のみではなく、全社的な知見を活用する。

③経済的で最適な工程を探し出す。

④1つではなく、いくつかの案を作成する。

（7）官公庁への主な申請・届出

官公庁への主な申請と届出先は次のとおりである。

6-2

施工計画

件名	申請・届出先
消防用設備設置届	消防長または消防署長
危険物貯蔵所の設置	都道府県知事または市町村長等
道路使用許可申請	警察署長
道路占用許可申請	道路管理者
確認申請書	建築主事
ばい煙発生施設設置届	都道府県知事または政令市の長
機械等設置届（ボイラー・クレーン）	労働基準監督署長
特定施設設置届（騒音・振動）	市町村長
保安規程届出	経済産業大臣または産業保安監督部長
電気工作物工事計画届	経済産業大臣または産業保安監督部長

2 施工計画書

（1）施工計画書の記載事項

施工計画書は施工者が自主的に作成するものであるが、必要に応じて、施主や監理者の確認をとって作成する。施工計画書の主な記載事項は次のとおりである。

①施工体制・緊急連絡先
②総合工程表
③仮設計画
④資材計画
⑤労務計画
⑥安全衛生管理計画
⑦産業廃棄物処理計画
⑧官公庁申請・届出一覧表
⑨下請業者一覧表

（2）総合工程表の留意事項

総合工程表は、主に、次の事項に留意して作成する。

①建築工事、管工事、その他関連工事の工程
②仮設、準備期間
③官公庁への届出書類提出時期
④製作図・施工図の作成・承認時期
⑤主要機器の作成期間・搬入時期
⑥引込配線施工時期
⑦検査及び施工など立ち会いを受ける時期
⑧試験・検査の時期
⑨受電時期
⑩試運転調整期間
⑪気候・行事の影響

3　仮設計画

（1）仮設計画の留意事項

仮設計画は以下の事項に留意して作成する。

①能率よく作業できること

②相互連絡の便

③人の出入りの便

④火災予防

⑤盗難防止

⑥安全管理

⑦騒音対策

⑧産業廃棄物

（2）現場事務所

現場事務所は、以下の事項に留意して設置する。

①移動距離の少ない場所

②竣工まで設置できる場所

③解体・搬出が容易な場所

④現場の出入り口に近い場所

（3）仮設電源用の受電設備（キュービクル等）

仮設電源用の受電設備（キュービクル等）は、以下の事項に留意して設置する。

①工事の支障にならない場所

②完成後の撤去が容易な場所

③電力の引込が容易な場所

④電気使用場所に近い場所

⑤保守管理が容易にできる場所

⑥水はけのよい場所

⑦**電気主任技術者の選任・届出、保安規程の作成・届出を行う**

6-2

施工計画

（4）仮設電源の配線

仮設電源の配線は、以下の事項に留意して施設する。

①通路面に施設しない。

②やむを得ず通路面に施設する場合は、車両その他の物が通過すること等による絶縁被覆の損傷のおそれのないように保護する。

③圧力や機械的衝撃を受けるおそれがある箇所には、防護装置を設ける。

④**300V 以下の低圧屋内配線でケーブル等の場合、臨時配線として、1年以内に限り、コンクリートに直接埋設することが可能である。**

 4 施工中の管理

（1）施工要領書

施工要領書は工種別の施工計画書で、**着工までに作成して監理者の承諾を得て、関係者に周知させるものである。**以下の内容等について検討して作成する。

①**設計図書に明示していない工法**

②特に関係者に周知する必要のある事項

③品質確保のため必要な事項

④施工図の補完資料

⑤**設計図書と異なる施工**

（2）部分工程表

着工時に作成された総合工程表をより具体化し、また、進捗状況により逐次見直すために作成する細部工程表である。部分工程表作成の主な留意点は次のとおりである。

①**他の関連工事の工程を確認する**

②**オーダーメードの機材の納入時期**

③**遅れのある工程を調整する**

④**下請業者の意見を確認する**

(3) 官庁検査

経済産業省、消防署、建築主事、その他の官庁による検査をいい、当該電気設備が関連官庁に申請、届出した図書に基づき、関連法規に適合しているかを確認するものである。

 1問 1答

問

1. 一般的に、部分工程表の作成は、着工後に行うものである。

2. 設計図書の優先順位は、現場説明書のほうが標準仕様書より高い。

3. 施工計画にあたっては、過去の経験を重視し、新しい技術はできるだけ採り入れないようにすべきである。

4. 下請業者の選定は、施工能力を重視し、経営管理能力を考慮する必要はない。

5. 道路占用許可申請は、警察署長に申請する。

6. 現場事務所は、現場の出入り口に近い場所に設置する。

7. 仮設電源用の受電設備は、電気使用場所から離れた場所に設置する。

8. 仮設電源の配線は、300V 以下の低圧屋内配線でケーブル等の場合、臨時配線として、2 年以内に限り、コンクリートに直接埋設することが可能である。

9. 施工要領書は、施工者が施工のために作成するものなので、監理者の承諾を得る必要はない。

答

1 ○ → p.321　　**2** ○ → p.308、322　　**3** ✕ → p.323　　**4** ✕ → p.323

5 ✕ → p.323　　**6** ○ → p.325　　**7** ✕ → p.325　　**8** ✕ → p.326

9 ✕ → p.326

6-2

施工計画

工程管理

一次　二次

Point!　重要度 🟢🟢🟢

3問出題される。利益図表、Sカーブ、ガントチャート、バーチャート、ネットワークなどの図表の特徴を理解しよう。

1 工程・費用・進度管理

（1）工程と費用

　工程（施工速度）と費用の関係は右の図のとおりである。

①直接費

　作業員の人件費や機器材料費など、工事に直接かかる費用である。施工速度を速くすると突貫工事となり、休日や深夜の時間割り増し賃金等のために増加する。

②間接費

　事務所賃料や事務機器のリース代など、工事に間接的にかかる費用である。施工速度を速くすると減少する。

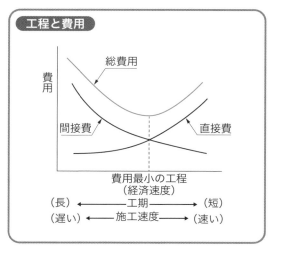

工程と費用

③総費用

　直接費と間接費の和である。総費用と工程の関係は、谷状の曲線となる。

④経済速度

　総費用が最小となるときの施工速度をいう。

（2）利益図表

費用と出来高から利益と損失の関係を示したものを利益図表という。

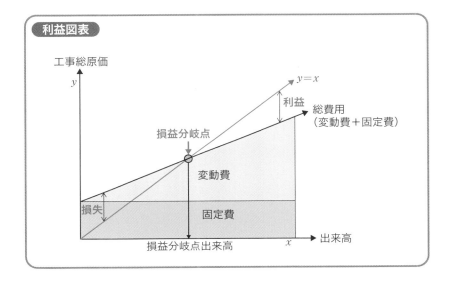

利益図表

①固定費

出来高により変動しない費用のことで、仮設電力の施設費などがある。

②変動費

出来高により変動する費用のことで、材料費などである。

③総費用

固定費と変動費の和である。

④損益分岐点

出来高と総費用が等しくなる点をいう。この点を境に、総費用が出来高を上回る部分は損失に、出来高が総費用を上回る部分は利益となる。

⑤採算速度

損益分岐点の出来高となるときの施工速度をいう。

（3）進度曲線

出来高と時間経過の関係を示した曲線を進度曲線という。上方と下方に許容限界曲線を設け、この曲線内の範囲を許容範囲として、許容範囲内に収まるように工程の進度を管理する。許容範囲の描く姿がバナナに似ているので

6-3

工程管理

バナナ曲線という。許容範囲内の点線は予定進度曲線といい、描く姿がＳ字なのでＳカーブという。Ｓカーブは工程の**初期**と**終期の施工速度が遅く**、工程の**中期の施工速度が速い**ことを示している。

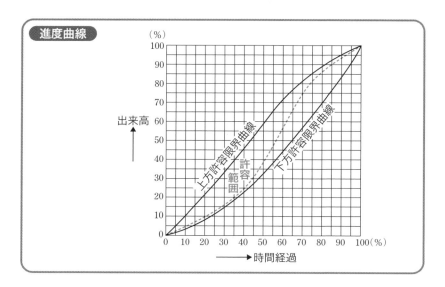

進度曲線

2 各種工程表

（1）ガントチャート

縦軸に各作業名、横軸に達成度（％）をとり、各作業の現在の**進行度合い**を棒グラフで示す工程表である。ガントチャートの特徴は次のとおりである。

①各作業の現時点での**進行状況**がよくわかる。

②各作業間の関連がわからない。

③変化、変更の対応がしにくい。

④工程上の問題点がわかりにくい。

⑤工事の所要時間がわからない。

ガントチャート

作業名	達成度（％）				
	20	40	60	80	100
準備作業					
配管工事					
機器据付					
試運転調整					
後片付け					

(2) バーチャート

縦軸に各作業名、横軸に暦日をとり、各作業の**工事期間**を棒グラフで示す工程表である。バーチャートの特徴は次のとおりである。

①各作業の**所要日数、日程**がわかりやすい。

②各作業間の順序は概ねわかる。

③変化への対応が容易である。

④工程上の問題点は概ねわかる。

⑤工事が複雑化すると関連性を把握しにくい。

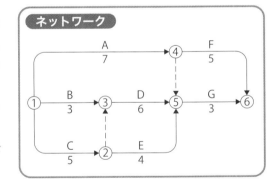

バーチャート

作業名	9月			10月		
	10日	20日	30日	10日	20日	30日
準備作業						
配管工事						
機器据付						
試運転調整						
後片付け						

(3) ネットワーク

工程の流れを矢線で示した工程表で、次のような特徴ある。

①工事の**総所要日数**がわかる。

②各作業の**余裕日数**がわかる。

③各作業の**順序や関連性**がわかる。

④作成に知識が必要である。

⑤変化に対応しやすい。

ネットワーク

6-3

工程管理

ゴロ合わせで覚えよう!

ばあちゃんと過ごした暦日
（バーチャート）

ガントチャートは横軸に達成度を、バーチャートは横軸に暦日をとった棒グラフである。

（4）各種工程表の比較

各種工程表の比較は次のとおりである。

	ガントチャート	バーチャート	ネットワーク
作成の難易	容易	やや難しい	難しい
作業の手順	不明	漠然	判明
作業の日程・日数	不明	判明	判明
各作業の進行度	判明	漠然	漠然
全体進行度	不明	判明	判明
工程上の問題点	不明	漠然	判明

3 アロー形ネットワーク手法

（1）基本ルール

①アクティビティ（作業）

作業の流れは矢線で表す。作業内容を矢線の上に、作業時間を矢線の下に表示する。矢の方向が作業の進行方向を示す。

$$\xrightarrow[\quad 5 \quad]{\quad A \quad}$$

②イベント

作業と作業の結合点を○で示したものをイベントという。イベントには番号を表示し、これをイベント番号という。イベント番号は、**作業の進行方向（左から右）に向かって昇順の通し番号**をつける。

$$③\xrightarrow[\quad 5 \quad]{\quad A \quad}④$$

③ダミー

点線の矢線で示したものをダミーという。作業の**前後関係**のみを示し、作業及び時間の要素は含まない。

④先行作業と後続作業

　イベントに入ってくる矢線がすべて完了した後でないと、イベントから出る矢線は開始できない。下図では、Ｃの作業は、Ａの作業及びＢの作業が完了してからでないと開始できない。このとき、Ａの作業及びＢの作業を**先行作業**、Ｃの作業を**後続作業**という。

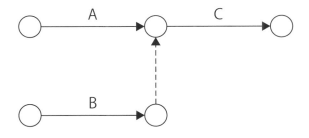

（2）最早開始時刻と最遅完了時刻

①最早開始時刻

　各イベントにおいて、作業が**最も早く開始できる時刻**をいう。

②最遅完了時刻

　各イベントにおいて、作業が**遅くとも完了していなければならない時刻**をいう。

（3）フロート

　各作業における**余裕時間**をフロートという。フロートには次のものがある。

①フリーフロート

　後続作業の**最早開始時刻に対する余裕時間**をいう。この余裕時間を失っても、後続作業の開始時刻には影響を与えない。

②トータルフロート

　当該作業の**最遅完了時刻に対する余裕時間**をいう。この余裕時間を失うと、後続作業の開始時刻には影響を与えるが、以降予定どおり進捗すれば最終工期には間に合う時刻である。

③デペンデントフロート

　トータルフロートからフリーフロートを差し引いた余裕時間をいう。

6-3

工程管理

（4）クリティカルパス

　ネットワーク工程上の開始点から終了点までの経路で、**最も時間の長い経路**をいう。クリティカルパスの特徴・性質等は次のとおりである。

　①クリティカルパスは、**必ずしも 1 本ではない**。

　②クリティカルパスを**重点に工程管理**する。

　③**工程短縮**はクリティカルパスに着目する。

　④クリティカルパス上の作業の**フロートは 0** である。

　⑤クリティカルパス以外の作業でも、**フロートを消化すればクリティカル
　　パス**になる。

　⑥クリティカルパスは**太線**で表す。

（5）最早開始時刻と全所要日数の求め方

　次に示すネットワーク工程表の最早開始時刻と全所要日数の求め方は、次のとおりである。

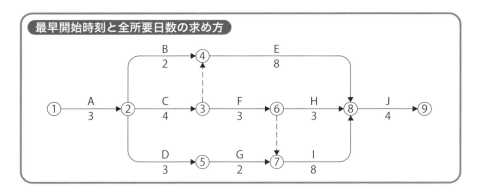

　始点より、矢線の進む方向に従って、各作業の所要日数を加算して算出する。ルートが複数ある場合は、数字の大きいほうを選択する。

　①イベント①の最早開始時刻 ES_1

　　$= 0$ [日]

　②イベント②の最早開始時刻 ES_2

　　$= ES_1 +$ （作業 A の所要日数） $= 0 + 3 = 3$ [日]

　③イベント③の最早開始時刻 ES_3

　　$= ES_2 +$ （作業 C の所要日数） $= 3 + 4 = 7$ [日]

④イベント④の最早開始時刻 ES_4

ES_2+（作業 B の所要日数）$= 3+2 = 5$［日］

ES_3+（ダミー）$= 7+0 = 7$［日］

$5 < 7$ より、$ES_4 = 7$［日］

⑤イベント⑤の最早開始時刻 ES_5

$= ES_2+$（作業 D の所要日数）$= 3+3 = 6$［日］

⑥イベント⑥の最早開始時刻 ES_6

$= ES_3+$（作業 F の所要日数）$= 7+3 = 10$［日］

⑦イベント⑦の最早開始時刻 ES_7

ES_5+（作業 G の所要日数）$= 6+2 = 8$［日］

ES_6+（ダミー）$= 10+0 = 10$［日］

$8 < 10$ より、$ES_7 = 10$［日］

⑧イベント⑧の最早開始時刻 ES_8

ES_4+（作業 E の所要日数）$= 7+8 = 15$［日］

ES_6+（作業 H の所要日数）$= 10+3 = 13$［日］

ES_7+（作業 I の所要日数）$= 10+8 = 18$［日］

$13 < 15 < 18$ より、$ES_8 = 18$［日］

⑨イベント⑨の最早開始時刻 ES_9

$= ES_8+$（作業 J の所要日数）$= 18+4 = 22$［日］

⑩全所要日数

$= ES_9 = 22$［日］

算出した各イベント番号の最早開始時刻を、工程表上に図示すると次のとおりとなる。

各イベント番号の最早開始時刻

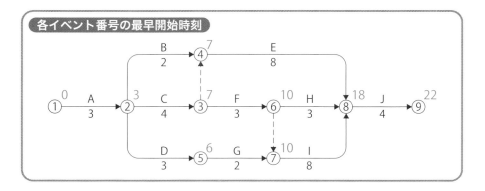

6-3

工程管理

（6）最遅完了時刻の求め方

　先に示したネットワーク工程表の最遅完了時刻の求め方は、次のとおりである。

　終点より、矢線の戻る方向に従って、各作業の所要日数を減算して**算出する。ルートが複数ある場合は、**数字の小さいほう**を選択する。**

①イベント番号⑨の最遅完了時刻 LF_9

　$= 22$ ［日］

②イベント番号⑧の最遅完了時刻 LF_8

　$= LF_9 -$（作業 J の所要日数）$= 22 - 4 = 18$ ［日］

③イベント番号⑦の最遅完了時刻 LF_7

　$= LF_8 -$（作業 I の所要日数）$= 18 - 8 = 10$ ［日］

④イベント番号⑥の最遅完了時刻 LF_6

　$LF_8 -$（作業 H の所要日数）$= 18 - 3 = 15$ ［日］

　$LF_7 -$（ダミー）$= 10 - 0 = 10$ ［日］

　$10 < 15$ より、$LF_6 = 10$ ［日］

⑤イベント番号⑤の最遅完了時刻 LF_5

　$= LF_7 -$（作業 G の所要日数）$= 10 - 2 = 8$ ［日］

⑥イベント番号④の最遅完了時刻 LF_4

　$= LF_8 -$（作業 E の所要日数）$= 18 - 8 = 10$ ［日］

⑦イベント番号③の最遅完了時刻 LF_3

　$LF_6 -$（作業 F の最遅完了時刻）$= 10 - 3 = 7$ ［日］

　$LF_4 -$（ダミー）$= 10 - 0 = 10$ ［日］

　$7 < 10$ より、$LF_3 = 7$ ［日］

⑧イベント番号②の最遅完了時刻 LF_2

　$LF_4 -$（作業 B の所要日数）$= 10 - 2 = 8$ ［日］

　$LF_3 -$（作業 C の所要日数）$= 7 - 4 = 3$ ［日］

　$LF_5 -$（作業 D の所要日数）$= 8 - 3 = 5$ ［日］

　$3 < 5 < 8$ より、$LF_2 = 3$ ［日］

⑨イベント番号①の最遅完了時刻 LF_1

　$= LF_2 -$（作業 A の所要日数）$= 3 - 3 = 0$ ［日］

　算出した各イベント番号の最遅完了時刻を、工程表上に図示すると次のとおりとなる。

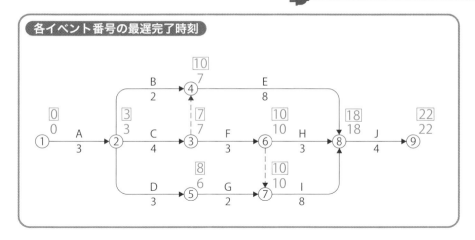

各イベント番号の最遅完了時刻

（7）フロートの求め方

先に示したネットワーク工程表のフロートの求め方は、次のとおりである。上図のネットワーク工程表の作業Bのフロートは、次のとおり算出される。

①作業BのトータルフリートTF$_B$

$= LF_4 - (ES_2 + 作業Bの所要日数) = 10 - (3+2) = 5 [日]$

②作業BのフリーフリートFF$_B$

$= ES_4 - (ES_2 + 作業Bの所要日数) = 7 - (3+2) = 2 [日]$

③作業BのデペンデントフリートDF$_B$

$= TF_B - FF_B = 5 - 2 = 3 [日]$

（8）クリティカルパスの求め方

クリティカルパス上の各フロートは0なので、**最早開始時刻と最遅完了時刻の等しいイベント番号を通るルート**がクリティカルパスとなる。先のネットワーク工程表において、最早開始時刻と最遅完了時刻の等しいイベント番号は①②③⑥⑦⑧⑨である。したがって、次ページの図の太線部がクリティカルパスとなる。ただし、クリティカルパスは1本とは限らないので、最早開始時刻と最遅完了時刻の等しいイベント番号を通るルートが、他にないか確認する必要がある。

6-3

工程管理

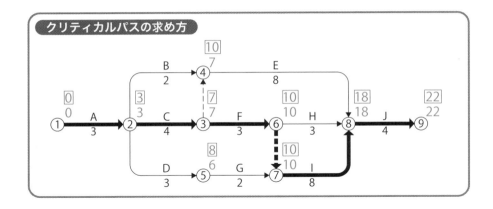

（9）配員計画

　下図のようにネットワーク工程表に所要人数も示して、**配員計画**を示すことができる。例えば、下図の作業 A は、4 人で 5 日間の作業量を示している。

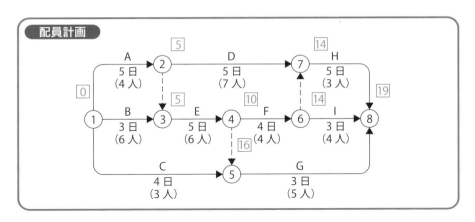

①山積み図

　工程上の配員計画を、縦軸に**人数**、横軸に**日程**をとったものを山積み図という。上のネットワーク工程表の最早開始時刻を起点に作成した山積み図を次ページに示す。

②山崩し

　各作業を、**最早開始時刻と最遅完了時刻の可能な範囲内**で調整して、1 日ごとの投入する**作業人数の平均化**を図ることを山崩しという。**工程短縮には寄与しない**。

山積み図

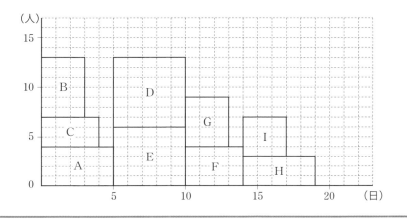

6-3

工程管理

 1問1答

問 **1.** 工程において、直接費が最小となるときの施工速度を経済速度という。

2. 利益図表の損益分岐点の出来高となるときの施工速度を、経済速度という。

3. ガントチャート工程表は、各作業の進行度が不明である。

4. ネットワーク工程表は、作業の手順が不明である。

5. ネットワーク工程表において、後続作業の最早開始時刻に対する余裕時間を、トータルフロートという。

6. ネットワーク工程表において、クリティカルパスは必ずしも1本とは限らない。

7. 配員計画である山崩しを実施すると、工程が短縮される。

 答 **1** ✕ → p.328　　**2** ✕ → p.329　　**3** ✕ → p.330　　**4** ✕ → p.331

5 ✕ → p.333　　**6** ◯ → p.334　　**7** ✕ → p.338

品質管理

一次

Point!　　　　　　　　　　　重要度

3問出題される。ISO9000の基本用語とパレート図などの
QC7つ道具の図表をマスターして、得点源にしよう。

1　ISO9000の基本用語

　ISO9000とは、ISO（国際標準化機構）が設定した国際的な品質管理基準で、商品そのものの品質や規格を保証する基準とは違い、工場、事業所単位での**品質管理のシステムに対する基準**である。本試験では、ISO9000に定義された基本用語の中から出題される。

①顧客満足

　顧客の**要求事項**が満たされている程度に関する顧客の受けとめ方。

②品質方針

　トップマネジメントによって正式に表明された、品質に関する組織の**全体的**な意図及び方向付け。

③品質目標

　品質に関して、追求し、目指すもの。

④マネジメント、運営管理、運用管理

　組織を指揮し、管理するための調整された**活動**。

⑤継続的改善

　要求事項を満たす能力を高めるために繰り返し行われる活動。

⑥プロセス

　インプットをアウトプットに変換する、相互に関連する、または相互に作用する一連の活動。

⑦プロジェクト

　開始日及び終了日をもち、調整され、管理された**一連の活動**からなり、時

間、コスト及び資源の制約を含む特定の**要求事項**に適合する目標を達成するために実施される特有の**プロセス**。

⑧トレーサビリティ

考慮の対象となっているものの履歴、適用または所在を**追跡**できること。

⑨予防措置

起こり得る不適合、またはその他の望ましくない**起こり得る**状況の原因を除去するための処置。

⑩是正措置

検出された不適合、またはその他の**検出された**望ましくない状況の原因を除去するための処置。

⑪手直し

要求事項に適合させるための、**不適合製品**にとる処置。

⑫再格付け

当初の要求とは異なる要求事項に適合するように、**不適合製品の等級を変**更すること。

⑬特別採用

規定要求事項に**適合していない製品の使用**、または**リリースを認める**こと。

⑭検証

客観的証拠を提示することによって、**規定要求事項が満たされていること**を確認すること。

⑮レビュー

設定された目標を達成するための検討対象の**適切性、妥当性、及び有効性**を判定するために行われる活動。

 ## 2 QC 7つ道具

QCとはクオリティ・コントロールの略で、品質管理と訳される。QC 7つ道具とは、**パレート図、特性要因図、ヒストグラム、チェックシート、管理図、散布図及び層別**のことである。QC7つ道具を駆使してデータを整理し、適切な品質管理を行う。

(1) パレート図

不良品、故障などの発生個数を原因別に分類し、**大きい順**に並べてその大きさを**棒グラフ**とし、さらに順次**累積**した**折れ線グラフ**で表した図で、以下のことがわかる。

①大きな不良項目
②不良項目の順位
③不良項目の全体に占める割合
④重点不良項目
⑤不良対策の効果

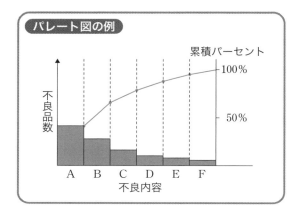

パレート図の例

(2) 特性要因図

特性（結果）と、それに影響を与える**要因（原因）**との関係を一目でわかるように、体系的に整理した図で、**「魚の骨」**と呼ばれている。特性要因図の特徴は次のとおりである。

①不良の原因の整理ができる。
②関係者の意見を引き出しやすい。
③原因を深く追究できる。
④全員の問題意識を統一できる。
⑤教育に用いることができる。

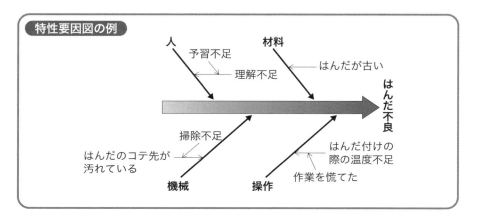

特性要因図の例

(3) ヒストグラム

データを適当な幅に分け、その中の度数を縦軸にとった柱状図。ヒストグラムからは以下のことがわかる。

①基準値から外れている度合い。

②データの全体分布、バラつき。

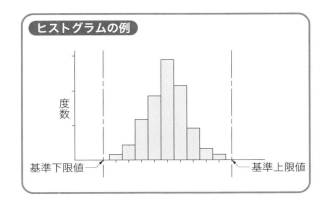

(4) チェックシート

データを分類項目別に集計・整理し、判断しやすく記入できるようにした記録用紙のこと。

(5) 管理図

データをプロットした点を直線で結んだ折れ線グラフに、異常を知るための中心線や上方、下方管理限界線を記入したもの。管理図からは次のことがわかる。

①異常なバラツキの早期発見。

②データの時間的変化。

6-4

品質管理

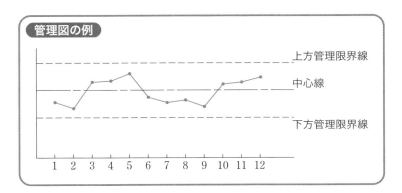

(6) 散布図

2つの対になったデータを縦軸と横軸にとり、**点をグラフにプロット**した図。散布図でわかることは次のとおりである。

①対応する2つのデータの相関関係。

②相関関係がある場合の対処方法。

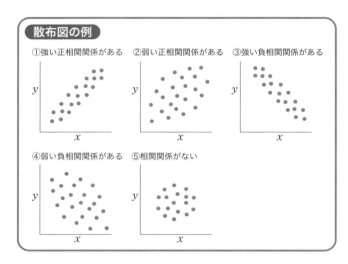

散布図の例

①強い正相関関係がある　②弱い正相関関係がある　③強い負相関関係がある

④弱い負相関関係がある　⑤相関関係がない

(7) 層別

層別とは、多数のデータをある特性に従って、適当ないくつかの**グループに分ける**ことをいう。層別の利点は次のとおりである。

①データ全体の傾向が把握しやすい。

②グループ間の違いが明確になる。

③管理対象範囲が把握しやすい。

■層別の例■

層別の種類	例
時間別	時間、日、昼と夜、週、月、季節など。
作業員別	組（ライン）別、熟練度別、新旧別、男女別、年齢別、班別、シフト別など。
機械・装置別	機械別、形式別、新旧別、構造別、治具別など。
作業方法別	温度別、圧力別、作業条件別、作業方法別など。
原料・材料別	納入業者別、成分別、原料・材料別、ロット別、メーカー別など。
測定・検査別	試験機別、計測器別、測定者別、検査員別など。

6-5 安全管理

一次

Point! 重要度

労働安全衛生法に関する事項は法規の章で後述する。ここでは、それ以外の安全管理に関する事項を解説している。

1 安全管理の成績評価

安全管理の成績評価は、労働災害の発生データにより評価され、評価を示す方法としては次の指標が用いられる。

（1）強度率

強度率は、労働時間に対する労働損失日数の率で、労働時間当たりの労働災害の強度を示している。

$$強度率＝\frac{労働損失日数}{延労働時間数}×1,000$$

（2）年千人率

年千人率は、1年間の労働者数に対する1年間の死傷者数の率で、労働者当たりの労働災害の頻度を示している。

$$年千人率＝\frac{年間死傷者数}{年間平均労働者数}×1,000$$

（3）度数率

度数率は、労働時間数に対する死傷者数の率で、労働時間当たりの労働災害の頻度を示している。

$$度数率＝\frac{死傷者数}{延労働時間数}×1,000,000$$

2 安全衛生活動の用語

安全衛生活動は、次の活動等により実施されている。

（1）ヒヤリハット運動

ヒヤリハットとは、重大な災害や事故には至らないものの、直結してもおかしくない一歩手前の「**ヒヤリとしたり、ハッとしたりするもの**」である。経験したヒヤリハットの情報を**公開し蓄積または共有**することによって、重大な災害や事故の発生を**未然に防止**する活動。

（2）ハインリッヒの法則

「**1** つの重傷災害が発生する陰には、**29** の軽傷災害があり、さらに表に出ない **300** の潜在災害がある」という法則。

ハインリッヒの法則

1 ── 重傷

軽傷
29

ヒヤリ・ハット
300

（3）オアシス運動

挨拶の言葉の頭文字をとったもので、オ「おはようございます」、ア「ありがとうございます」、シ「失礼します（失礼しました）」、ス「すみません（すみませんでした）」を日ごろから言えるように心がけ、**コミュニケーション**を図る運動。

（4）TBM（ツールボックスミーティング）

その日の作業の内容や方法・段取り・問題点について、短時間で行うミーティング。工具箱（ツール・ボックス）のそばで行うことがあることから、このような名称がついた。

（5）ZD 運動

無欠点運動、無欠陥運動のことで、従業員自身の創意と工夫によって、仕事の欠陥をゼロにしようという運動。

（6）KYT

危険予知トレーニングの略で、作業者が、事故や災害を未然に防ぐことを目的に、その作業に潜む危険を予想し、指摘しあう訓練。

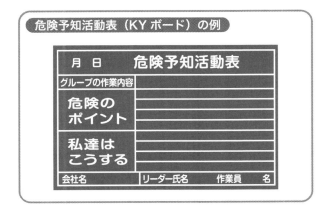

危険予知活動表（KY ボード）の例

月　日	危険予知活動表
グループの作業内容	
危険のポイント	
私達はこうする	
会社名	リーダー氏名　　作業員　　名

（7）4S 運動

安全な職場づくりを目指す活動で、4S は整理、整頓、清掃、清潔を指す。しつけを加えて 5S ともいう。

（8）OJT

OJT（On-the-Job Training、オン・ザ・ジョブ・トレーニング）とは、職場で実務をさせることで行う従業員のトレーニング。

6-5

安全管理

ゴロ合わせで覚えよう！

◆強度率・度数率

京都　　は　　千年　　の都
（強度率）　　　（×1,000）

百万人　　都市　どすえ
（×1,000,000）　　（度数率）

$$強度率 = \frac{労働損失日数}{延労働時間数} \times 1,000 \qquad 度数率 = \frac{死傷者数}{延労働時間数} \times 1,000,000$$

工種別施工計画書に記載する事項として重要度が低いものは、~~設計図書に明示されていない施工上必要な~~事項である。

工種別施工計画書に記載する事項として重要度が低いものは、一般的に周知されている施工方法に関する事項である。

アロー形ネットワーク工程の~~トータル~~フロートとは、作業を最早開始時刻で始め、後続する作業を最早開始時刻で始めてもなお存在する余裕時間をいう。

アロー形ネットワーク工程のフリーフロートとは、作業を最早開始時刻で始め、後続する作業を最早開始時刻で始めてもなお存在する余裕時間をいう。

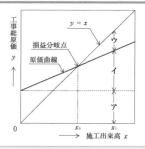

図に示す利益図表において、アは~~変動~~原価、イは~~固定~~原価、ウは~~損失~~である。

図に示す利益図表において、アは固定原価、イは変動原価、ウは利益である。

工程管理における施工速度に関して、間接工事費は、一般に施工速度を~~遅く~~するほど安くなる。

工程管理における施工速度に関して、間接工事費は、一般に施工速度を速くするほど安くなる。

品質管理に用いられる「データの範囲をいくつかの区間に分け、区間ごとのデータの数を柱状にして並べた図で、データのばらつきの状態が一目でわかる」図表は、~~特性要因図~~である。

品質管理に用いられる「データの範囲をいくつかの区間に分け、区間ごとのデータの数を柱状にして並べた図で、データのばらつきの状態が一目でわかる」図表は、ヒストグラムである。

法　規

建設業法

一次 二次

Point!　　　　　　　　　　　　　重要度 💡💡💡

3 問出題される。建設業法は、本試験の関係法規であり、記述問題にも出題される分野なので、よく理解しておこう。

1　建設業の許可

（1）大臣の許可と知事の許可

　2 以上の都道府県の区域内に営業所を設けて営業をしようとする場合にあっては国土交通大臣の、1 の都道府県の区域内にのみ営業所を設けて営業をしようとする場合にあっては当該営業所の所在地を管轄する都道府県知事の許可を受けなければならない。

（2）軽微な建設工事

　次の軽微な建設工事のみを請け負うことを営業とする者は、許可を受ける必要はない。

- ・建築一式工事にあっては 1,500 万円に満たない工事
- ・延べ面積が 150m² に満たない木造住宅工事
- ・建築一式工事以外の建設工事にあっては 500 万円に満たない工事

（3）特定建設業者

　発注者から直接請け負う 1 件の建設工事につき、下請代金の額が 4,500 万円（建築工事業である場合は 7,000 万円）以上となる下請契約を締結して施工しようとするものを、特定建設業者という。

（4）許可の有効期間

　建設業の許可は、5 年ごとにその更新を受けなければ、その期間の経過に

よって、その**効力を失う**。

(5) 一般建設業者が特定建設業者になった場合の許可

　一般建設業の許可を受けた者が、特定建設業の許可を受けたときは、**一般建設業の許可**は、その**効力を失う**。

(6) 附帯工事

　建設業者は、許可を受けた建設業に係る建設工事を請け負う場合においては、当該建設工事に**附帯する他の建設業に係る建設工事**を請け負うことができる。

(7) 法人、役員、使用人

　法人またはその役員等もしくは使用人は、**請負契約**に関して**不正または不誠実**な行為をするおそれが明らかな者であってはならない。

(8) 財産的基礎

　軽微な建設工事に係るものを除き、請負契約を履行するに足りる**財産的基礎**または**金銭的信用**を有しないことが明らかな者は、許可を受けることができない。

(9) 変更等の届出

　許可に係る建設業者は、省令で定める書類の記載事項に変更を生じたときは、毎事業年度経過後 **4 か月**以内に、その旨を**書面**で国土交通大臣または都道府県知事に届け出なければならない。

(10) 廃業等の届出

　許可に係る建設業者が**死亡**したときは、その相続人は、被相続人が営んでいた建設業の承継のための認可申請をしなかった場合、**30 日**以内に国土交通大臣または都道府県知事にその旨を届け出なければならない。

2 建設工事の請負契約

主に、注文者と請負人との間の規定です。

注文者　　請負人

（1）建設工事の請負契約の内容

　建設工事の請負契約の当事者は、契約の締結に際して次に掲げる事項を書面に記載し、署名または記名押印をして相互に交付しなければならない。

①工事内容

②請負代金の額

③**工事着手**の時期及び**工事完成**の時期

④工事を施工しない日または時間帯の定めをするときは、その内容

⑤請負代金の全部または一部の**前金払**または**出来形**部分に対する支払の定めをするときは、その支払の時期及び方法

⑥当事者の一方から**設計変更**または**工事着手の延期**もしくは工事の全部もしくは一部の**中止の申出**があった場合における工期の変更、請負代金の額の変更または損害の負担及びそれらの額の算定方法に関する定め

⑦**天災その他不可抗力**による工期の変更または損害の負担及びその額の算定方法に関する定め

⑧**価格等の変動**もしくは変更に基づく請負代金の額または工事内容の変更

⑨工事の施工により**第三者が損害を受けた場合**における賠償金の負担に関する定め

⑩注文者が工事に使用する**資材を提供**し、または建設機械その他の**機械を貸与**するときは、その内容及び方法に関する定め

⑪注文者が工事の全部または一部の**完成を確認するための検査**の時期及び方法並びに**引渡し**の時期

⑫**工事完成後**における請負代金の支払の時期及び方法

⑬工事の目的物が種類または品質に関して契約の内容に適合しない場合におけるその不適合を担保すべき責任または当該責任の履行に関して講ずべき**保証保険契約の締結その他の措置に関する定めをするときは、その内容**

⑭各当事者の**履行の遅滞**その他**債務の不履行**の場合における**遅延利息、違約金**その他の**損害金**

⑮契約に関する**紛争の解決方法**

⑯その他国土交通省令で定める事項

（2）現場代理人に関する通知

請負人は、現場代理人の権限に関する事項及び請負人に対する意見の申出の方法を、**書面により注文者に通知**しなければならない。

（3）監督員に関する通知

注文者は、監督員の権限に関する事項及び注文者に対する意見の申出の方法を、**書面により請負人に通知**しなければならない。

（4）不当に低い請負代金の禁止

注文者は、**自己の取引上の地位を不当に利用して**、その注文した建設工事を施工するために通常必要と認められる**原価に満たない金額**を請負代金の額とする請負契約を締結してはならない。

（5）不当な使用資材等の購入強制の禁止

注文者は、請負契約の締結後、**自己の取引上の地位を不当に利用して**、その注文した建設工事に使用する資材もしくは機械器具またはこれらの**購入先を指定**し、これらを**請負人に購入**させて、その利益を害してはならない。

（6）建設工事の見積り

建設業者は、建設工事の請負契約を締結するに際して、工事内容に応じ、工事の種別ごとに材料費、労務費その他の経費の**内訳並びに工事の工程ごとの作業及びその準備に必要な日数を明らかに**して、建設工事の見積りを行うよう努めなければならない。

(7) 見積書の交付

建設業者は、建設工事の注文者から請求があったときは、**請負契約が成立するまでの間に**、建設工事の見積書を交付しなければならない。

(8) 見積りをするための期間

建設工事の注文者は、契約締結または入札を行う以前に、できる限り具体的な内容を提示し、かつ、建設業者が当該建設工事の**見積りをするために必要な一定の期間**を設けなければならない。

(9) 一括下請負の禁止

建設業者は、その請け負った建設工事を、いかなる方法をもってするかを問わず、**一括して他人に請け負わせてはならない**。建設業を営む者は、建設業者から当該建設業者の請け負った建設工事を**一括して請け負ってはならない**。

ただし、**共同住宅を新築する建設工事等以外**の建設工事である場合において、当該建設工事の元請負人があらかじめ**発注者の書面による承諾**を得たときは、上記規定は適用外となる。

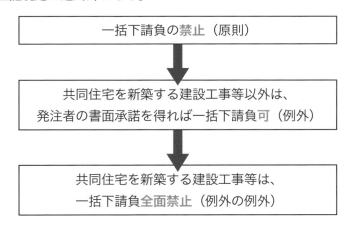

(10) 下請負人の変更請求

注文者は、請負人に対して、建設工事の施工につき著しく不適当と認められる下請負人があるときは、その**変更を請求**することができる。ただし、**あらかじめ注文者の書面による承諾**を得て選定した下請負人については、この限りでない。

(11) 工事監理に関する報告

　請負人は、その請け負った建設工事の施工について建築士法の規定により**建築士**から工事を**設計図書のとおりに実施**するよう求められた場合において、これに従わない理由があるときは、直ちに、**注文者**に対して、その**理由を報告**しなければならない。

(12) 元請負人の義務

ここからは元請負人と下請負人の間の規定です。

元請負人　　下請負人

①下請負人の意見の聴取

　元請負人は、その請け負った建設工事を施工するために必要な工程の細目、作業方法その他元請負人において定めるべき事項を定めようとするときは、あらかじめ、**下請負人**の意見をきかなければならない。

②下請代金の支払

　元請負人は、請負代金の支払を受けたときは、下請負人に対して、相応する下請代金を、当該支払を受けた日から**1月以内**で、かつ、できる限り短い期間内に支払わなければならない。この場合において、元請負人は下請代金のうち労務費に相当する部分については、現金で支払うよう適切な配慮をしなければならない。

③下請負人の着手費用

　元請負人は、**前払金の支払を受けたとき**は、下請負人に対して、資材の購入、労働者の募集その他建設工事の着手に必要な費用を**前払金として支払う**よう適切な配慮をしなければならない。

④検査

　元請負人は、下請負人からその請け負った建設工事が完成した旨の通知を受けたときは、当該通知を受けた日から**20日以内**で、かつ、できる限り短い期間内に、その完成を確認するための検査を完了しなければならない。

⑤引渡し

元請負人は、検査によって建設工事の完成を確認した後、下請負人が申し出たときは、**直ちに**、当該建設工事の目的物の引渡しを受けなければならない。ただし、特約がされている場合には、この限りでない。

代金の支払いと検査の規定は、**建設業法**と**公共工事標準請負契約約款**で異なっている。紛らわしいので、確認しておこう。

(13) 特定建設業者の義務
①下請負人に対する特定建設業者の指導等

発注者から直接建設工事を請け負った特定建設業者は、下請負人が、法律、法令、政令で定めるものに違反しないよう、**下請負人の指導**に努める。

②違反した下請負人の通報

特定建設業者が違反の是正を求めた場合において、当該建設業を営む者が**当該違反している事実を是正しないとき**は、特定建設業者は、国土交通大臣もしくは都道府県知事に、速やかに、その旨を**通報**しなければならない。

③施工体制台帳及び施工体系図の作成等

特定建設業者は、**発注者から直接建設工事を請け負った場合**において、下請契約の請負代金の額が政令で定める金額（**4,500万円**（建築一式工事である場合は **7,000万円**））以上になるときは、**施工体制台帳**を作成し、工事現場ごとに備え置かなければならない。

④再下請負人の通知

下請負人は、その請け負った建設工事を**他の建設業を営む者に請け負わせたとき**は、特定建設業者に対して、他の建設業を営む者の商号または名称、請け負った建設工事の内容及び工期その他の事項を**通知**しなければならない。

⑤施工体制台帳の閲覧

特定建設業者は、**発注者から請求があったとき**は、**施工体制台帳**を、その発注者の**閲覧**に供しなければならない。

⑥施工体系図の掲示

特定建設業者は、**施工体系図を作成**し、これを当該工事現場の見やすい場所に掲げなければならない。

3 　主任技術者及び監理技術者

請負人が現場に置く技術者に関する規定です。

（1）主任技術者が必要な工事

　建設業者は、その請け負った**建設工事を施工するとき**は、原則として、工事現場における建設工事の施工の技術上の管理をつかさどる**主任技術者**を置かなければならない。

（2）監理技術者が必要な工事

　発注者から直接建設工事を請け負った特定建設業者は、当該建設工事を施工するために締結した下請契約の請負代金の額が政令で定める金額（4,500万円（建築一式工事である場合は7,000万円））以上になる場合においては、工事現場における建設工事の施工の技術上の管理をつかさどる**監理技術者**を置かなければならない。

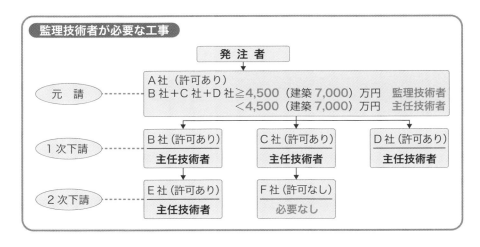

監理技術者が必要な工事

発　注　者

元　請 …… A社（許可あり）
B社＋C社＋D社≧4,500（建築7,000）万円　監理技術者
　　　　　　＜4,500（建築7,000）万円　主任技術者

1次下請 …… B社（許可あり）　**主任技術者**　｜　C社（許可あり）　**主任技術者**　｜　D社（許可あり）　**主任技術者**

2次下請 …… E社（許可あり）　**主任技術者**　｜　F社（許可なし）　必要なし

7-1

建設業法

特定建設業の許可、施工体制台帳の作成、監理技術者の設置、これらの要件は、発注者から直接請負って、下請金額の合計が 4,500 万円（建築一式工事の場合は 7,000 万円）以上になる場合だぞ。

（3）主任技術者・監理技術者の専任

公共性のある施設等、多数の者が利用する施設等の建設工事で、政令で定めるもの（請負代金の額が 4,000 万円（建築一式工事である場合は 8,000 万円））については、主任技術者または監理技術者は、原則として、工事現場ごとに専任の者でなければならない。

（4）専任の監理技術者

専任の者でなければならない監理技術者は、**監理技術者資格者証**の交付を受けている者であって、国土交通大臣の登録を受けた講習を受講したもののうちから、これを選任しなければならない。監理技術者は、**発注者から請求があったとき**は、**監理技術者資格者証**を提示しなければならない。

（5）主任技術者・監理技術者の職務

主任技術者及び監理技術者は、工事現場における建設工事を適正に実施するため、建設工事の施工計画の作成、工程管理、品質管理その他の技術上の管理及び当該建設工事の施工に従事する者の技術上の指導監督の職務を誠実に行わなければならない。

 4 許可の取消し

国土交通大臣または都道府県知事は、許可を受けた建設業者が次のいずれかに該当するときは、建設業者の許可を取り消さなければならない。（抜粋）
・許可の基準を満たさなくなった場合
・許可を受けてから 1 年以内に営業を開始せず、または引き続いて 1 年以上営業を休止した場合

・不正の手段により許可を受けた場合
・情状特に重い場合または営業の停止の処分に違反した場合

5　標識

（1）標識の掲示

　建設業者は、店舗及び建設工事（発注者から直接請け負ったものに限る）の現場ごとに、公衆の見やすい場所に、許可を受けた建設業の名称、一般建設業または特定建設業の別その他国土交通省令で定める事項を記載した標識を掲げなければならない。

（2）標識の記載事項

・一般建設業または特定建設業の別
・許可年月日、許可番号及び許可を受けた建設業
・商号または名称
・代表者の氏名
・主任技術者または監理技術者の氏名

7-1
建設業法

1問 1答

 問

1. 建設業者は、建設工事の注文者から請求があったときは、請負契約が成立した後に、建設工事の見積書を交付しなければならない。

2. 元請負人は、その請け負った建設工事を施工するために必要な工程の細目、作業方法その他元請負人において定めるべき事項を定めようとするときは、あらかじめ、下請負人の意見をきかなければならない。

3. 元請負人は、請負代金の支払を受けたときは、下請負人に対して、相応する下請代金を、当該支払を受けた日から40日以内で、かつ、できる限り短い期間内に支払わなければならない。

4. 元請負人は、下請負人からその請け負った建設工事が完成した旨の通知を受けたときは、当該通知を受けた日から20日以内で、かつ、できる限り短い期間内に、その完成を確認するための検査を完了しなければならない。

5. 発注者から直接建設工事を請け負った特定建設業者は、下請契約の請負代金の額にかかわらず、監理技術者を置かなければならない。

6. 建設業者は、その請け負った建設工事を施工するとき、請負代金の額が政令で定める金額以上になる場合には、主任技術者を置かなければならない。

7. 特定建設業者は、発注者から直接建設工事を請け負った場合において、下請契約の請負代金の額が政令で定める金額以上になるときは、施工体系図を作成し、営業所ごとに掲げなければならない。

答 **1** ✕ → p.354　　**2** 〇 → p.355　　**3** ✕ → p.355　　**4** 〇 → p.355
5 ✕ → p.357　　**6** ✕ → p.357　　**7** ✕ → p.356

7-2 電気関係法規 一次 二次

1 電気事業法

(1) 電気工作物の分類

　電気工作物は次のとおり分類される。また、電圧 30V 未満の電気的設備であって、電圧 30V 以上の電気的設備と電気的に接続されていない工作物は、**電気工作物から除外**される。

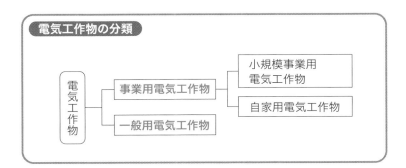

(2) 一般用電気工作物

　一般用電気工作物とは、下記の2つの条件を満たす電気工作物である。

①他の者から **600V 以下**の電圧で受電し、その受電の場所と**同一の構内**で電気を使用する電気工作物で、受電用の電線路以外の電線路で構内以外にある電気工作物と電気的に接続されていないもの。

②構内に設置する**小規模発電設備**であって、その発電した電気が構内以外にある電気工作物と電気的に接続されていないもの。

（3）小規模発電設備

　小規模発電設備とは、出力電圧 600V 以下、合計出力 50kW 未満の次の設備をいう。

・出力 50kW 未満の太陽電池発電設備（10kW 以上 50kW 未満は小規模事業用電気工作物、10kW 未満は一般用電気工作物に区分される）
・出力 20kW 未満の風力発電設備
・出力 20kW 未満の水力発電設備
・出力 10kW 未満の内燃力発電設備
・出力 10kW 未満の燃料電池発電設備（燃料電池自動車含む）
・出力 10kW 未満のスターリングエンジン発電設備

（4）保安規程

　事業用電気工作物の設置者は、経済産業大臣に使用の開始前に保安規程を届け出なければならない。保安規程に規定すべき主な内容は次のとおりである。

・事業用電気工作物の工事、維持または運用を行う者の職務及び組織に関すること。
・事業用電気工作物の工事、維持または運用を行う者に対する保安教育に関すること。
・事業用電気工作物の保安のための巡視、点検及び検査に関すること。
・事業用電気工作物の運転または操作に関すること。
・事業用電気工作物の工事、維持または運用に関する保安についての適正な記録に関すること。
・災害その他非常の場合に採るべき措置に関すること。

（5）電気主任技術者の選任

　事業用電気工作物の設置者は、電気工作物の保安の監督をさせるため、電気主任技術者を選任する必要がある。

・事業用電気工作物の設置者は、主任技術者免状の交付を受けている者を主任技術者として選任しなければならない。
・自家用電気工作物（小規模事業用電気工作物を除く）の設置者は、上記の規定にかかわらず、経済産業大臣の許可を受けて、主任技術者免状の交付

を受けていない者を主任技術者として選任することができる。

・事業用電気工作物の設置者は、主任技術者を**選任・解任**したときは、遅滞なく、経済産業大臣に**届け出**なければならない。

・主任技術者は、事業用電気工作物の工事、維持及び運用に関する**保安の監督の職務を誠実**に行わなければならない。

・事業用電気工作物の工事、維持または運用に従事する者は、主任技術者がその保安のためにする**指示に従わなければならない**。

（6）電気主任技術者資格の種別

主任技術者資格の種別とその監督の範囲は下表のとおりである。

■**主任技術者資格の種別と監督範囲**■

資格の種別	保安監督の適用範囲
第一種電気主任技術者	事業用電気工作物の工事、維持及び運用
第二種電気主任技術者	電圧 170kV 未満の事業用電気工作物の工事、維持及び運用
第三種電気主任技術者	電圧 50kV 未満の事業用電気工作物（出力 5,000kW 以上の発電所を除く）の工事、維持及び運用

ゴロ合わせで覚えよう！

第 3 種電気主任技術者はごまんといるが、第 2 種電気主任技術者はいない。
（5 万）
（17 万）

電気主任技術者の保安監督範囲は、第 3 種電気主任技術者は 5 万ボルト未満、第 2 種電気主任技術者は 17 万ボルト未満だ。

7-2

電気関係法規

（7）工事計画事前届

事業用電気工作物の設置または変更の工事であって、省令で定めるものをしようとする者は、その工事の計画を主務大臣に届け出なければならない。また、届出が受理された日から **30 日**を経過した後でなければ工事を開始してはならない。届出が必要な主な需要設備の工事は次のとおりである。

・受電電圧 10,000V 以上の需要設備の設置工事

・受電電圧 10,000V 以上の需要設備の遮断器、電線路などの変更工事

（8）使用前自主検査

　事業用電気工作物の届出をして設置または変更の工事をする設置者は、その使用の開始前に当該事業用電気工作物の自主検査を行い、その結果を記録し、これを保存しなければならない。

①検査内容

　使用前自主検査は、次のものが適合しているかを確認しなければならない。

・その工事が**工事の計画**に従って行われたものであること。
・経済産業省令で定める**技術基準**に適合するものであること。
・使用前自主検査を行う事業用電気工作物を設置する者は、使用前自主検査の実施に係る**体制**について、経済産業省令で定める時期に経済産業大臣または経済産業大臣の登録を受けた者が行う審査を受けなければならない。
・前記の審査は、事業用電気工作物の**安全管理**を旨として、使用前自主検査の実施に係る**組織、検査の方法、工程管理**その他経済産業省令で定める事項について行う。

②検査結果の保存期間

　使用前自主検査結果の保存期間は次のとおりである。

・発電用水力設備に係るものは当該設備の存続する期間
・上記以外のものは**5年間**

（9）電気事故報告

　事業用電気工作物の設置者は、**電気工作物の設置の場所を管轄する産業保安監督部長**に下表のとおり事故報告をしなければならない。

■電気事故の報告■

事故の内容	報告の時期及び方法
1　電気工作物の破損・誤操作・操作しないことによる**感電死傷事故** 2　電気**火災事故** 3　電気工作物の破損・誤操作・操作しないことにより、**他の物件に損傷を与え、機能の全部または一部を損なわせた事故** 4　小規模事業用電気工作物に属する**主要電気工作物の破損事故**	・事故の発生を知った時から**24時間以内**に可能な限り速やかに氏名、事故の発生の日時及び場所、事故が発生した電気工作物並びに事故の概要について、電話等の方法により行う ・事故の発生を知った日から起算して**30日以内**に報告書を提出

2 電気工事士法

（1）電気工作物と資格

　電気事業法及び電気工事士法における電気工作物の工事と資格について、下表に示す。

■電気事業法及び電気工事士法における電気工作物と資格について■

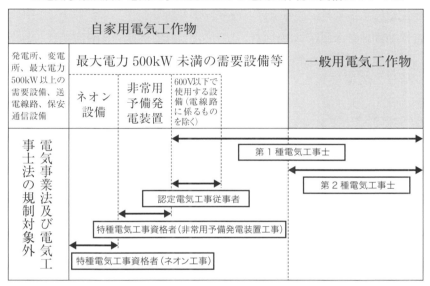

（2）電気工事士でなければできない作業

電気工事士でなければできない作業は次のとおりである。

①**電線相互**を接続する作業

②**がいしに電線**を取り付け、取り外す作業

③**電線を直接造営材**その他の物件（がいしを除く）に取り付け、取り外す作業

④**電線管**、線ぴ、ダクトその他これらに類する物に**電線**を収める作業

⑤**配線器具**を造営材その他の物件に取り付け、取り外し、またはこれに電線を接続する作業（**露出型点滅器、または露出型コンセントを取り換える作業を除く**）

⑥**電線管**を曲げ、もしくはねじ切りし、または**電線管相互**もしくは**電線管**

7-2

電気関係法規

365

とボックスその他の付属品とを接続する作業

⑦金属製のボックスを造営材その他の物件に取り付け、取り外す作業

⑧電線、電線管、線ぴ、ダクトその他これらに類する物が造営材を貫通する部分に金属製の防護装置を取り付け、取り外す作業

⑨金属製の電線管、線ぴ、ダクトその他これらに類する物またはこれらの付属品を、建造物のメタルラス張り、ワイヤラス張りまたは金属板張りの部分に取り付け、取り外す作業

⑩配電盤を造営材に取り付け、取り外す作業

⑪接地線を自家用電気工作物に取り付け、取り外し、接地線相互もしくは接地線と接地極とを接続し、または接地極を地面に埋設する作業

⑫電圧 600V を超えて使用する電気機器に電線を接続する作業

(3) 電気工事士でなくてもできる軽微な工事

電気工事士でなくてもできる軽微な工事は次のとおりである。

①電圧 600V 以下で使用する差込み接続器、ねじ込み接続器、ソケット、ローゼットその他の接続器または電圧 600V 以下で使用するナイフスイッチ、カットアウトスイッチ、スナップスイッチその他の開閉器にコードまたはキャブタイヤケーブルを接続する工事

②電圧 600V 以下で使用する電気機器（配線器具を除く）または電圧 600V 以下で使用する蓄電池の端子に電線（コード、キャブタイヤケーブル及びケーブルを含む）をねじ止めする工事

③電圧 600V 以下で使用する電力量計、電流制限器またはヒューズを取り付け、取り外す工事

④電鈴、インターホーン、火災感知器、豆電球その他これらに類する施設に使用する小型変圧器（二次電圧が 36V 以下のものに限る）の二次側の配線工事

⑤電線を支持する柱、腕木その他これらに類する工作物を設置し、または変更する工事

⑥地中電線用の暗きょまたは管を設置し、または変更する工事

アドバイス

電気工事士法第 3 条第 3 項に、「自家用電気工作物に係る電気工事のうち、ネオン工事と非常用予備発電装置工事の**特殊電気工事**については、**特種電気工事資格者**でなければ従事してはならない。」と規定されている。

細かい部分であるが、**特殊**と**特種**で字が異なる。記述式の第二次検定においては特に注意しよう。

3 電気用品安全法

（1）電気用品の定義

電気用品は電気用品安全法により、次のように定義されている。

（定義）

第二条　この法律において「電気用品」とは、次に掲げる物をいう。

一　**一般用電気工作物等の部分**となり、又はこれに接続して用いられる機械、器具又は材料であって、政令で定めるもの

二　**携帯発電機**であって、政令で定めるもの

三　**蓄電池**であって、政令で定めるもの

（2）特定電気用品

特定電気用品は電気用品安全法により、次のように定義されている。

（定義）

第二条

2　この法律において「特定電気用品」とは、構造又は使用方法その他の使用状況からみて特に**危険又は障害の発生する**おそれが多い**電気用品**であって、政令で定めるものをいう。

電気用品安全法の目的は、第1条に「（略）電気用品による危険及び障害の発生を防止することを目的とする。」と規定されている。つまり、一般公衆の触れる機会の高い一般用電気工作物に用いられるものが規制の対象になっているのだ。

（3）特定電気用品と特定電気用品以外の電気用品

　電気用品は電気用品安全法により、特定電気用品と特定電気用品以外の電気用品に区分され、概要は次のとおりである。

■特定電気用品と特定電気用品以外の電気用品■

電気用品	主なもの
特定電気用品 $\langle$ PS・E $\rangle$	電線（定格電圧 100V 以上 600V 以下のものに限る）であって、次に掲げるもの (1) 絶縁電線であって次に掲げるもの（導体の公称断面積が 100mm^2 以下のものに限る） 　1) ゴム絶縁電線（絶縁体が合成ゴムのものを含む） 　2) 合成樹脂絶縁電線 (2) ケーブル（導体の公称断面積が 22mm^2 以下、線心が 7 本以下及び外装がゴム（合成ゴムを含む）または合成樹脂のものに限る） (3) コード (4) キャブタイヤケーブル（導体の公称断面積が 100mm^2 以下、線心が 7 本以下のものに限る）
特定電気用品以外の電気用品 (PS・E)	電線及び電気温床線であって、次に掲げるもの (1) 絶縁電線であって次に掲げるもの（導体の公称断面積が 100mm^2 以下のものに限る） 　1) 蛍光灯電線 　2) ネオン電線 (2) ケーブル（定格電圧 100V 以上 600V 以下、導体の公称断面積が 22mm^2 を超え 100mm^2 以下、線心が 7 本以下及び外装がゴム（合成ゴムを含む）または合成樹脂のものに限る） (3) 電気温床線

４　電気工事業の業務の適正化に関する法律

（1）電気工事業者
①登録電気工事業者

　２以上の都道府県の区域内に営業所を設置して事業を営もうとするときは経済産業大臣の、１の都道府県の区域内にのみ営業所を設置して事業を営もうとするときは都道府県知事の登録を受けなければならない。登録を受けたものを登録電気工事業者といい、登録の有効期間は５年である。

> 登録電気工事業者の２以上の都道府県に営業所がある場合は経済産業大臣に、１の都道府県に営業所がある場合は都道府県知事に、有効期間は５年の部分は、建設業の許可と同様だぞ。

②通知電気工事業者

　自家用電気工事のみの電気工事業を営もうとする者は、事業を開始しようとする日の10日前までに、２以上の都道府県の区域内に営業所を設置して事業を営もうとするときは経済産業大臣に、１の都道府県の区域内にのみ営業所を設置して事業を営もうとするときは都道府県知事に通知しなければならない。通知をした者を通知電気工事業者という。

（2）標識の掲示

　電気工事業者は、営業所及び電気工事の施工場所ごとに、その見やすい場所に、氏名または名称、登録番号その他経済産業省令で定める事項を記載した標識を掲げなければならない。標識に記載しなければならない事項は、次のとおりである。

①登録電気工事業者

・氏名または名称及び法人にあっては、その代表者の氏名
・営業所の名称及び当該営業所の業務に係る電気工事の種類
・登録の年月日及び登録番号
・主任電気工事士等の氏名

7-2
電気関係法規

②通知電気工事業者

・氏名または名称及び法人にあっては、その代表者の氏名

・営業所の名称

・通知の年月日及び通知先

（3）帳簿の備付け

　電気工事業者は、営業所ごとに帳簿を備え、経済産業省令で定める事項を記載し、記載の日から **5年間**保存しなければならない。記載事項は、次のとおりである。

・注文者の氏名または名称及び住所

・電気工事の種類及び施工場所

・施工年月日

・主任電気工事士等及び作業者の氏名

・配線図

・検査結果

 5 電気通信事業法

（1）電気通信事業の登録・届出

　電気通信事業を営もうとする者は、**総務大臣への登録または届出**をしなければならない。

（2）電気通信主任技術者の選任・届出

　電気通信事業者のうち定める者は、事業用電気通信設備の工事、維持及び運用に関する事項を監督させるため、**電気通信主任技術者を選任**し、遅滞なく、**総務大臣に届け出**なければならない。

（3）電気通信主任技術者の義務

　電気通信主任技術者は、事業用電気通信設備の工事、維持及び運用に関する事項の監督の職務を誠実に行わなければならない。

7-3 建築関係法規 一次 二次

Point!　　　　　　　　　　　　重要度

建築基準法から1問、建築士法から1問、計2問出題される。
建築基準法から用語の定義が出題されるので、覚えておこう。

1 建築基準法

（1）目的

　この法律は、建築物の敷地、構造、設備及び用途に関する**最低の基準**を定めて、国民の生命、健康及び財産の保護を図り、もって公共の福祉の増進に資することを目的とする。

（2）用語の定義

①建築物

　土地に定着する工作物のうち、屋根及び柱か壁を有するもの（**プラットホームの上家は建築物ではない**）。建築設備を含む。

②**特殊建築物**

　学校、体育館、病院、劇場、集会場、展示場、百貨店、遊技場、公衆浴場、共同住宅、寄宿舎、工場、倉庫、車庫など。

③建築設備

　建築物に設ける電気、ガス、給水、排水、換気、暖房、冷房、消火、排煙、昇降機（エレベータ等）、避雷針など。

④居室

　居住、執務、作業、集会、娯楽等の目的で**継続的に使用する室**（更衣室、便所などは居室ではない）。

⑤主要構造部

　壁、柱、床、梁、屋根、階段をいう（**間仕切り壁、間柱、最下階の床、**

371

屋外階段は除く）。

⑥耐火構造

壁、柱、床などが鉄筋コンクリート造、れんが造等の構造で、**耐火性能**を有するもの。

⑦不燃材料

コンクリート、れんが、瓦、**アルミニウム**、**ガラス**、モルタルなど。

⑧建築

建築物の**新築**、**増築**、**改築**、**移転**をいう。

⑨大規模の修繕

主要構造部の１種以上について、**過半の修繕**を行うこと。

⑩大規模の模様替え

主要構造部の１種以上について、**過半の模様替え**を行うこと。

⑪特定行政庁

建築主事をおく市町村の区域では**市町村長**。その他の区域では**都道府県知事**。

2 建築士法

（1）設計図書と工事監理

①設計図書

建築物の建築工事の実施のために必要な図面（**現寸図**その他これに類するものを**除く**）及び仕様書。

②設計

設計者の責任において設計図書を作成すること。

③工事監理

設計者の責任において、工事を**設計図書と照合**し、それが設計図書のとおりに実施されているかいないかを確認すること。

（2）建築士でなければできない設計・工事監理

①１級建築士でなければできない設計または工事監理

・学校、病院、劇場、百貨店等の建築物で、延べ面積が**500m²** を超える

もの
- 木造の建築物で、高さが 13m または軒の高さが 9m を超えるもの
- 鉄筋コンクリート造等の建築物で、延べ面積が 300m²、高さが 13m または軒の高さが 9m を超えるもの
- 延べ面積が 1,000m² を超え、かつ、階数が 2 以上の建築物

② 1 級建築士または 2 級建築士でなければできない設計または工事監理
- 鉄筋コンクリート造等の建築物で、延べ面積が 30m² を超えるもの
- 延べ面積が 100m²（木造の建築物にあっては、300m²）を超え、または階数が 3 以上の建築物

（3）建築士の免許

① 1 級建築士の免許

　1 級建築士になろうとする者は、**国土交通大臣**の行う 1 級建築士試験に合格し、**国土交通大臣**の免許を受けなければならない。

② 2 級建築士の免許

　2 級建築士になろうとする者は、**都道府県知事**の行う 2 級建築士試験に合格し、**都道府県知事**の免許を受けなければならない。

（4）建築士の業務

①工事監理

　建築士は、工事監理を行う場合において、工事が設計図書のとおりに実施されていないと認めるときは、直ちに、工事施工者に対して、その旨を**指摘**し、当該工事を設計図書のとおりに実施するよう求め、当該工事施工者がこれに従わないときは、その旨を**建築主に報告**しなければならない。

②業務に必要な表示行為

　建築士は、設計を行った場合においては、その設計図書に建築士である旨の**表示**をして**記名**をしなければならない。

③建築設備士の明示

　建築士は、大規模の建築物その他の建築物の建築設備に係る設計または工事監理を行う場合において、**建築設備士の意見**を聴いたときは、設計図書または規定による報告書において、その旨を明らかにしなければならない。

7-3

建築関係法規

④その他の業務

　建築士は、設計及び工事監理を行うほか、建築工事契約に関する事務、建築工事の指導監督、**建築物に関する調査または鑑定**及び建築物の建築に関する法令または条例の規定に基づく**手続の代理**その他の業務を行うことができる。

1問 1答

問 **1.** 展示場の用途に供する建築物は、建築基準法の特殊建築物ではない。

2. 建築基準法上、建築物に設ける防火シャッターは、建築設備ではない。

3. 居室とは、居住、執務、作業、集会、娯楽その他これらに類する目的のために断続的に使用する室をいう。

4. 建築物の構造上重要でない間仕切壁について行う過半の模様替は、大規模の模様替である。

5. 建築基準法上、鉄道のプラットホームの上家は、建築物である。

6. 1級建築士になろうとする者は、1級建築士試験に合格し、都道府県知事の免許を受けなければならない。

7. 設計図書とは、建築物の建築工事の実施のために必要な図面及び仕様書をいい、現寸図も含まれる。

8. 建築士は、大規模の建築物の建築設備に係る設計を行う場合において、建築設備士の意見を聴いたときは、設計図書にその旨を明らかにしなければならない。

9. 鉄筋コンクリート造の建築物を新築する場合、1級建築士でなければ、その設計または工事監理を行うことができない。

答 **1** ✕ → p.371　　**2** ◯ → p.371　　**3** ✕ → p.371　　**4** ✕ → p.371〜372
5 ✕ → p.371　　**6** ✕ → p.373　　**7** ✕ → p.372　　**8** ◯ → p.373
9 ✕ → p.373

消 防 法

一次

Point!　　　　　　　　　　　　　　重要度 💡💡💡

1問出題される。警報設備などの電気系消防設備を中心に、消防設備の概要、消防設備士などの事項が出題される。

1　防火対象物

　学校、病院、工場、事業場、興行場、百貨店、旅館、飲食店、地下街、複合用途防火対象物その他の防火対象物の関係者は、消防用設備等について消火、避難その他の消防の活動のために必要とされる**性能**を有するように、政令で定める技術上の基準に従って、**設置**し、及び**維持**しなければならない。

（1）特定防火対象物

　特定防火対象物とは、百貨店やホテル、旅館、地下街といった**不特定多数の者が利用**する防火対象物、病院や社会福祉施設、幼稚園など**弱者が利用**し、火災が発生した場合に人命に及ぼす危険が高い施設等をいい、主なものは下表のとおりである。

項　目		用　途
1	イ	劇場、映画館、演芸場、観覧場
	ロ	公会堂、集会場
2	イ	キャバレー、カフェー、ナイトクラブ等
	ロ	遊技場、ダンスホール
3	イ	待合、料理店等
	ロ	飲食店
4		百貨店、マーケット等、展示場
5	イ	旅館、ホテル、宿泊所等
6	イ	病院、診療所、助産所
	ロ	老人短期入所施設、養護老人ホーム等
	ハ	更生施設、児童福祉施設
	ニ	幼稚園、特別支援学校
9	イ	蒸気浴場、熱気浴場等（サウナ）
16	イ	複合用途防火対象物のうち、その一部が特定用途に供されているもの
16—2		地下街

2 消防用設備

（1）消火設備

水その他消火剤を使用して消火を行う機械器具または設備で、次のとおりである。

①消火器及び簡易消火用具
②屋内消火栓設備
③スプリンクラー設備
④水噴霧消火設備
⑤泡消火設備
⑥不活性ガス消火設備
⑦ハロゲン化物消火設備
⑧粉末消火設備
⑨屋外消火栓設備
⑩動力消防ポンプ設備

（2）警報設備

火災の発生を報知する機械器具または設備で、次のとおりである。

①自動火災報知設備
②ガス漏れ火災警報設備
③漏電火災警報器
④消防機関へ通報する火災報知設備
⑤警鐘、携帯用拡声器、手動式サイレンその他
⑥非常ベル
⑦自動式サイレン
⑧放送設備

（3）避難設備

火災が発生した場合において避難するために用いる機械器具または設備で、次のとおりである。

①すべり台、避難はしご、救助袋、緩降機、避難橋その他の避難器具

②誘導灯及び誘導標識

（4）消防用水

防火水槽またはこれに代わる貯水池その他の用水

（5）消火活動上必要な施設

①排煙設備
②連結散水設備
③連結送水管
④非常コンセント設備
⑤無線通信補助設備

3　設置の届出と検査

特定防火対象物その他の政令で定めるものの関係者は、規定に定める消防用設備等を設置したときは、消防長または消防署長に**届け出て**、**検査**を受けなければならない。

4　消防設備士

（1）消防設備士でなければ行ってはならない工事・整備

消防設備士免状の交付を受けていない者は、消防用設備等または特殊消防用設備等の工事または整備のうち、政令で定めるものを行ってはならない。
①屋内消火栓設備
②スプリンクラー設備
③水噴霧消火設備
④泡消火設備
⑤不活性ガス消火設備
⑥ハロゲン化物消火設備
⑦粉末消火設備

7-4

消防法

⑧屋外消火栓設備

⑨自動火災報知設備

⑩ガス漏れ火災警報設備

⑪消防機関へ通報する火災報知設備

⑫金属製避難はしご（固定式のものに限る。）

⑬救助袋

⑭緩降機

（2）消防設備士の免状の種類

　甲種消防設備士免状と乙種消防設備士免状があり、**甲種**は**工事と整備**、**乙種**は**整備のみ**を行うことができる。行うことができる工事または整備の種類は、次のとおりである。

指定区分	工事・整備ができる工事整備対策設備等の種類	甲種	乙種
特　類	特殊消防用設備等	○	
第1類	屋内消火栓設備、スプリンクラー設備、水噴霧消火設備または屋外消火栓設備	○	○
第2類	泡消火設備	○	○
第3類	不活性ガス消火設備、ハロゲン化物消火設備または粉末消火設備	○	○
第4類	自動火災報知設備、ガス漏れ火災警報設備または消防機関へ通報する火災報知設備	○	○
第5類	金属製避難はしご、救助袋または緩降機	○	○
第6類	消火器		○
第7類	漏電火災警報器		○

 5　消防設備の技術上の基準

（1）自動火災報知設備

・非常電源を附置すること。

（2）非常警報設備

・防火対象物の**全区域**に火災の発生を有効に、かつ、速やかに報知することができるように設けること。

・**起動装置**は、多数の者の目にふれやすく、かつ、火災に際し速やかに操作することができる箇所に設けること。

・**非常電源**を附置すること。

（3）誘導灯

・**避難口誘導灯**は、**避難口である旨を表示**した緑色の灯火とし、防火対象物またはその部分の避難口に、避難上有効なものとなるように設けること。

・**通路誘導灯**は、避難の**方向を明示**した緑色の灯火とし、防火対象物またはその部分の廊下、階段、通路その他避難上の設備がある場所に、避難上有効なものとなるように設けること。ただし、**階段**に設けるものは、避難の**方向を明示**したものとすることを要しない。

・**客席誘導灯**は、客席の照度が **0.2 ルクス以上**となるように設けること。

・**非常電源**を附置すること。

1問/1答

問　**1.** 第 7 類の乙種消防設備士は、電源の部分を除く、漏電火災警報器の工事及び整備を行うことができる。

　　2. 第 4 類の甲種消防設備士は、電源の部分を除く、ガス漏れ火災警報設備の工事及び整備を行うことができる。

　　3. 消防法上、自動火災報知設備は、避難設備である。

　　4. 消防法上、非常コンセント設備は、消火活動上必要な施設である。

　　5. 消防法上、誘導灯は、警報設備である。

答　**1 ✕** → p.378　　**2 ○** → p.378　　**3 ✕** → p.376　　**4 ○** → p.377

　　5 ✕ → p.376 〜 377

7-4

消防法

7-5 労働関係法規 一次 二次

Point!　　　　　　　　　　　　　重要度 🔦🔦🔦

安全管理3問、労安法2問、労基法1問の計6問出題される。
記述問題の、安全管理の記述にも必須なのでよく理解しよう。

1 労働安全衛生法

（1）安全衛生管理体制

　事業者は、定める規模の事業場ごとに、総括安全衛生管理者等を選任し、定められた事項の業務を行わなければならない。

①個々の事業場（建設業）

・**総括安全衛生管理者**：常時100人以上の労働者を使用する事業場。
・**安全管理者**：常時50人以上の労働者を使用する事業場。
・**衛生管理者**：常時50人以上の労働者を使用する事業場。
・**産業医**：常時50人以上の労働者を使用する事業場。
・**安全衛生推進者**：常時10人以上50人未満の労働者を使用する事業場。
・**安全委員会・衛生委員会**：常時50人以上の労働者を使用する事業場。
・**作業主任者**：労働災害防止の管理を必要とする作業ごと。

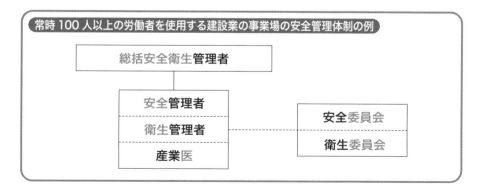

常時100人以上の労働者を使用する建設業の事業場の安全管理体制の例

```
        総括安全衛生管理者
    ┌─────────┐      ┌─────────┐
    │  安全管理者  │      │  安全委員会  │
    │  衛生管理者  │      │  衛生委員会  │
    │   産業医    │      └─────────┘
    └─────────┘
```

②元方事業者・関係請負人が混在する事業場

・**統括**安全衛生**責任者**：常時 50 人以上の労働者を使用する事業場。
　　元方事業者が選任。
・**元方**安全衛生**管理者**：常時 50 人以上の労働者を使用する事業場。
　　元方事業者が選任。
・**店社**安全衛生管理者：常時 20 人以上の労働者を使用する事業場。
　　元方事業者が選任。
・**安全衛生責任者**：常時 50 人以上の労働者を使用する事業場。
　関係請負人が選任。
・**安全委員会・衛生委員会**：常時 50 人以上の労働者を使用する事業場。
・**作業主任者**：労働災害防止の管理を必要とする**作業ごと**。

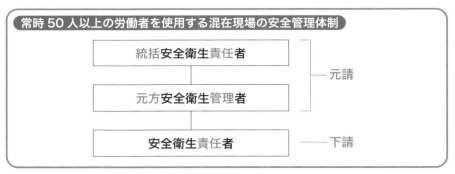

常時 50 人以上の労働者を使用する混在現場の安全管理体制

統括**安全衛生責任者** ── 元請

元方**安全衛生管理者**

安全衛生責任者 ── 下請

とんかつ 50 人前、ソースかつ 100 人前
（統括）　　　　　　　（総括）

統括安全衛生責任者は常時 50 人以上、総括安全
衛生管理者は常時 100 人以上の事業場に選任。

7-5
労働関係法規

③総括安全衛生管理者の職務等

　総括安全衛生管理者の職務等は次のとおりである。
・労働者の**危険または健康障害を防止**するための措置に関すること。
・労働者の**安全または衛生のための教育**の実施に関すること。
・**健康診断**の実施その他健康の保持増進のための措置に関すること。

- 労働災害の原因の調査及び再発防止対策に関すること。
- 労働災害を防止するため**必要な業務**で、厚生労働省令で定めるもの。

④安全管理者

事業者は、省令で定めるところにより、安全管理者を選任し、その者に**安全に係る技術的事項**を管理させなければならない。労働基準監督署長は、労働災害を防止するため必要があると認めるときは、事業者に対し、安全管理者の**増員または解任**を命ずることができる。

⑤衛生管理者

事業者は、省令で定めるところにより、衛生管理者を選任し、その者に**衛生に係る技術的事項**を管理させなければならない。労働基準監督署長は、労働災害を防止するため必要があると認めるときは、事業者に対し、衛生管理者の**増員または解任**を命ずることができる。

⑥作業主任者

事業者は、政令で定める作業については**免許**を受けた者または**技能講習**を修了した者のうちから作業主任者を選任し、労働者の指揮ほか定める事項を行わせなければならない。また、作業主任者を選任する必要がある主な作業は次のとおりである。

- **アセチレン溶接装置または**ガス集合溶接装置**を用いて行う金属の溶接、溶断または加熱の作業
- **ボイラー（小型ボイラーを除く）の取扱いの作業**
- 掘削面の高さが**2m 以上**となる**地山の掘削**の作業
- **土止め支保工**の切りばりまたは腹起こしの取付けまたは取外しの作業
- **型わく支保工**の組立てまたは解体の作業
- **つり足場、張出し足場または高さが5m 以上**の構造の足場の組立て、解体または変更の作業
- 高さが**5m 以上**の建築物の骨組みまたは塔で、**金属製の部材で構成される**ものの組立て、解体または変更の作業
- 軒の高さが**5m 以上**の木造建築物の構造部材の組立てまたはこれに伴う屋根下地若しくは外壁下地の取付けの作業
- 高さが**5m 以上**のコンクリート造の工作物の解体または破壊の作業
- **酸素欠乏危険場所**における作業
- 屋内作業場、タンク、船倉、坑の内部その他一定の場所において**有機溶剤**

を製造し、または取り扱う作業

・石綿等を取り扱う作業または石綿等を試験研究のため製造する作業

⑦統括安全衛生責任者

事業者は、労働災害を防止するため、統括安全衛生責任者を選任し、その者に**元方安全衛生管理者の指揮**をさせるとともに、定められた事項を統括管理させなければならない。

⑧元方安全衛生管理者

統括安全衛生責任者を選任した事業者は、定める**資格を有する者**のうちから、元方安全衛生管理者を選任し、その者に**技術的事項**を管理させなければならない。

⑨安全衛生責任者

統括安全衛生責任者を選任すべき事業者以外の**請負人**で、当該仕事を自ら行うものは、安全衛生責任者を選任し、その者に**統括安全衛生責任者との連絡**その他の事項を行わせなければならない。安全衛生責任者を選任した請負人は、統括安全衛生責任者を選任すべき事業者に対し、遅滞なく、その旨を**通報**しなければならない。

⑩安全委員会

事業者は、政令で定める業種及び規模の事業場ごとに、次の事項を**調査審議**させ、事業者に対し意見を述べさせるため、安全委員会を設けなければならない。

・**労働者の危険を防止**するための基本となるべき対策に関すること。

・**労働災害の原因及び再発防止対策**で、**安全**に係るものに関すること。

・労働者の危険の防止に関する**重要事項**。

また、安全委員会の付議事項は次のとおりである。

・安全に関する**規程の作成**に関すること。

・危険性または有害性等の**調査及び措置**のうち、**安全**に係るもの。

・安全衛生に関する**計画（安全に係る部分に限る。）の作成、実施、評価及び改善**に関すること。

・**安全教育の実施計画**の作成に関すること。

・労働基準監督署長等から**命令**、**指示**、**勧告または指導**を受けた事項のうち、労働者の危険の防止に関すること。

7-5

労働関係法規

（2）特定元方事業者の講ずべき措置

　特定元方事業者は、労働災害を防止するため、次の事項に関する必要な措置を講じなければならない。

・協議組織の設置及び運営。
・作業間の連絡及び調整。
・作業場所の巡視（毎作業日ごとに1回以上）。
・関係請負人が行う労働者の安全または衛生のための教育に対する指導及び援助。
・工程に関する計画及び作業場所における機械、設備等の配置に関する計画の作成及び関係請負人が講ずべき措置についての指導。
・労働災害を防止するため必要な事項。

（3）安全衛生教育

　事業者は、労働者を雇い入れたとき、作業内容を変更したときには、労働者に対し、業務に関する安全または衛生のための教育を行わなければならない。

①特別の教育

　事業者は、危険または有害な業務に労働者をつかせるときは、安全または衛生のための特別の教育を行わなければならない。特別の教育が必要な、主な業務は次のとおりである。

・アーク溶接機を用いて行う金属の溶接、溶断等の業務
・高圧もしくは特別高圧の充電電路もしくは当該充電電路の支持物の敷設、点検、修理もしくは操作の業務、低圧の充電電路（対地電圧が50V以下であるもの及び電信用のもの、電話用のもの等で感電による危害を生ずるおそれのないものを除く）の敷設もしくは修理の業務または配電盤室、変電室等区画された場所に設置する低圧の電路（対地電圧が50V以下であるもの及び電信用のもの、電話用のもの等で感電による危害の生ずるおそれのないものを除く）のうち充電部分が露出している開閉器の操作の業務
・作業床の高さが10m未満の高所作業車の運転（道路上を走行させる運転を除く）の業務
・動力により駆動される巻上げ機（電気ホイスト、エヤーホイスト及びこれら以外の巻上げ機でゴンドラに係るものを除く。）の運転の業務

- 小型ボイラーの取扱いの業務
- つり上げ荷重が 1t 未満の移動式クレーンの運転（道路上を走行させる運転を除く）の業務
- つり上げ荷重が 1t 未満のクレーン、移動式クレーンまたはデリックの玉掛けの業務
- ゴンドラの操作の業務
- 石綿障害予防規則に掲げる作業に係る業務
- 足場の組立て、解体または変更の作業に係る業務（地上または堅固な床上における補助作業の業務を除く）

②職長教育

　事業者は、政令で定めるものに該当する新たに職務につく**職長**等、**労働者を直接指導または監督する者**（作業主任者を除く）に対し、次の安全または衛生のための教育を行わなければならない。

- **作業方法の決定及び労働者の配置**に関すること。
- 労働者に対する**指導または監督の方法**に関すること。
- 労働災害を防止するため**必要な事項**。

（4）就業制限

　事業者は、政令で定める業務については、**免許**を受けた者または**技能講習**を修了した者等でなければ、当該業務につかせてはならない。就業制限のある主な業務は次のとおりである。

①溶接

アーク溶接	特別の教育
ガス溶接	免許または技能講習修了者

②ボイラーの取扱い

小型ボイラー	特別の教育
ボイラー	免許 技能講習修了者（小規模ボイラー）

③移動式クレーンの運転

つり上げ荷重が 1t 未満	特別の教育
つり上げ荷重が 1t 以上	免許 技能講習修了者（5t 未満）

④玉掛け

つり上げ荷重が 1t 未満	特別の教育
つり上げ荷重が 1t 以上	技能講習修了者

⑤高所作業車

作業床の高さが 10m 未満	特別の教育
作業床の高さが 10m 以上	技能講習修了者

（5）中高年齢者等についての配慮

　事業者は、中高年齢者等、配慮を必要とする者については、心身の条件に応じて適正な配置を行うように努めなければならない。

（6）健康の保持増進のための措置
①健康診断の実施

　事業者は、労働者に対し、厚生労働省令で定めるところにより、医師による健康診断を行わなければならない。

②健康管理手帳

　都道府県労働局長は、健康障害を生ずるおそれのある業務で、政令で定めるものに従事していた者のうち、要件に該当する者に対し、離職の際にまたは離職の後に、健康管理手帳を交付するものとする。

③体育活動等についての便宜供与等

　事業者は、労働者の健康の保持増進を図るため、体育活動、レクリエーションその他の活動についての便宜を供与する等必要な措置を講ずるように努めなければならない。

（7）高所作業車

①作業計画

　事業者は、高所作業車を用いて作業を行うときは、あらかじめ、作業場所の状況、当該高所作業車の種類及び能力等に適応する作業計画を定め、かつ、当該**作業計画により作業**を行わなければならない。

②作業指揮者

　事業者は、高所作業車を用いて作業を行うときは、**作業指揮者**を定め、その者に作業計画に基づき作業の指揮を行わせなければならない。

③定期自主検査

　事業者は、高所作業車について、点検事項ごとに、**1 年以内ごとに 1 回**、または、**1 月以内ごとに 1 回**、定期に自主検査を行わなければならない。

（8）電気による危険の防止

①電気機械器具の囲い等

・事業者は、電気機械器具の充電部分で、労働者が作業中または通行の際に、接触し、または接近することにより感電の危険を生ずるおそれのあるものについては、感電を防止するための**囲いまたは絶縁覆い**を設けなければならない。

・事業者は、囲い及び絶縁覆いについて、**毎月 1 回以上点検**し、異常を認めたときは、直ちに補修しなければならない。

②漏電による感電の防止

　事業者は、電動機械器具で、対地電圧が **150V** をこえる移動式もしくは可搬式のもの等には、漏電による感電の危険を防止するため、電路に感電防止用**漏電しゃ断装置**を接続しなければならない。

③仮設の配線等

　事業者は、仮設の配線または移動電線を**通路面**において使用してはならない。ただし、**絶縁被覆の損傷のおそれのない状態**で使用するときは、この限りでない。

④停電作業を行う場合の措置

　事業者は、電路を開路した後に、次に定める措置を講じなければならない。

・開閉器に、作業中、**施錠**し、もしくは通電禁止に関する所要事項を**表示**し、または**監視人**を置く。

・開路した電路が残留電荷による危険を生ずるおそれのあるものについては、安全な方法により放電させる。
・高圧または特別高圧のものは、検電器具により停電を確認し、かつ、誤通電、混触または誘導による感電の危険を防止するため、短絡接地する。

⑤断路器等の開路

事業者は、高圧または特別高圧の断路器を開路するときは、無負荷を示すためのパイロットランプ等により、無負荷であることを確認させなければならない。ただし、無負荷でなければ開路することができない緊錠装置を設けるときは、この限りでない。

⑥高圧活線作業

事業者は、高圧の充電電路を取り扱う作業を行う場合において、感電の危険が生ずるおそれのあるときは、次の措置を講じなければならない。
・絶縁用保護具の着用、かつ、感電のおそれのあるものへの絶縁用防具の装着。
・活線作業用器具、活線作業用装置の使用。

⑦適用除外

この項の規定は、電気機械器具、配線または移動電線で、対地電圧が50V 以下であるものについては、適用しない。

(9) 掘削作業による危険の防止
①崩壊しやすい地山の掘削面のこう配

砂からなる地山にあっては、掘削面のこう配を 35 度以下とし、または掘削面の高さを 5m 未満とすること。

②土止め支保工の点検

事業者は、土止め支保工を設けたときは、その後 7 日を超えない期間ごと、中震以上の地震の後及び大雨等により地山が急激に軟弱化するおそれのある事態が生じた後に、点検し、異常を認めたときは、直ちに、補強し、または補修しなければならない。

(10) 墜落、飛来崩壊等による危険の防止
①高さ 2m 以上での作業

事業者は、高さが 2m 以上の箇所で作業を行う場合において、墜落によ

り労働者に危険を及ぼすおそれのあるときは、次の措置をしなければならない。

・足場を組み立てる等の方法により**作業床**を設けなければならない。

・開口部等に、**囲い等**を設けなければならない。

・作業床、囲い等を設けることが著しく困難なときは、**防網**を張らなければならない。

・**墜落制止用器具**等を安全に取り付けるための設備を設けなければならない。

・**悪天候**のため危険が予想されるときは、労働者を**従事させてはならない**。

・安全に行うため必要な**照度**を保持しなければならない。

②スレート等の屋根上の危険の防止

　事業者は、スレート等の屋根の上で作業を行う場合において、踏み抜きにより労働者に危険を及ぼすおそれのあるときは、**幅が 30cm 以上の歩み板**を設け、**防網**を張る等の措置を講じなければならない。

③昇降するための設備の設置等

　事業者は、高さまたは深さが **1.5m をこえる**箇所で作業を行うときは、労働者が安全に**昇降するための設備**等を設けなければならない。

④移動はしごと脚立の構造

・移動はしごの幅は、**30cm 以上**とすること。

・脚立の脚と水平面との角度を **75 度以下**とすること。

⑤高所からの物体投下による危険の防止

　事業者は、**3m 以上**の高所から物体を投下するときは、**投下設備**を設け、**監視人**を置く等の措置を講じなければならない。

(11) 通路

①屋内に設ける通路

　事業者は、屋内に設ける通路については、通路面から高さ **1.8m 以内**に障害物を置かないこと。

②架設通路

　事業者は、架設通路については、次に定めるところに適合したものでなければ使用してはならない。

・勾配は **30 度以下**とすること。ただし、階段を設けたものまたは高さが 2m 未満で丈夫な手掛を設けたものはこの限りでない。

7-5

労働関係法規

・勾配が 15 度を超えるものには、踏桟その他の滑り止めを設けること。
・高さ 85cm 以上の手すり等を設けること。
・建設工事に使用する高さ 8m 以上の登り桟橋には、7m 以内ごとに踊場を設けること。

(12) 照度

　事業者は、労働者を就業させる場所の作業面の照度を、次に掲げる基準に適合させなければならない。
・精密な作業：300 ルクス以上
・普通の作業：150 ルクス以上
・粗な作業　：70 ルクス以上

(13) 酸素欠乏症等防止規則

①定義

・酸素欠乏とは、空気中の酸素の濃度が 18%未満である状態。
・酸素欠乏等とは、酸素欠乏または空気中の硫化水素の濃度が 100 万分の 10 を超える状態。
・第一種酸素欠乏危険作業とは、酸素欠乏危険作業のうち、第二種酸素欠乏危険作業以外の作業をいう。
・第二種酸素欠乏危険作業とは、酸素欠乏危険場所のうち、酸素欠乏症及び硫化水素中毒のおそれがあると定める場所における作業をいう。

②作業環境測定等

　事業者は、その日の作業を開始する前に、作業場における空気中の酸素（第二種酸素欠乏危険作業は酸素及び硫化水素）の濃度を測定しなければならない。また、記録を 3 年間保存しなければならない。

③人員の点検

　事業者は、酸素欠乏危険作業に労働者を従事させるときは、労働者を作業場所に入場させ、及び退場させる時に、人員を点検しなければならない。

④立入禁止

　事業者は、酸素欠乏危険場所またはこれに隣接する場所で作業を行うときは、酸素欠乏危険作業に従事する労働者以外の労働者が酸素欠乏危険場所に立ち入ることを禁止し、かつ、その旨を見やすい箇所に表示しなければなら

ない。

⑤作業主任者

事業者は、**技能講習を修了した者**のうちから、**酸素欠乏危険作業主任者**を選任しなければならない。

⑥特別の教育

事業者は、酸素欠乏危険作業に係る業務に労働者をつかせるときは、労働者に対し、**特別の教育**を行わなければならない。

2　労働基準法

（1）労働時間、休憩、休日

①労働時間

使用者は、労働者に、休憩時間を除き**1 週間について 40 時間**を超えて、労働させてはならない。1 週間の各日については、労働者に、休憩時間を除き**1 日について 8 時間**を超えて、労働させてはならない。

②休憩

使用者は、労働時間が**6 時間を超える場合**においては**少なくとも 45 分**、**8 時間を超える場合**においては**少なくとも 1 時間**の休憩時間を労働時間の途中に与えなければならない。

③休日

使用者は、労働者に対して、**毎週少なくとも 1 回**の休日を与えなければならない。ただし、**4 週間を通じ 4 日以上**の休日を与える使用者については適用しない。

（2）年少者

①最低年齢

使用者は、児童が**満 15 歳に達した日以後の最初の 3 月 31 日**が終了するまで、これを使用してはならない。

②年少者の証明書

使用者は、**満 18 歳に満たない者**について、その年齢を証明する**戸籍証明書**を事業場に備え付けなければならない。

③未成年者の労働契約

・親権者または後見人は、未成年者に代わって**労働契約**を締結してはならない。

・親権者または後見人は、未成年者の**賃金**を代わって受け取ってはならない。

④深夜業

　使用者は、満18歳に満たない者を**午後10時から午前5時**までの間において使用してはならない。ただし、交替制によって使用する**満16歳以上の男性**については、この限りでない。

⑤危険有害業務の就業制限

　使用者は、満18歳に満たない者に、次に定める**危険な業務または重量物を取り扱う業務**に就かせてはならない。（抜粋）

・クレーン、デリックまたは**揚貨装置の運転**の業務

・直流にあっては750Vを、交流にあっては300Vを超える電圧の**充電電路**等の点検、修理または操作の業務

・クレーン、デリックまたは揚貨装置の**玉掛け**の業務（2人以上の者によって行う玉掛けの業務における**補助作業の業務を除く**）

・動力により駆動される**土木建築用機械**または船舶荷扱用機械の運転の業務

・土砂が崩壊するおそれのある場所または**深さが5m以上**の地穴における業務

・**高さが5m以上**の場所で墜落のおそれのある業務

・足場の組立て、解体または変更の業務（地上または床上における**補助作業の業務を除く**）

（3）災害補償

①療養補償

　労働者が業務上負傷し、または疾病にかかった場合においては、使用者は、その費用で必要な療養を行い、または**必要な療養の費用**を負担しなければならない。

②休業補償

　労働者が業務上負傷し、または疾病にかかったため、労働することができないために賃金を受けない場合においては、使用者は、労働者の療養中平均

賃金の 100 分の 60 の休業補償を行わなければならない。

③休業補償及び障害補償の例外

　労働者が重大な過失によって業務上負傷し、または疾病にかかり、かつ使用者がその過失について行政官庁の認定を受けた場合においては、休業補償または障害補償を行わなくてもよい。

④遺族補償

　労働者が業務上死亡した場合においては、使用者は、遺族に対して、平均賃金の 1,000 日分の遺族補償を行わなければならない。

⑤打切補償

　療養補償を受ける労働者が、療養開始後 3 年を経過しても負傷または疾病がなおらない場合においては、使用者は、平均賃金の 1,200 日分の打切補償を行い、その後はこの法律の規定による補償を行わなくてもよい。

⑥補償を受ける権利

　補償を受ける権利は、労働者の退職によって変更されることはない。また、補償を受ける権利を譲渡し、または差し押えてはならない。

⑦他の法律との関係

　労働基準法に規定する災害補償の事由について、労働者災害補償保険法または厚生労働省令で指定する法令に基づいてこの法律の災害補償に相当する給付が行われるべきものである場合においては、使用者は、補償の責を免れる。

⑧請負事業に関する例外

　事業が数次の請負によって行われる場合においては、災害補償については、その元請負人を使用者とみなす。

7-5

労働関係法規

（4）就業規則

　常時 10 人以上の労働者を使用する使用者は、就業規則を作成し、行政官庁に届け出なければならない。

（5）記録の保存

　使用者は、労働者名簿、賃金台帳及び雇入れ、解雇、災害補償、賃金その他労働関係に関する重要な書類を 5 年間保存（法改正の経過措置として当分の間は 3 年間保存）しなければならない。

問 1. 安全管理者、衛生管理者は、常時 50 人以上の労働者を使用する事業場ごとに選任しなければならない。

2. 常時 50 人以上の労働者を使用する事業場において、元方事業者は、元方安全衛生責任者を選任しなければならない。

3. 掘削面の高さが 2m 以上となる地山の掘削作業は、作業主任者を選任する必要がある作業である。

4. 統括安全衛生責任者を選任すべき事業者以外の請負人で、当該仕事を自ら行うものは、安全衛生責任者を選任し、その者に統括安全衛生責任者との連絡その他の事項を行わせなければならない。

5. 特定元方事業者は、労働災害を防止するため、毎週ごとに 1 回以上、作業場所の巡視をしなければならない。

6. 事業者は、高圧もしくは特別高圧の充電電路もしくは当該充電電路の支持物の敷設、点検、修理もしくは操作の業務に労働者をつかせるときは、特別の教育を行わなければならない。

7. 事業者は、電気ホイストの運転の業務に労働者をつかせるときは、特別の教育を行わなければならない。

8. 事業者は、土止め支保工を設けたときは、その後 7 日を超えない期間ごとに、点検しなければならない。

9. 事業者は、2m 以上の高所から物体を投下するときは、投下設備を設け、監視人を置く等の措置を講じなければならない。

10. 使用者は、労働時間が 6 時間を超える場合においては少なくとも 30 分、8 時間を超える場合においては少なくとも 1 時間の休憩時間を労働時間の途中に与えなければならない。

答 1 ○ → p.380　　2 ✕ → p.381　　3 ○ → p.382　　4 ○ → p.383

5 ✕ → p.384　　6 ○ → p.384　　7 ✕ → p.384　　8 ○ → p.388

9 ✕ → p.389　　10 ✕ → p.391

7-6 関連諸法規 一次 二次

Point!　重要度
廃棄物処理法、建設リサイクル法、環境基本法、大気汚染防止法、道路法等から 1 問出題される。概要だけなぞっておこう。

1 廃棄物の処理及び清掃に関する法律

　この法律は、廃棄物の排出を抑制し、及び廃棄物の適正な**分別**、保管、収集、運搬、再生、処分等の処理をし、並びに**生活環境**を清潔にすることにより、生活環境の保全及び**公衆衛生**の向上を図ることを目的とする。

（1）廃棄物の定義

①一般廃棄物

　産業廃棄物以外の廃棄物をいう。

②産業廃棄物

　事業活動に伴って生じた廃棄物のうち、**燃え殻、汚泥、廃油、廃酸、廃アルカリ、廃プラスチック**類その他政令で定める廃棄物。

③特別管理産業廃棄物

　産業廃棄物のうち、爆発性、毒性、感染性その他の人の健康または生活環境に係る被害を生ずるおそれがある性状を有するもの。

・**廃油**（省令で定めるものを除く。）

・**廃酸**（省令で定めるものに限る。）

・**廃アルカリ**（省令で定めるものに限る。）

・**感染性産業廃棄物**（定める廃棄物に限る。）

・**廃ポリ塩化ビフェニル（PCB）**等

・**廃石綿（アスベスト）**等

(2) 産業廃棄物管理票

①管理票の交付

　産業廃棄物を生ずる事業者は、産業廃棄物の**運搬または処分を他人に委託する場合**には、産業廃棄物の引渡しと同時に運搬を受託した者に対し、廃棄物の種類及び数量他を記載した**産業廃棄物管理票**を交付しなければならない。

②管理票の保存

　管理票交付者は、管理票の写しの送付を受けたときは、運搬または処分が終了したことを管理票の写しにより確認し、かつ、管理票の写しの送付を受けた日から **5 年間保存**しなければならない。

 ## 2　建設工事に係る資材の再資源化等に関する法律

　この法律は、特定の建設資材について、その**分別解体**等及び**再資源化**等を促進するための措置を講ずること等により、**資源の有効な利用の確保及び廃棄物の適正な処理**を図り、生活環境の保全及び国民経済の健全な発展に寄与することを目的とする。

(1) 分別解体等

　次に定める行為をいう。

・**解体工事**において、建築物等に用いられた建設資材に係る建設資材廃棄物をその種類ごとに分別しつつ当該工事を計画的に施工する行為。

・**新築工事等**において、工事に伴い副次的に生ずる建設資材廃棄物をその種類ごとに分別しつつ当該工事を施工する行為。

(2) 再資源化

　次に定める行為をいう。

・分別解体等に伴って生じた建設資材廃棄物について、**資材または原材料として利用**すること（建設資材廃棄物を**そのまま用いることを除く**。）ができる状態にする行為。

・分別解体等に伴って生じた建設資材廃棄物であって燃焼の用に供することができるものまたはその可能性のあるものについて、**熱を得ることに利用**することができる状態にする行為。

（3）特定建設資材

次に掲げる建設資材とする。

・コンクリート
・コンクリート及び鉄から成る建設資材
・木材
・アスファルト・コンクリート

（4）建設業を営む者の責務

・建設業を営む者は、建築物等の設計及びこれに用いる建設資材の選択、建設工事の施工方法等を工夫することにより、**建設資材廃棄物の発生**を**抑制**するとともに、分別解体等及び建設資材廃棄物の**再資源化等に要する費用**を**低減**するよう努めなければならない。
・建設業を営む者は、建設資材廃棄物の**再資源化により得られた建設資材**を使用するよう努めなければならない。

（5）発注者への報告等

元請業者は、特定建設資材廃棄物の再資源化等が完了したときは、**発注者**に**書面**で**報告**するとともに、**記録**を作成し、これを**保存**しなければならない。

 3　環境基本法

（1）目的

この法律は、環境の保全について、**基本理念**を定め、並びに国、地方公共団体、事業者及び国民の責務を明らかにするとともに、環境の保全に関する施策の基本となる事項を定めることにより、環境の保全に関する施策を総合的かつ計画的に推進し、現在及び将来の国民の健康で文化的な生活の確保に寄与するとともに人類の福祉に貢献することを目的とする。

（2）公害

環境の保全上の支障のうち、事業活動その他の人の活動に伴って生ずる相当範囲にわたる**大気の汚染**、**水質の汚濁**、**土壌の汚染**、**騒音**、**振動**、**地盤の**

沈下及び悪臭によって、人の健康または生活環境に係る被害が生ずることをいう。

4 大気汚染防止法

（1）目的
　この法律は、ばい煙、揮発性有機化合物及び粉じんの排出等を規制し、有害大気汚染物質対策の実施を推進し、自動車排出ガスに係る許容限度を定めること等により、国民の健康を保護するとともに生活環境を保全し、人の健康に係る被害が生じた場合における事業者の損害賠償の責任について定めることにより、被害者の保護を図ることを目的とする。

（2）ばい煙発生施設
　工場または事業場に設置される施設でばい煙を発生し、及び排出するもののうち、排出されるばい煙が大気の汚染の原因となるもので政令で定めるものをいう。ばい煙発生施設の例は次のとおりである。
・ガスタービン
　燃料の燃焼能力が重油換算1時間当たり50L以上
・ディーゼル機関
　燃料の燃焼能力が重油換算1時間当たり50L以上
・ガス機関
　燃料の燃焼能力が重油換算1時間当たり35L以上
・ガソリン機関
　燃料の燃焼能力が重油換算1時間当たり35L以上

5 道路法

（1）道路の占用の許可
　次の工作物、物件または施設を設け、継続して道路を使用しようとする場合においては、道路管理者の許可を受けなければならない。

①電柱、電線、変圧塔、郵便差出箱、公衆電話所、広告塔その他これらに類する工作物

②水管、下水道管、ガス管その他これらに類する物件

③鉄道、軌道その他これらに類する施設

④歩廊、雪よけその他これらに類する施設

⑤地下街、地下室、通路、浄化槽その他これらに類する施設

⑥露店、商品置場その他これらに類する施設

⑦その他政令で定めるもの

（2）道路占用許可申請書

道路占用の許可を受けようとする者は、次に掲げる事項を記載した申請書を道路管理者に提出しなければならない。

①道路の占用の**目的**

②道路の占用の**期間**

③道路の占用の**場所**

④工作物、物件または施設の**構造**

⑤工事実施の**方法**

⑥工事の**時期**

⑦道路の**復旧方法**

7-6

関連諸法規

1問 1答

 1. 産業廃棄物管理票の写しは、3年間保存しなければならない。

2. 建設発生土は、建設工事に係る資材の再資源化等に関する法律の特定建設資材に、定められていない。

 1 ✕ → p.396　　**2** ◯ → p.397

建設業法上、元請負人は、その請け負った建設工事について、下請負人の名称、当該下請負人に係る建設工事の内容及び工期などを記載した施工体制台帳を作成し、~~営業所~~に備え置かなければならない。

建設業法上、元請負人は、その請け負った建設工事について、下請負人の名称、当該下請負人に係る建設工事の内容及び工期などを記載した施工体制台帳を作成し、工事現場ごとに備え置かなければならない。

労働安全衛生法上、墜落等による危険を防止するための措置として、踏み抜きの危険のある屋根上には、幅が~~25 cm~~の歩み板を設けた。

労働安全衛生法上、墜落等による危険を防止するための措置として、踏み抜きの危険のある屋根上には、幅が 30 cm 以上 の歩み板を設けた。

消防法上、無線通信補助設備は、~~消防の用に供する設備のうち、警報設備に該当する。~~

消防法上、無線通信補助設備は、消火活動上必要な設備である。

電気工事士法上、第一種電気工事士は、自家用電気工作物に係る~~すべての電気工事の作業に従事することができる。~~

電気工事士法上、第一種電気工事士は、自家用電気工作物に係る特殊電気工事の作業に従事することができない。

労働安全衛生法上、安全委員会は、常時~~20~~人以上の労働者を使用する事業場ごとに設けなければならない。

労働安全衛生法上、安全委員会は、常時 50 人以上の労働者を使用する事業場ごとに設けなければならない。

労働基準法上、親権者又は後見人は、未成年者の賃金を代わって受け取ることが~~できる。~~

労働基準法上、親権者又は後見人は、未成年者の賃金を代わって受け取ることができない。

応用能力問題

応用能力問題

一次

Point!　　　　　　　　　　　　　　　　　　　　重要度 💡💡💡

第一次検定に新たに追加された、施工管理法の応用能力問題の例題を解いて、練習しておこう。

（1）出題内容

問題 1. 図に示すバーチャート工程表及び進度曲線に関する記述として、**最も不適当なもの**はどれか。

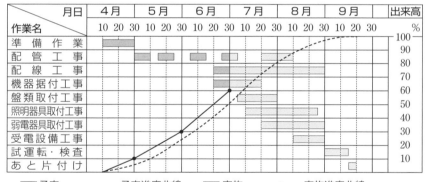

□ 予定　　-------- 予定進度曲線　　■ 実施　　—●— 実施進度曲線

1. 6月末における全体の実施出来高は、約60%である。
2. 6月末の時点では、予定出来高に対して実施出来高が上回っている。
3. 7月は、盤類取付工事の施工期間が、他の作業よりも長くなる予定である。
4. 7月末での配線工事の施工期間は、50%を超える予定である。
5. 受電設備工事は、盤類取付工事の後に予定している。

問題 2. 品質管理に関する記述として、**最も不適当なもの**はどれか。

1. 品質管理は、設計図書で要求された品質に基づく品質計画におけるすべての目標について、同じレベルで行う。

2. 品質管理は、問題発生後の検出に頼るより、問題発生の予防に力点を置くことが望ましい。

3. 作業標準を定め、その作業標準通り行われているかどうかをチェックする。

4. 異常を発見したときは、原因を探し、その原因を除去する処置をとる。

5. P → D → C → A の管理のサイクルを回していくことが、品質管理の基本となる。

問題 3. 図に示す品質管理に用いる図表に関する記述として、**不適当なもの**はどれか。

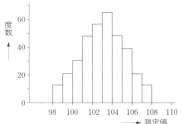

1. 図の名称は、ヒストグラムであり柱状図ともいわれている。

2. 分布のばらつきは、中心付近からほぼ左右対称であり、一般に現れる形である。

3. 平均値とは、データの総和をデータの個数で割った値をいう。

4. 標準偏差とは、個々の測定値の平均値からの差の 2 乗和を、(データ数− 1)で割り、これを平方根に開いた値をいう。

5. 標準偏差が小さいということは、平均値から遠く離れているものが多くあるということである。

---

(2) 解答・解説

問題 1.　正解：3

1. ○　実線で表された実施進度曲線において、6 月末時点の出来高 [%] は、約 60％である。

2. ○　点線で表された予定進度曲線において、6 月末時点の出来高 [%] は、

約50％である。したがって、6月末時点では、予定出来高（約50％）に対し、実施出来高（約60％）のほうが上回っている。

3. ✕　7月は、盤類取付工事の予定施工期間が5日頃から末日、配線工事の予定施工期間は月初から月末までで、盤類取付工事よりも長くなる。したがって、配線工事の施工期間が他の作業よりも長くなる予定である。

4. ○　配線工事の全施工期間は、6月20日から8月末の70日ほどである。7月末時点では、6月20日から7月末まで40日ほど経過しており、

$$\frac{40}{70} \times 100 \fallingdotseq 57\,[\%]　と50\%を超える予定である。$$

5. ○　受電設備工事は8月10日より開始予定で、盤類取付工事が終了予定の7月末の後に予定されている。

問題2.　**正解：1**

1. ✕　品質管理は、設計図書で要求された品質に基づく品質計画における目標について、目標ごとに異なるレベルで実施することが効果的である。

2. ○　問題発生後の検出より、予防を重視して実施する方が効果的である。

3. ○　作業標準を定め、作業標準通り行われているかどうかチェックすることは、品質管理の一環である。

4. ○　原因を追究し、除去する処置をとることは、必要なことである。

5. ○　P（計画）→ D（実施）→ C（検査）→ A（処置）の管理のPDCAサイクルを回していくことは、品質管理の基本である。

問題3.　**正解：5**

1. ○　図のように、横軸に測定値、縦軸に度数をとり、測定値の範囲における度数を表した柱状図をヒストグラムという。

2. ○　図の分布のばらつきは、中心に対して左右対称であり、一般に現れる形状を呈している。

3. ○　平均値とは、次式で表される。　　$平均値 = \dfrac{データの総和}{データの個数}$

4. ○　標準偏差のうち不偏標準偏差は、次式で表される。

$$不偏標準偏差 = \sqrt{\frac{(測定値 - 平均値)^2 \text{の総和}}{データ数 - 1}}$$

5. ✕　標準偏差が小さい場合、平均値から遠く離れているものが少ないことを示し、大きい場合は、遠く離れているものが多いことを示している。

記述問題
（第二次検定）

記 述 問 題

Point! 重要度 💡💡💡

第二次検定は全問必須問題で、5問中3問は記述式問題である。
第1〜7章の内容を駆使して記述できるよう、練習しておこう。

（1）施工経験記述

●配点は非公表ではあるが、施工経験記述の配点が記述問題に占める割合は大きい。

●論文の記述ではないので、業務報告書や業務日誌のように簡潔な文章で記述する。

●電気工事の施工管理の実務経験が問われているので、具体的な事例として記述する。

●ぶっつけ本番で記述することは難しいので、出題テーマ（工程管理・安全管理・品質管理）ごとに記述をあらかじめ用意し、どのテーマが出題されても対応できるようにする。

①出題内容

　問題 1.　あなたが経験した電気工事について、次の問に答えなさい。

1-1　経験した電気工事の中で施工中に○○管理上の問題が発生した又は発生が予想された工事について、次の事項を記述しなさい。

(1) 工事名
(2) 工事場所
(3) 電気工事の概要
　　ア　請負金額（概略額）
　　イ　概要

(4) 工期

(5) この電気工事でのあなたの立場

(6) あなたが担当した業務の内容

1-2　上記の電気工事の現場において、施工中に発生した又は発生が予想された○○管理の問題とその理由を2つあげ、あなたがとった対策を問題ごとに2つ具体的に記述しなさい。ただし、対策の内容は重複しないこと。

1-3　上記（1-2）の電気工事に限らず、あなたの現場経験において、○○管理に関して特に留意した事項とその理由をあげ、あなたがとった対策を具体的に記述しなさい。

　問題1では、**工程**管理、**安全**管理、**品質**管理のテーマが指定され、管理上の問題が発生した、または発生が予想された工事に関する記述が求められる。したがって、どのテーマが指定されても記述できるように、あらかじめ書くテーマを用意することが得策である。

②経験した電気工事

●あまり古い事例ではなく、できるだけ最近の工事で完工したものについて記述する。

●受検の手引にある「**実務経験と認められる電気工事**」の事例を記述する。

・構内電気設備工事（非常用電気設備を含む）
・発電設備工事
・変電設備工事
・送配電線工事
・引込線工事
・照明設備工事
・信号設備工事
・電車線工事
・ネオン装置工事

●受検の手引にある「**実務経験と認められない電気工事**」の事例を記述しない。

- ✕ 機器の設計・製造・据付・保守・点検・メンテナンス、機器部品等の修理工事、メーカーの機器製造業務
- ✕ 電気通信工事として実施した工事
  ※ただし、信号設備工事、計装工事は電気工事として認められる。
- ✕ 機械器具設置工事
- ✕ 管工事として実施した工事
- ✕ 消防施設工事として実施した工事
- ✕ 熱絶縁工事として実施した工事
  ※ただし上記の各工事であっても、電源設備の工事部分（100V以上）は電気工事の経験として認められる。
- ✕ その他土木一式工事、建築一式工事等電気工事に該当しない工事

③工事名

○○ビル、○○工場などの固有名詞をあげ、正式名称を具体的事例として記述する。

> **(例)** ○○工業北島第3工場新築工事（電気設備工事）
> ○○図書館建築工事（照明設備工事一式）
> ○○電力西島地区配電線工事
> ○○高速道路東山トンネル照明設備工事

また、電気工事を実施したことがわかるように記述すること。電気工事が建築工事等の一部として一括発注された場合は、件名が○○建築工事などとなっている場合があるので、（ ）で電気設備工事の種目を記述する。

④工事場所

住所を記述する。都道府県、市町村できれば町名まで記述できるよう準備する。また、電車線や道路照明のような場合は、駅名・道路名・交差点名などの地名を記述する。

> **(例)** ○○県○○市○○町○丁目
> ○○電鉄○○線○○駅～○○駅間
> 県道○○号○○線○○交差点ほか○箇所

⑤電気工事の概要

●請負金額（概略額）

発注者または元請から請け負った**電気工事の工事金額**の概略を**万円単位**（○○○○万円）で記述する。建築工事など他工事と**一括請負**の場合は**電気工事の金額**を記述する。建設業の許可が必要な 500 万円以上、1 級の場合は **1,000 万円以上**の規模の工事が望ましい。

●概要

何の工事をどのくらいの規模で実施したかがわかるように、**具体的な設備名、機器名**と容量や台数などの**数字**をあげて記述する。前述した**請負金額**と**乖離のない数字**をあげる。

　(例) 建物…階数 [階]、延べ面積 [㎡]
　　　　受変電設備…受電電圧 [kV]、契約電力 [kW]、
　　　　　　　　　　変圧器容量 [kVA]
　　　　自家発電設備…電圧 [V]、出力 [kW]、台数
　　　　動力設備…制御盤の面数
　　　　電灯設備…分電盤の面数、灯具の種類・台数
　　　　配線工事…ケーブル種別、サイズ（径・断面積）、亘長 [m]
　　　　UPS 更新工事…出力 [kW]、台数

---

⑥工期

着工から完工までの**請負契約書の工期**を、**年月単位**（令和○年○月〜令和○年○月）で正確に記述する。また、事例としてあげる工事は、**完工したもの**で、できるだけ**直近から 5、6 年以内**に経験した **3 か月以上**の工期のものが望ましい。現在施工中のものは取り上げないようにする。

⑦この電気工事でのあなたの立場

会社の役職ではなく、**現場での役職**を記述する。

●発注者の場合

現場監督員、主任監督員、工事監理者など

●請負者の場合

現場代理人、主任技術者、現場主任、作業班長、現場技術員など

⑧あなたが担当した業務の内容

施工中の管理、監督、監理を、請負契約上の立場の整合性に留意して記述する。

・施工管理（請負者）
・施工監督（発注者）
・施工監理（設計事務所）

> **（例）**構内電気設備工事に係る施工管理
> 　　　　電力会社に係る送配電線工事の施工監督
> 　　　　道路照明工事の施工監理

⑨留意事項と理由、対策と措置

・テーマに沿った記述をする。**工程管理**は**時間**、**安全管理**は**人**、**品質管理**は**物**に対する管理。
・一般論ではなく、事例として**具体的**に記述する。**5W1H、数字、例**をあげる。
・事故事例やトラブル集などの失敗例ではなく、**成功例**を書く。
・**施工段階**での事例を書き、設計段階や完工後のことは書かない。
・指定された**枠内**に収めて書く。**枠外**にはみ出さない。
・指定された**枠内の8割以上**は文字で埋める。**空欄**を残さない。
・漢字で書く。「○○屋さん」など**隠語や話し言葉**で書かない。
・書き殴らず、**丁寧な文字**で書く。誤字は**消しゴム**で消して書き直す。
・対策の欄に**理由**を書かない。理由の欄に**対策**を書かない。
・理由と対策の**因果関係の辻褄**が合うように記載する。
　　× 　灯具の種類と数量が多かったので、養生をした。
　　○ 　灯具は割れやすいので、養生をした。
・**数字や機器、場所**の名称をあげて、**可能な限り具体的**に書く。
　　× 　灯具が多くて仮置き場所がないので、室内に確保した。
　　○ 　灯具が**200個以上**あり仮置き場所がないので、空き教室に確保した。
・対策は**実施したこと**を書く。
　　文末は「〜検討した。」「〜調整した。」「〜確認した。」ではなく、「〜調整して、〜を実施した。」と「〜**実施した。**」で終わるよう意識する。
・**実施したこと**は、**具体的**に書く。

✕　撤去中、危ないので変圧器が転倒しないようにした。

○　撤去中、変圧器が転倒すると危険なので、**チェーンで固定**した。

⑩工程管理のヒント

　工程管理は、何らかの事情で**前工程が遅れ**たり、**竣工が前倒し**になったり、**工期が短縮**してしまい、それに対してとった対策を記述する。間に合わないので工期を延長したケースは、成功例ではないので記述しないほうが無難。

原因・理由

・前工程（建築、外構など）の遅れ

・設計変更による遅れ

・製作工程の遅れ

・天候不良による遅れ

・**施主の事情**による遅れ、**工期の前倒し**

対策・処置

・無駄を省く（簡略化、プレハブ化、ユニット化）

・効率を上げる（同時、並行、先行工事）

・人を増やす（増員）

・作業時間を増やす（休日工事、夜間工事）

工程管理の対策でよくある記述のパターン

✕　輻輳しないように建築屋と工程を調整した。

○　輻輳しないように、建築業者と工程調整し、**内装工事の前に配線作業を**
　　行った。

⑪安全管理のヒント

　安全管理は、工事中の人に対する**災害対策**である。対象となる人は、**作業員**と作業員以外の**第三者**があげられる。人に対する災害としては次のものが考えられる。

・墜落、落下、飛来

・感電

・酸欠

・熱中症

・重量物のはさまれ

・回転物の巻き込まれ

・重機、車両の接触

・火気作業（溶接、溶断）

・高温接触（ボイラー、蒸気管）

・危険物（爆発、引火）

・毒物（ガス、液）

・工具（刃物、切断、圧着）

安全管理の対策でよくある記述のパターン

✕　検電器による無電圧確認を徹底させた。

◯　検電器による無電圧確認を、**毎朝の TBM で指導し**、徹底させた。

⑫品質管理のヒント

　品質管理は**物**に対する管理である。**製品品質**と**施工品質**がある。**検査、試験、チェック**したことや、製品がダメージを負わないように**防護・養生**したことを思い出すと書きやすい。その他、**作業員の技量確保**に関することも品質管理となる。

・**工場検査、受け入れ検査、中間検査、自主検査、完成検査**

・製品の**防護**（搬入時、据付時、設置後引き渡しまで）

・協力会社や作業員（電工、配管工）の**技量確保**

　また、品質管理の基本は PDCA「plan（計画）－ do（実施）－ check（検査）－ action（処置）」である。最後の処置まで記述するように意識する。例えば、作業員の技量確保の場合は、次のとおりとなる。

・**計画**：計画書、手順書を作成し、**事前に教育**した。

・**実施**：計画書、手順書により**作業を実施**した。

・**検査**：施工後、計画書、手順書通りに作業しているかどうか**検査した。**

・**処置**：**不具合を是正**するとともに、原因追究し、**再発防止**のため再教育した。

品質管理の対策でよくある記述のパターン

✕　〜に感電しないように養生した。

◯　〜を破損しないように養生した。

⑬出題テーマ

　過去に出題されたテーマは次のとおりである。

●工程管理

　施工中の工程管理

　着工時の施工計画

資機材搬入時の工程管理

● **安全管理**

労働災害

飛来・落下災害

感電災害

新規入場者教育

● **品質管理**

施工終了から引き渡しまでの品質管理

資機材搬入時の品質管理

資機材保管時の品質管理

⑭ **準備シート**

テーマに沿って具体的な記述ができるように、あらかじめ下のようなシートに記述し、経験したことを整理すると書きやすい。

あなたが〔　　　　〕管理上、特に留意した事項とその理由及びとった具体的な対策・処置を記述しなさい。	
留意事項	
理由	（なぜ）
対策・処置	（いつ）
	（どこで）
	（誰）
	（何を）
	（どれくらい）
	（どのように） 　　　　　　　　　　　　　　　　　　　　　実施した。

（例）

あなたが〔 安全 〕管理上、特に留意した事項とその理由及びとった具体的な対策・処置を記述しなさい。	
留意事項	幹線更新工事における感電事故
理由	（なぜ）部分停電での工事のため接続部近傍に充電部分が混在していたため
対策・処置	（いつ）幹線接続工事前
	（どこで）全体朝礼後の TBM
	（誰）作業員
	（何を）単線結線図
	（どれくらい）5 か所の接続部
	（どのように）接続箇所と充電箇所を図示して周知 <div align="right">実施した。</div>

（2）施工管理上の対策
①出題内容

> **問題 2.**　次の問に答えなさい。
>
> 電気工事に関する次の語句の中から 2 つを選び、番号と語句を記入のうえ、○○するための対策を、それぞれについて 2 つ具体的に記述しなさい。
>
> ---
>
> **（例）**
> 1. 重機での揚重作業
> 2. 高圧活線近接作業
> 3. 酸素欠乏危険場所での作業
> 4. 地山の掘削作業

　問題2では、「労働災害を防止」、「適正な品質を確保」、「適正に施工」などのテーマが指定され、各テーマへの対策に関する記述が求められる。

②記述のヒント

・与えられている語句から、自分が記述しやすい語句を2つ選んで記述する。
・重複しない独立した2つの内容を記述する。異なる2つのキーワードをあげる。
・正確な数字を書く。不確かな数字は書かない。
・第1～7章で学習した内容を応用して文章を作成する。
・条件に注意して記述する。
　例）「保護帽の着用のみ及び要求性能墜落制止用器具の着用のみの記述については配点されない。」

③過去の出題とキーワード例

■労働災害防止対策■

重機での揚重作業	誘導員・監視員・バリケード 免許・技能講習・特別教育
高圧活線近接作業	絶縁保護具・絶縁防護具 監視人・バリケード
酸素欠乏危険場所での作業	濃度測定・換気 作業主任者・特別教育
地山の掘削作業	掘削面の高さ・勾配 作業主任者（2m以上）
高所作業車での作業	アウトリガー、ブレーキ 技能講習（10m以上）・特別教育（10m未満）
枠組み足場上での作業	積載荷重の遵守 筋交い・安全ネットの確保
停電作業	検電・放電・接地 通電禁止表示・監視人
アーク溶接作業	保護面・自動電撃防止装置 防炎シート・消火設備
夏場作業	水分・塩分の補給 周知・教育

感電災害	絶縁保護具・絶縁防護具 漏電遮断器
墜落災害	作業床・手すり 墜落制止用器具・照度
飛来・落下災害	上下作業の禁止 防網

■品質確保対策■

資材の管理	不適合品の場外搬出 防湿・防塵
電線管の施工	支持点間の距離 曲げ半径
機器の取付け	転倒防止・耐震性 メンテナンス性
盤への電線の接続	電線接続点に張力をかけない 端子接続部のトルク管理
電線相互の接続	管内で接続しない 絶縁被覆と同等以上の絶縁処理
耐震対策	耐震ストッパ・振れ止め ケーブル余長
防水対策	貫通部処理（つば付きスリーブ・コーキング） 端部処理（エントランスキャップ）
電食対策	電鉄側（レールボンド） その他（電気防食・犠牲陽極）
塩害対策	耐塩害機器の採用 密閉化（屋内・GIS）
防爆対策	防爆構造機器の採用 金属管工事・C 種接地工事
延焼防止対策	防火区画貫通部の両側 1m 不燃材 防火区画貫通部のすき間に不燃材充てん

（3）ネットワーク工程表

①出題内容

> **問題 3.** 下記の条件を伴う作業から成り立つ工事のアロー形ネットワーク工程について、次の問に答えなさい。
>
> (1) 所要工期は、何日か。
> (2) 作業Iのフリーフロートは、何日か。
>
> **条件**
> **1.** 作業A、B、Cは、同時に着手でき、最初の仕事である。
> **2.** 作業D、Eは、Aが完了後着手できる。
> **3.** 作業F、Gは、B、Dが完了後着手できる。
> **4.** 作業Hは、Cが完了後着手できる。
> **5.** 作業Iは、E、Fが完了後着手できる。
> **6.** 作業Jは、Fが完了後着手できる。
> **7.** 作業Kは、G、Hが完了後着手できる。
> **8.** 作業Lは、Jが完了後着手できる。
> **9.** 作業Mは、J、Kが完了後着手できる。
> **10.** 作業Nは、I、L、Mが完了後着手できる。
> **11.** 作業Nが完了した時点で、工事は終了する。
> **12.** 各作業の所要日数は次のとおりとする。
>   A＝4日、B＝8日、C＝5日、D＝5日、E＝7日、F＝6日、
>   G＝6日、H＝7日、I＝8日、J＝4日、K＝5日、L＝5日、
>   M＝6日、N＝3日

②解答

(1) 29日

(2) 3日

③解説

条件にしたがって、ネットワーク工程表を書くと次のとおりである。

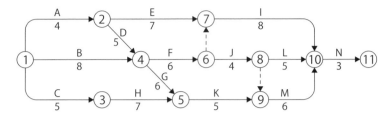

各イベント番号の最早開始時刻は次のとおりである。

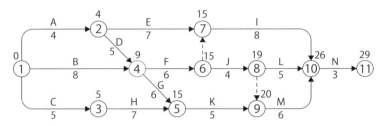

所要工期は **29** 日。

作業Ⅰのフリーフロートは、**26 － (15＋8) ＝ 26 － 23 ＝ 3** より、**3** 日となる。

（4）計算問題

①出題内容

問題 4. 次の計算問題を答えなさい。

4-1 図に示す配電線路において、C点の線間電圧として、**正しいもの**はどれか。

ただし、電線1線あたりの抵抗はA－B間で0.1 Ω、B－C間で0.2 Ω、負荷は抵抗負荷とし、線路リアクタンスは無視する。

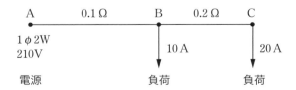

① 192 V　　② 196 V　　③ 200 V　　④ 203 V　　⑤ 205 V

4-2 図に示す架空配電線路において、電線の水平張力の最大値として、**正しいもの**はどれか。

ただし、電線は十分な引張強度を有するものとし、支線の許容引張強度は 22kN、その安全率を 2 とする。

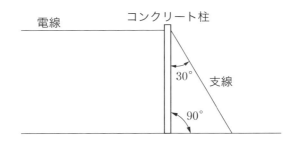

電線　　コンクリート柱　　支線　　30°　　90°

① 5 kN　　② 5.5 kN　　③ 9.52 kN　　④ 11 kN　　⑤ 19.05 kN

②解答

4-1　②

図より、BC 間の電流 $I_{\mathrm{BC}} = 20\,[\mathrm{A}]$

AB 間の電流 $I_{\mathrm{AB}} = 20 + 10 = 30\,[\mathrm{A}]$

題意のとおり、単相 2 線式配電線路、負荷は抵抗負荷、線路リアクタンスは無視すると、AC 間の電圧降下 V_{AC} は次式で求まる。

$$V_{\mathrm{AC}} = 2 \times (0.1 I_{\mathrm{AB}} + 0.2 I_{\mathrm{BC}})$$
$$= 2 \times (0.1 \times 30 + 0.2 \times 20)$$
$$= 2 \times (3 + 4) = 2 \times 7 = 14\,[\mathrm{V}]$$

したがって、C 点の線間電圧 V_{C} は次式で求まる。

$$V_{\mathrm{C}} = 210 - 14 = 196\,[\mathrm{V}]$$

4-2　②

T_{W}：電線の水平張力の最大値 [kN]

T_{S}：支線の許容引張強度 [kN]

安全率：α

コンクリート柱と支線のなす角度：θ [°] とすると、次式が成り立つ。

$$T_{\mathrm{W}} = \frac{T_{\mathrm{S}} \sin \theta}{\alpha}$$

$$= \frac{22 \sin 30°}{2} = \frac{22 \times \dfrac{1}{2}}{2} = \frac{22}{4} = 5.5 \,[\mathrm{kN}]$$

（5）技術的な内容
①出題内容

> **問題5.** 電気工事に関する次の用語の中から4つを選び、番号と用語を記入のうえ、技術的な内容を、それぞれについて2つ具体的に記述しなさい。
>
> ただし、技術的な内容とは、施工上の留意点、選定上の留意点、定義、動作原理、発生原理、目的、用途、方式、方法、特徴、対策などをいう。
>
> **（例）**
> 1. スコット変圧器
> 2. 汽力発電のタービン発電機
> 3. 送電線の多導体方式
> 4. 送電系統の中性点接地方式
> 5. 電力デマンド制御
> 6. 太陽光発電の系統連系
> 7. 等電位ボンディング
> 8. 自動火災報知設備の炎感知器
> 9. ＢＴき電方式
> 10. 電気鉄道の電食防止対策
> 11. 交通信号の感応制御
> 12. 接地抵抗の低減方法

②記述のヒント

・与えられている用語から、自分が記述しやすい用語を**４つ**選んで記述する。
・具体的な独立した**２つ**の内容を記述する。異なる２つの**キーワード**をあげる。
・正確な**数字**を書く。不確かな数字は書かない。
・「**定義・性質**」、「**目的・用途**」、「**注意点・対策**」に分けて考えると書きやすい。
・第１～７章で学習した内容を応用して文章を作成する。

③用語のキーワード例

1. スコット変圧器	・三相から単相２系統を取り出す ・非常用発電機
2. 汽力発電のタービン発電機	・円筒形回転子 ・水素冷却
3. 送電線の多導体方式	・１相を複数の導体 ・コロナ対策
4. 送電系統の中性点接地方式	・異常電圧の抑制・保護継電器の確実な動作 ・地絡事故時の通信障害
5. 電力デマンド制御	・最大需要電力 ・ピークカット
6. 太陽光発電の系統連系	・太陽光発電システムを送電網に連結 ・売電・逆潮流
7. 等電位ボンディング	・建物内の金属体を電気的に接続し電位を等しくする ・雷害対策
8. 自動火災報知設備の炎感知器	・赤外線・紫外線 ・高天井用途
9. ＢＴき電方式	・電気鉄道の交流き電回路 ・吸上げ変圧器
10. 電気鉄道の電食防止対策	・帰線抵抗の低減（レールボンド・クロスボンド） ・電気防食
11. 交通信号の感応制御	・全感応式（主・従道路に感知器） ・半感応式（従道路に感知器）
12. 接地抵抗の低減方法	・メッシュ接地・埋設地線 ・接地抵抗低減剤

④その他の出題テーマとキーワードの例

13. 水車発電機	・突極形回転子 ・空気冷却
14. キャビテーション	・圧力低下・気泡発生 ・振動・侵食
15. コンバインドサイクル発電	・ガスタービンとボイラ ・熱効率 UP
16. 太陽光発電システム	・PN 接合の光電効果 ・パワーコンディショナー
17. 電力貯蔵システム	・蓄電池 ・フライホイール・貯水池
18. 燃料電池	・水の電気分解の逆 ・燃料中の水素と空気中の酸素
19. 調相設備	・進相コンデンサ・分路リアクトル ・同期調相機・SVC
20. 分路リアクトル	・進相電力を吸収 ・フェランチ効果抑制
21. 灯動共用変圧器	・電灯と動力共用 ・三相 200V と単相 100/200V に配電
22. 三相 4 線式配電方式	・大規模工場・ビル ・三相 400V 級と単相 200V 級
23. 消弧リアクトル接地方式	・中性点接地方式 ・地絡電流小・通信障害対策
24. ストックブリッジダンパ	・架空送電線の振動防止 ・振動エネルギーを吸収して減衰
25. 直流送電	・安定度の問題がなく長距離送電可 ・変圧と電流の遮断が困難
26. 電磁誘導障害対策	・ねん架 ・シールド
27. 鋼心耐熱アルミ合金より線 （TACSR）	・鋼の心線に耐熱アルミ合金線のより線 ・耐熱性・許容電流大・大電力用
28. 光ファイバ複合架空地線 （OPGW）	・架空地線に通信用光ファイバを内蔵 ・誘導障害なし、減衰少

29. バスダクト	・絶縁支持した帯状導体をダクトに収納 ・大電流用途
30. 照明率	・光源光束の照射面に達する率 ・照明計算に用いる
31. メタルハライドランプ	・演色性良・金属ハロゲン化物 ・HID ランプ（高輝度放電ランプ）
32. 高圧ナトリウムランプ	・演色性不良 ・ランプ効率高
33. LED 照明	・発光ダイオード ・長寿命・高効率
34. インバータ制御	・誘導電動機の速度制御・VVVF 制御 ・省エネ
35. 油入変圧器の冷却方式	・自冷 ・風冷
36. 変圧器の無負荷損	・負荷によらず一定 ・渦電流損・ヒステリシス損
37. 励磁突入電流	・定格電流の十数倍 ・変圧器電圧印加時の過渡電流
38. ガス絶縁開閉装置 (GIS)	・SF_6 ガス ・塩害対策
39. 受電設備の保護協調	・過電流保護協調 ・地絡保護協調
40. 本線予備線受電方式	・常時本線受電、停電時予備線受電 ・切替停電が発生する
41. スポットネットワーク受電方式	・T 分岐・ネットワークプロテクタ ・無電圧投入、差電力投入、逆電力遮断
42. コージェネレーションシステム (CGS)	・熱電併給 ・発電機機関の排熱利用
43. ケーブルの劣化診断	・直流漏れ電流法 ・部分放電法・誘電正接法
44. 高調波対策	・アクティブフィルター ・直列リアクトル

9

記述問題

45. 接地工事（A,B,C,D 種）	※ p.239 参照
46. サージ保護デバイス（SPD）	・過渡過電圧の制限 ・雷害保護
47. 過電流継電器の動作試験	・限時要素動作試験 ・瞬時要素動作試験
48. 絶縁耐力試験	・最大使用電力の 1.5 倍を 10 分間 ・試験前後の絶縁抵抗試験
49. ＬＡＮの構成機器	・ルータ：中継器 ・ハブ：集線装置 ・スイッチングハブ：スイッチ機能付き集線装置
50. 点滅形誘導音装置付誘導灯	・自火報連動 ・直通出口等以外には不可
51. Ｒ型受信機	・固有の信号 ・中継器による省線
52. 光電式スポット形感知器	・局所の煙感知器 ・煙による受光量の変化
53. 光電式分離感知器	・煙感知器、煙による受光量の変化 ・送光部と受光部が分離
54. 電気鉄道の軌道回路	・軌道を利用し列車を検出 ・閉電路と開電路
55. ＡＴき電方式	・電気鉄道の交流き電回路 ・単巻変圧器
56. カテナリちょう架式	・トロリ線のちょう架方式 ・シンプルカテナリ・コンパウンドカテナリ
57. トロリ線の摩耗	・勾配・張力の不均一 ・硬点
58. 閉そく装置	・鉄道の信号制御 ・1 区間に 2 つの列車を入れない
59. 列車制御装置	・ATS（自動列車停止装置）・ATC（自動列車制御装置）・ATO（自動列車運転装置） ・CTC（列車集中制御方式）

| 60. 交通信号の定周期式制御 | ・定められたプログラム
・サイクル、スプリット、オフセット |
| 61. トンネル照明 | ・入口照明・出口照明
・カウンタービーム照明・プロビーム照明 |

（6）法規

①出題内容

問題6.　「建設業法」に定められている事項に関する次の問に答えなさい。

（例）

6-1　下請負人に対する元請負人の義務を2つ記述しなさい。

6-2　建設業者が建設工事の現場に掲げなければならない標識の記載事項として￣￣￣￣￣￣に当てはまる語句を答えなさい。

1.　一般建設業又は特定建設業の別

2.　許可年月日、許可番号及び許可を受けた建設業

3.　商号又は名称

4.　代表者の氏名

5.　￣￣①￣￣又は￣￣②￣￣の氏名

---

②解答例

6-1　次のうち2つ記述する。

・下請負人の意見の聴取

・下請代金の支払（1月以内）

・検査及び引渡し（検査20日以内、引渡しは直ちに）

・下請負人に対する特定建設業者の指導等

・施工体制台帳及び施工体系図の作成等

6-2 ①主任技術者、②監理技術者

③試験対策

第一次検定での建設業法及び電気工事士法等の知識を応用して解答する。

①施工体制台帳を作成・掲示しなければならない建設業者

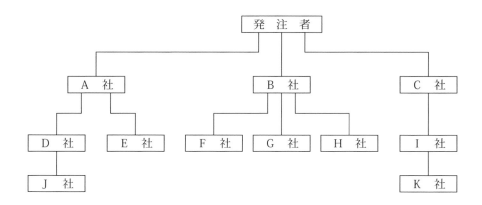

(1) A社は3億円、B社は2億円、C社は1億5千万円で発注者からそれぞれ電気工事を請け負った。

(2) A社は、D社と2千5百万円、E社と2千万円で下請契約をそれぞれ行い、更にD社は、J社と5百万円で下請契約を行った。

(3) B社は、F社と1千万円、G社と8百万円、H社と5百万円で下請契約をそれぞれに行った。

(4) C社は、I社と2千8百万円で下請契約を行い、更にI社は、K社と1千万円で下請契約を行った。

・直接請負はA社、B社、C社

・下請金額は、　A社＝D社2500＋E社2000＝4500［万円］

　　　　　　　　B社＝F社1000＋G社800＋H社500＝2300［万円］

　　　　　　　　C社＝I社2800［万円］

・直接請負で下請金額の総額が**4500万円以上**なのはA社のみ。

　よって、施工体制台帳を作成・掲示しなければならないのは、A社である。

　※監理技術者の選任もA社のみとなる。

②施工体制台帳の目的

- ・適正な施工体制の確保
- ・施工体制の明確化
- ・元請負人の責任の明確化
- ・下請負人の保護
- ・一括下請負の防止
- ・発注者の保護

③施工体制台帳の記載事項

- ・建設工事の名称、内容及び工期
- ・発注者と請負契約を締結した年月日、当該発注者の商号、名称または氏名及び住所並びに当該請負契約を締結した営業所の名称及び所在地
- ・発注者が監督員を置くときは、当該監督員の氏名及び通知事項
- ・作成建設業者が現場代理人を置くときは、当該現場代理人の氏名及び通知事項
- ・主任技術者または監理技術者の氏名、その者が有する主任技術者資格または監理技術者資格及びその者が専任の主任技術者または監理技術者であるか否かの別
- ・主任技術者または監理技術者以外のものを置くときは、その者の氏名、その者が管理をつかさどる建設工事の内容及びその有する主任技術者資格

④標識の記載事項

- ・一般建設業または特定建設業の別
- ・許可年月日、許可番号及び許可を受けた建設業
- ・商号または名称
- ・代表者の氏名
- ・主任技術者または監理技術者の氏名

⑤電気事業法関連の出題条文

（保安規程）

法第四十二条　事業用電気工作物を設置する者は、事業用電気工作物の工事、維持及び運用に関する保安を確保するため、主務省令で定めるところにより、保安を一体的に確保することが必要な事業用電気工作物の組織ごとに保安規程を定め、当該組織における事業用電気工作物の使用の開始

9

記述問題

前に、**主務大臣に届け出**なければならない。

2　事業用電気工作物を設置する者は、保安規程を**変更**したときは、遅滞なく、変更した事項を**主務大臣に届け出**なければならない。

3　主務大臣は、事業用電気工作物の工事、維持及び運用に関する保安を確保するため必要があると認めるときは、事業用電気工作物を設置する者に対し、**保安規程を変更すべきことを命ずることができる**。

4　事業用電気工作物を設置する者及びその従業者は、**保安規程を守らなければならない**。

（免状の種類による監督の範囲）
施行規則第五十六条　法第四十四条第五項の経済産業省令で定める事業用電気工作物の工事、維持及び運用の範囲は、次に掲げる主任技術者免状の種類に応じて、それぞれ右に掲げるとおりとする。

第一種電気主任技術者免状　　　事業用電気工作物
第二種電気主任技術者免状　　　電圧 **17 万ボルト** 未満の事業用電気工作物
第三種電気主任技術者免状　　　電圧 **5 万ボルト** 未満の事業用電気工作物

このテキストを何度も読み返して、1 級電気工事施工管理技術検定に合格しよう！

さくいん

■本書で使用している略称一覧■

正式名称	略称
電気設備に関する技術基準を定める省令	電技省令
電気設備の技術基準の解釈	電技解釈
電気工事業の業務の適正化に関する法律	電気工事業法
廃棄物の処理及び清掃に関する法律	廃棄物処理法
建設工事に係る資材の再資源化等に関する法律	建設リサイクル法
鉄道に関する技術上の基準を定める省令	鉄道技術基準
鉄道に関する技術上の基準を定める省令等の解釈基準	鉄道技術解釈基準
日本産業規格	JIS

本書の正誤情報等は、下記のアドレスでご確認ください。
http://www.s-henshu.info/1dksgt2312/

上記掲載以外の箇所で正誤についてお気づきの場合は、**書名・発行日・質問事項**（該当ページ・**行数・問題番号**などと**誤りだと思う理由**）・**氏名・連絡先**を明記のうえ、お問い合わせください。
・web からのお問い合わせ：上記アドレス内【正誤情報】へ
・郵便または FAX でのお問い合わせ：下記住所または FAX 番号へ
※**電話でのお問い合わせはお受けできません。**

〔宛先〕コンデックス情報研究所
「1 回で受かる！1 級電気工事施工管理技術検定合格テキスト」係
住所：〒 359-0042　所沢市並木 3-1-9
FAX 番号：04-2995-4362（10：00 〜 17：00　土日祝日を除く）

※**本書の正誤以外に関するご質問にはお答えいたしかねます。**また、受験指導などは行っておりません。
※ご質問の受付期限は、各試験日の 10 日前必着といたします。
※回答日時の指定はできません。また、ご質問の内容によっては回答まで 10 日前後お時間をいただく
　場合があります。
あらかじめご了承ください。

■編　　著：コンデックス情報研究所
　　　　　1990 年 6 月設立。法律・福祉・技術・教育分野において、書籍の企画・執筆・編集、大
　　　　　学および通信教育機関との共同教材開発を行っている研究者・実務家・編集者のグループ。
■イラスト：ひらのんさ

1回で受かる！1級電気工事施工管理技術検定合格テキスト

2024年 2 月20日発行

編　著　コンデックス情報研究所

発行者　深見公子

発行所　成美堂出版
　　　　〒162-8445　東京都新宿区新小川町1 - 7
　　　　電話(03)5206-8151　FAX(03)5206-8159

印　刷　大盛印刷株式会社